Ludek Hudec

Die Einführung auf den Weg zur Weisheit

Die modernen Modelle der Erkenntnis

der eigenen Verantwortung

77

Lulu.com

0. Inhalt

Die Einführung auf den Weg zur Weisheit

1. Die Einführung

Sehr Geehrter und lieber Leser

Zu Dir kommt ein Buch, in dem sein Autor begibt, auf der Neige seines Lebens, eine Zusammenfassung seiner theoretischen Erkenntnissen und der praktischen Erfahrungen, erworbenen auf dem Lebensweg bei der Lösung von den Aufgaben, vor welche ihn das Leben in der schwierigen Zeit der nazistischen Okkupation, des Weltkrieges, der folgenden kommunistischen Diktatur und der russischen Okkupation, stellte. Beim Suchen von höheren Erkenntnissen mit einer Absicht, die Botschaft aus der Vergangenheit, die uns die geistigen Lehrer, die Denker und Gründer der Religionen hinter gelassen haben, zu begreifen und den Lebensweg als ihr moderner Nachfolger zu finden.

Dank der Hilfe, die der Verfasser bei diesem Suchen erhielt, gelang es ihm, was er suchte - eine große Einheit zu finden und deshalb, treu dem Grundsatz „was du bekamst, übergebe weiter" machte sich vor einigen Jahren dran, dieses Buch zu schreiben. Was Du, lieber Leser, aus diesem Buch übernehmen wirst und wie es lebhaft im Leben anwenden wirst, das liegt schon weiter nur an Dich selben an.

Unter elementare Dränge der Menschen gehören der Drang nach Glück und der Drang nach einer Erkennung. Indem zur Erfüllung des ersten Drangs mittels ihres Anstrebens fast die meisten Leute streben, für eine Erkennung strebt nur ein kleiner Teil der Menschheit. Unter dem Begriff des Glücks ebenso wie unter dem Begriff der Erkennung stellt sich jedoch jedermann etwas anderes vor. Die Leute suchen daher verschiedene Lehren und Anleitungen, wie zum Glück oder zur Erkennung zu kommen.

Oft streben sie dafür mit Art und Weise, die ihnen das Gefühl des Glücks tauschweise gegen das Gefühl eines Unglücks jemands anderen gibt, ohne auf die Zusammenhänge zu denken, dass dieses Handeln unmittelbare, indirekte, kurzfristige oder langfristige Folgen haben wird. Sie antasten die Naturgesetze und auch die gesellschaftlichen Gesetze oder sie ausgeben sich in einem blinden Glauben in irgendeine starke Personalität unter den Einfluss eines falschen Propheten. In Wirklichkeit entweder eines unreifen Schülers irgendeiner vielleicht im Grunde guten Lehre oder gar eines zynischen Betrügers, der nur Finanz- und Macht-Zwecke folgt. Er führt sie auf irrige Wege einer religiösen Fantasie bis einer falschen Illusion oder gar auf falsche politische Wege. Sie lassen sich auf der Basis falscher Zusagen zum Gewinnen eines postmortalen Paradieses (Religion) oder zu einem arbeitslosen Gewinnen eines Reichtums und Macht über den anderen Leuten (Politik) einführen. In der Wirklichkeit sie anstiften zur Flucht vom Leben in den Unannehmlichkeiten und in einer Notwendigkeit, die vom Leben die vorgelegten Probleme lösen zu müssen. Sie lassen sich in Wirklichkeit versklaven, anstelle einer Einführung auf den Weg zum Glück und zur Freimachung, zur wirklichen inneren Freiheit. Dabei, ohne die richtige Erkenntnis, leidet der Mensch im Endergebnis an die Folgen seiner unpassenden Tätigkeiten, die gerade aus einem Mangel an der Erkenntnis, mit anderen Worten, aus dem Unwissen entstehen, leidet. Das verursacht er sich selbst wegen seiner Interesselosigkeit an dem richtigen Erkennen im gegebenen Gebiet. Doch auch ein Verbrechen, Egoismus und eine Rücksichtslosigkeit sind die Produkte einer Überzeugung, dass wir keine Verantwortung für unsere Akte haben und dass wir, wem auch immer, was auch immer und jederzeit, straffrei tun dürfen.

Der Autor iii dieses Buches bietet einen neuen, produktiven von ihn geprüften, modernen Blick auf die Voraussetzungen an, Bedingungen und Methoden für das Austreten zum wirklich glücklicheren und volleren, reicheren Leben. Der Autor skizziert im vorgelegten Buch den suchenden Lesern die Ansichten und Direktionen des Denkens, ausgehenden einerseits aus der wissenschaftlichen Erkennung am Anfang des dritten Jahrtausends der christlichen Zeitrechnung, und andererseits aus seinen Selbsterfahrungen eines Hochschullehrers und eines wissenschaftlichen Arbeiters im Fachbereich der Mechanik fester Körper und gleichzeitig eines Menschen, suchenden während langer Jahrzehnte allgemein geltende Erkenntnisse einer höheren Ordnung und eines dauerhaften Wertes.

Das Buch hat den Wert für alle, die auf sich selbst arbeiten wollen, um höhere Fähigkeiten für produktiveres und wirksameres Bestreben in allen Bereichen des laufenden alltäglichen Lebens, also auch in der Karriereaktivität, zu erlangen. Für alle, die die alten überwundenen Vorstellungen des Glaubens, die beschränkenden und verbindenden Dogmas abwerfen wollen und dann lernen wollen, anders, gemäß den neuen, wirklich modernen und wahrhaftigeren Regeln, die auf einer Naturwissenschafterkenntnis, nein bloß auf dem Glauben, begründet sind.

Das Buch geht jedoch noch weiter. Der Autor benützt auch seine Erfahrungen, einerseits erworbene während der Jahrzehnte der Tätigkeit im Brünner Yoga Klub und mittels der Studien offizieller philosophischer Richtungen und auch traditioneller östlicher Denker, und andererseits während der Jahre der praktischen Ausführung der Übung der Erkennung des eigenen Geistes und der Meditation. Dadurch ist das Buch auch, und zwar vor allem, den Leuten, die eine höhere geistige Erkenntnis suchen, bestimmt. Es versucht, dem Leser dazu helfen, für sich eine moderne Einstellung zu manchen, um die alten Lehren zu erschaffen, und dadurch auch eine Erschließung der Möglichkeit zum Beitreten in vollkommen neues Niveau des Lebens, das dem neuen Jahrhundert und Jahrtausend entspricht, zu gewinnen. Um er durch seine Wirkung als ein aktiver Teilnehmer an höherer Informationsebene und an der besseren Gestaltung der geistigen Umgebung der Menschheit zu sein.

Während der vierzigjährigen Regierung der Diktatur des kommunistischen Materialismus hineinbrachten uns die usurpatorischen Halbintelligenzler und Pseudointelligenzler an einflussreichen Plätzen in der Kultur, in den Nachrichtenmitteln und in den Schulen in unsere Köpfe, auch mittels einer Kriminalisierung, dass ein gebildeter Mensch natürlich ein Atheist und philosophischer Materialist und Nihilist ist. Dass der Glaube in den Gott und in seine Gesetze nur für ungebildete und im Denken variierte Menschen, für an altweibische Vorurteile und Fabeln der Theologen, an Aberglauben und leere Imagination glaubende Leute, ist.

Dabei die Entwicklung der Wissenschaften im mathematisch – physikalischen Bereich, speziell in der Atomistik, Kosmologie und Quantenphysik, immer mehr zeigte, dass der marxistische Materialismus unhaltbar ist. Die Materie, die sich den Sinnen als fest und undurchdringlich erscheint, zerfällt sich in der Erkenntnis der Wissenschaft an die Partikeln, die Wellen und die Felder. Das Atom ist ein leerer Raum geworden, in dem Partikeln geringer Dimension umlaufen, die eigentlich kleine Energienisse sind – lebendig, wirbelnd, dynamisch auch in der scheinbar toten Materie.

Die Materie erscheint wie undurchdringlich nur für unsere Sinne. Die Neutrinos, die kleinsten Partikeln, durchlaufen die Materie vom „Urknall", ohne sich mit den inneren Partikeln der Atome zusammenzustoßen. Die Physiker zerschlagen die Partikeln, ändern die Atome. Die Substanz der Materie und der Welt ist also ganz andere, als wie sie sich die klassischen Marxisten und andere materialistische Philosophen ohne eine physikalische und mathematische Ausbildung vorstellten und wie uns davon, oft ja sogar mit Gewalt, ihre eitlen und halbintelligenten oder karrieristischen ganz ungebildeten Gesinnungsgenossen überzeugten.

Der Autor des vorgelegten Buches ist umgekehrt überzeugt, dass es her ganz im Gegenteil anders ist. Je mehr ist der Mensch gebildet und empfindlich, umso mehr er im geäußerten Leben die Gesetzlichkeiten und die Weisheit vernimmt, die diese Welt immer hält, ununterbrochen sie in allem durchdringt und verformt. Die alten materialistischen und statischen Modelle sind für die nachdenklichen, aufmerksamen und wirklich gebildeten Menschen unzutreffend, funktionsarm und dogmatisch. Er weiß, dass es notwendig ist, die statischen Modelle mit den modernen dynamischen Modellen zu ersetzen, verwandelten gemäß den neuen Vorstellungen von der Entwicklung des Weltalls und von dem Leben der biologischen Objekte. Um die Entdeckungen der Physiker, Biologen und Psychologen, die Ergebnisse der Arbeit der Konstrukteure, der Entwickler von den komplizierten technischen Anlagen, die die Gesetzlichkeit entdecken und dann sie bei ihrer Arbeit an den Projekten und bei der Produktion schöpferisch anwenden.

Doch die moderne Wissenschaft, die die Zusammensetzung der Masse studiert, Quantenphysik, hat erkannt, dass eine standfeste Masse existiert nicht. Das ganze Weltall ist aus Partikel zusammengesetzt, die umlaufen im Vakuum. Seine Erkennung mittels des Gehirns ist bedeutend begrenzt und immer indirekt. Die Anwendung der magnetischen Tomographie für die Tätigkeit des Gehirns hat gezeigt, dass im Gehirn der Eintrag für eine Sinneswahrnehmung ist, gleich wie für eine Vorstellung dieser Wahrnehmung. Im Gehirn wurde nicht irgendwelcher Tätigkeitsort, das es als der Träger des Beobachters und des Bewusstseins gefunden wäre. Es ist dadurch wissenschaftlich begründet die Berechtigung der Behauptung des Mentalismus, weil im Gehirn kein Unterschied zwischen den Vorstellungen und den sinnlichen Wahrnehmungen ist. Es nehmen sich an ihnen die gleichen Teile des zerebral neuronalen Netzes und auf die gleiche Weise.

Im Bezug auf die geistigen Lehren die wirklich suchenden Leute erkennen, dass die Kerne der Lehren der alten Weisen und der Gründer der Religionslehren mit einer ähnlichen materialistischen Anlagerung beschönigender Schichten von Dogmas und eines grundlosen Glaubens, wie es in der Kosmologie und Physik war, bedeckt sind. Es ist notwendig, diese Schichten beseitigen und die Beschreibung und Aufklärung der Kerne aus neueren Positionen, die uns die genannten Fortschritte im Begreifen und Denken in der Physik, Psychologie, Philosophie, Kosmologie, Konstruktion von Geräten und von Maschinen (besonders in der elektronischen Datenverarbeitungstechnik) anbieten, zu suchen. Das ermöglicht uns die Entwicklung eines Denkens in der Richtung zum besseren Begreifen und Bilden der abstrakteren dynamischen Modelle des Lebens beschreibenden die Erscheinungen in ihren Verbundenheiten und Bedingtheit, anstelle einer Vorlegung der Dogmen zum Glauben ohne Anknüpfung darauf, was wir als unsere Realität erleben.

Diese neuen Modelle entsprechen nicht nur besser den Methoden des Denkens der Menschen der Gegenwart, deren vorherrschendem Bildungsgrade und der Erkenntnis von höheren Gesetzlichkeiten des Lebens, sondern auch sie wirklich dem Intellekt eine neue, akzeptablere Art des Beschreibens der Begriffe aus dem Gebiet der höheren Erkennung zu gewinnen ermöglichen. Dank seiner Dynamik setzt dann das Denken vom statischen Dogma frei und nähert uns zur höheren dynamischen Begreifung der Gesetzlichkeiten und dadurch uns die neue Möglichkeit des Begreifens von alles nicht nur rundum, sondern auch für uns selbst öffnet. Es bedeutet immer nicht nur die Weglegung der bisherigen Ansicht, aber auch meistens ist es ein neues, höheres Verständnis und eine Bildung unseres zutreffenden Bildnisses der Realität.

Der Autor geht davon aus, dass ein großer Teil der Population, die Absolventen der Schulen des naturwissenschaftlichen Typs, der mathematisch – physikalischen Richtungen, weiter der technischen Schulen und die Programmierer, die Schule des Grundes des abstrakten Denkens, der Erkennung der Gesetze und der Ergebnisse ihrer

Tätigkeit in ihren Wechselbeziehung, Bedingtheit und gegenseitigen Gebundenheit durchgegangen sind. Ein großer Teil von ihnen hat sich die Einstellung zu den Problemen aus der Sicht des Suchens von den lebendigen gesetzmäßigen Zusammenhängen der Analytiker, anstelle der Definitionsanweisungen der statischen Schablonen der Dogmatiker, zugeeignet. Sie haben gelernt, für befruchtenden Ansatz der Kenntnisse zu schlussfolgern. Sie können also mit den elementaren Fähigkeiten dafür ausgerüstet, dass ihnen der Antrag eines modernen Blicks nicht nur fast an alles ringsum in der physischen Welt, sondern auch an die Fragen der praktischen Psychologie, der alten religiösen und philosophischen Lehren und Methoden, ihre neue Aufklärung, neues Begreifen und praktische Anwendung erbracht werden könnte.

Der Autor will auch hinweisen, dass aufgrund des alten philosophischen Lehrsatzes „wie oben, so auch unten" (Hermes Trismegistos - ein Philosoph aus dem Anfang unserer Zeitrechnung) man im Leben ein System allgemeiner Gesetzlichkeiten, die verschiedene Niveaus (Schichten) des Lebens durchdringen, sehen kann. Sie haben ihre ständige grundlegende Gültigkeit, aber sie von den Besonderheiten des Zusammenspieles der Bedingungen dieser Ebenen und Stufen der Entwicklung nicht nur der Umgebung, sondern auch des Einzelnen moduliert sind.

Er weist auch auf eine elementare Wirklichkeit: Alles, was die Menschen als die Lehren der Erkenntnis erdachten und schufen, ist nur ein geringes Teilchen dessen, was jene Weisheit und Macht geschaffen hat (weiter wird in diesem Buch mehr das Wort Kraft für Betonung des schöpferischen Aspektes der Macht gebraucht) und immer ununterbrochen schafft. Sie bildet und projiziert ununterbrochen in unsere Geister die durch uns aufgefasste Welt, deren sie nicht nur eine unbewegliche Substanz, sondern auch die dynamische Kraft und Gesetzlichkeit aller Äußerungen ist.

Die Menschen **entdecken, nicht mehr bilden,** die in der Welt wirkenden Gesetzlichkeiten. In den Grenzen ihres Begreifens und ihrer Fähigkeiten stellen sie dann seine Modelle **der Phänomene des Lebens** zusammen und ihre künstlerischen, philosophischen, technischen und wissenschaftlichen Werke bilden. Wir können deshalb, nach einer zuständigen Verallgemeinerung, **die bisher erreichten wissenschaftlichen Erkenntnisse und den Bildungsgrund zur Fortpflanzung unseres Begreifens in den höheren Bereichen bei**

gleichzeitiger Bewahrung der Achtsamkeit, der Kritizität und der Logik, ohne einen Umfall in einen Dogmatismus, Mystizismus, Nihilismus und eine fruchtlose Fantasie **benutzen.**

Die Gesetze beherrschen unsere Leben ohne Ansehung an das, welches unser Niveau ihres Begreifens, unsere Bildung (ihre Fachrichtung, das Gehalt und der Umfang), der Glaube und die philosophische Anschauung ist. Das Begreifen der ausnahmslosen Einheit der Wirkung dieser Gesetze, ihrer Hierarchie und Zusammenwirkung in allen Lebensbereichen (physikalisch, geistig – der Bereich des Intellektes und der Gefühle, geistig – der Bereich der unvermittelten Erkennung – der Intuition) zwangsläufig **uns zur größeren Verständigung unserer Verantwortlichkeit für die eigenen Taten zuführen.**

Während unserer physischen und geistigen Reife und der Gesundheit kann uns niemand fremder ohne unsere eigene Handlung oder ein inneres Einverständnis unsere persönliche Überzeugung, die Eigenschaften und die Handlung zu beeinflussen. Sie sind ausschließlich unser und wir tragen die volle Verantwortung für sie und wir werden die Folgerungen unserer Tätigkeit ernten. Und weil das Niveau **unseres Denkens das Niveau unserer Taten bestimmt, bestimmt auch nicht nur unsere Zukunft, als ein Resultat unserer Aktivitäten, sondern auch unsere Umgebung formiert, in der wir leben.** Dieses Niveau auch enthält die Kriterien, nach denen uns bestimmen auch die Gegenstände und Zielpunkte unserer Wünsche und weiter auch die Kriterien unseres Glücksgefühls.

Es ist also das Wissen zur Basis der unseren Aufnahmen der Phänomene, ihrer Bearbeitung und Aufwendung in der Tätigkeit und dabei auch zum Mittel der Bildung unserer Zukunft, daher auch des gesuchten Glücks. Darin ruht die Bedeutung des Sprichwortes „Jeder ist seines Glückes Schmied" oder „Wie ein ein Bett macht so muss man darauf liegen" oder „Wer will was, lasst uns ihm helfen, es".

Das Ziel des Buches ist, die Hilfe denen Lesern zu leisten, die den Weg zur höheren Erkenntnis wirklich suchen und die sich im Zustand der intellektuellen Vorbereitungen befinden und dabei sie tappen. Helfen ihnen dazu, damit sie **auf der Basis der vorgelegten Anzeigen der Gedanken mittels eigener Bemühung** zum Angreifen der bestehenden falschen dogmatischen Überzeugungen und der Vorurteile zu erlangen. Um sie zu begreifen, dass **sie in sich selbst seine**

eigene Modelle der inneren Repräsentation der Phänomene haben, die vervollkommnet werden können so, dass sie den Weg zur
Weiterentwicklung der Erkenntnisse auf eine höhere Stufe und
auch tiefere Auffassung der Phänomene des Lebens, freisetzen. Um
zu begreifen, dass, wenn sie wollen, damit ihr Bestreben ausreichend
produktiv sein soll, dann müssen sie prinzipiell die Grundgesetz-
lichkeiten befolgen, die jede unsere Tat beherrschen, möge sich es
wir wissen lassen oder nein, möge wir wollen oder wir wollen
nicht. Dass zu der wissenschaftlichen, seelischen, geistigen und
philosophischen Erkenntnis nur ein einziger Weg führt: die Gesetze der Physik, des Denkens, des Lebens und der geistigen Entwicklung, seinen eigenen Geist und weitere Potenzen zu erkennen,
mittels der richtigen Meditation die Intuition und mittels eines
richtigen Bildungsganges die unterscheidende Fähigkeit, die Kon-
zentrierungsmacht zu erwecken. Die Aufmerksamkeit zum
Selbstbewusstwerden zu entwickeln.

Diese Regeln gelten sowohl als für unseres Hinstreben im materiell – intellektuellen Gebiete im tägigen Leben in der Gesellschaft,
Beruf und Familie, so auch im geistigen und geistigen Gebiet in unserer Interessentätigkeit. Unsere Erkennung verläuft in Stufen oder
Schichten. Wer hat nicht beherrscht die Grundschichten, kann nicht
wirklich begreifen die Schichten höheren und kann nicht absorbieren
und lenken ihren Energie für praktisches Leben. Sie bilden sich nur
falsche, funktionsarme, leere, oberflächlich beschreibende, formale
Modells, meistens dogmatische, hindernde eine Weiterentwicklung,
und führende zu Fehlern in Bewertung und Entscheidung, und um so
zum Misserfolg und Leiden, seinem eigenem, aber auch der anderen
Menschen in deren Umgebung.

Es ist der Wunsch des Autors, dass dieses Buch die suchenden
Menschen für das Studium weiterer geeigneten Bücher, für das richtige Einüben der geistigen Arbeit und der richtigen Meditation vorbereitet. Dadurch ermöglicht ihnen das Öffnen des für sie neuen
Lebensbereiches, das bisher ihnen verborgen wurde. Dass sie so
für einen Lebensweg, der der eigentliche Lebenszweck des Menschenlebens ist, fertigmachen wird. Den Weg, der aus dem hochent-
wickeltesten Lebewesen auf der Erde – aus dem Menschen, einen
wirklich weisen, gesetzkundigen Menschen, den wirklichen „Homo
sapiens" tut. Den Menschen, der bei seiner Wirkung in seiner Umge-

bung eine Stimmung des Friedens, Verständnisses und der schöpferischen positiven Tätigkeit verbreiten können wird. **Eine Atmosphäre vom Begreifen der Liebe und Toleranz, gegründeten an der Erkennung, nein an einem einfachen Glauben und an einem unbegründeten und unbeherrschten Gemüt, begründeten mit leeren Dogmen.** .

Der Autor beginnt sein Buch mit der Abhandlung der Wahrnehmung mittels den unseren Sinnen und dadurch das Öffnen einer neuen Einstellung skizziert. Weiter folgen die Grundgesetze der Mechanik. Im ersten Schritt anführt er immer, sehr kurz gefasst, den Wortlaut des Gesetzes gemäß den Gewohnheiten in der Mechaniklehre und dann die einfachste mögliche Aufklärung des Gehaltes seiner Funktion in der Mechanik. Im zweiten Schritt dann erklärt er die Umformung und Verbreitung des Gesetzes in dem mentalen – geistigen Gebiete. Nach der Durchnahme von diesen Ausgangsgrundbegriffen übergeht er auf die weiteren Themen des Buches.

Am besten ist es, beim Studium vorher das Buch für das Anwerben des Überblicks und für die Grundinformationen im Gebiet des Intellektes durchzulesen, und dann nochmals mittels der sinnigen Art für die Erfassung des inneren Sinnes langsam mit Aufmerksamkeit und der bildenden Vorstellungskraft zu studiere

---

Auf dem Ende des Buches hat der Autor ein kleines Vokabular eingegeben. Es handelt einerseits von den Begriffen und den Fremdwörtern, die laufend nicht bekannt sind und die in diesem Buch benützt werden, andererseits von der Annäherung und der Präzisierung des inneren Gehaltes der Begriffe aus dem Gebiet der Wissenschaft, wie sie in diesem Buch verwendet werden. Darum bittet er den Leser, damit er sich ihn durchschaute vor dem lesen des Buches und dann sich zu ihm wendet bedarfsweise während des Lesens und Studiums.

.

2. Die Einführung in den Mentalismus

Der Weg der Lichtwahrnehmung

Damit wir verstehen zu könnten, auf welche Art und Weise wir die Welt ringsum uns aufnehmen und schätzen, versuchen wir um eine Betrachtung des unseren am meisten angewandten Sinnes, des für uns wichtigsten Sinnes, der Sehkraft. Zum Analysieren verwenden wir übliche Informationen, mit denen uns schon in der Jugend die Schule ausgerüstet hatte. Die üblichen Kenntnisse aus dem Fachbereich der Physik, der Anatomie, Fsychologie und unsere Erfahrungen.

Das Licht, das aus der Sonne verstrahlt wurde, fällt auf den Gegenstand, den wir beobachten, ein. Nach der Farbe des Gegenstands und nach seiner Form wird auf seiner Oberfläche ein Teil des farbigen Spektrums absorbiert und ein Teil wird von der Oberfläche in den umliegenden Raum zurückgeworfen. Wenn ein Teil dieses Lichtes in unsere Augen fällt, dann auf diese Weise eine Empfindung entsteht und wir eine bestimmte Farbe und Form des Gegenstands wahrnehmen.

Falls unser Auge mit keinem solchen zurückgeworfenen Lichtbündel verschlagen wurde, sehen wir nichts, wenn auch ein Gegenstand im gegebenen Raum existiert. Um eine Lichtempfindung entstehen zu könnte, das hängt von der Art der Beleuchtung, von der Oberfläche des Gegenstands und von den Eigenschaften der Umgebung, durch die der Strahl zu unserem Auge durchgehen muss, ab. Wenn der Strahl beispielsweise durch einen Lichtfilter durchläuft, ändert sich für uns die Wahrnehmung der Farbe des Gegenstands. Wenn die Erleuchtung mittels eines Bündels von parallelen Lichtstrahlen durchgeführt wird (beispielsweise mit dem Laser) und an der Oberfläche des Körpers keine Zerstreuung entsteht, weil diese spiegelglatt ist, kann das Lichtbündel unser Auge passieren und wir werden nicht den Gegenstand sehen. Wir werden behaupten, dass dort nichts ist. Gleicherweise wir sehen an dem schwarzen Hintergrund keine schwarzen Gegenstände, wenn sie nicht das Licht reflektieren. Daraus ersieht man, wie schon ganz am Anfang unsere Wahrnehmung des Raums vorbei uns und unseres Wissens bedingt ist, welche die Bedingungen der Beleuchtung zur unseren guten Wahrnehmung sind.

Falls auf der Oberfläche des belichteten Körpers eine Lichtzerstreuung eintritt, das reflektierte Licht oder ein paralleles Strahlbündel reflektiert sich so, dass er durch unser Auge auf die Netzhaut durchläuft, und wen wir uns bewusst sind, dann entsteht eine Lichtwahrnehmung. Ein Lichtteil geht durch die Hornhaut durch und durch die optische Linse des Auges in die Glasflüssigkeit und durch sie weiter auf die Netzhaut. Der andere Teil des Lichtes fällt auf die Regenbogenhaut (Iris).

Ein großer Teil des Lichtes, herunterfallend auf die Iris, rückkehrt sich nach einer Abspiegelung zurück, erlischt in den umliegenden Raum, wo er nach dem Eintritt in die Augen anderer Menschen als eine Augenfarbe gespürt wird. Ein kleiner Teil dieses Lichts, gefärbt nach der Farbe der Regenbogenhaut, zerstreut sich beim Übergang ins Medium mit einem anderen Refraktionskoeffizienten, reflektiert von der inneren Oberfläche der Augenlinse und dringt nach innen in das Auge ein.

Hier ist das erste rein individuelle persönliche Beeinflussen, abhängige von der Farbe unserer Augen und es kann bedingungsweise bewirken, wenn auch nur sehr geringfügig, das unsere individuelle Farbsehen des Objektes. Falls sich das Licht im Auge zerstreut, verfärbt es die Abbildung, gebildete mittels der Augenlinse auf der Netzhaut. Die braunäugigen Menschen also können geringfügig wärmere Farben, als die blauäugigen, sehen.

Die Lichtmenge, die weiter ins Auge durchgeht, ist davon abhängig, wie die Pupille offen ist (die Iris – die Regenbogenhaut, in der Technik wird sie mittels der irisförmigen, segmenförmigen Blenden in den Fotoapparaten nachbildet). Es ist hier also **die zweite** individuelle Beeinflussung des Durchlaufs des Lichtes ins Auge, eine Beeinflussung der Helligkeit der Bestandteile des Bildes an der Netzhaut.

Folgen wir jetzt den Weg des Lichtes, das durchläuft die Augenlinse in den Innenraum des Auges – in die Glasflüssigkeit. Es geht durch eine optische Umgebung durch, die eine bestimmte Durchlässigkeit, einen bestimmten Refraktionskoeffizienten und eine Form also der inneren und äußeren Oberfläche der Linse (dadurch ist die optische Brechungskraft der Linse gegeben) hat.

Falls die Linse trüb ist (Katarakt), es verliert sich ein Teil von der Lichtenergie und an die Netzhaut wirkt sie darum mit kleiner

Intesitätr. An den Partikeln, die die Katarakt hervorrufen, erfolgt eine Lichtzerstreuung und der Mensch sieht Mischkonturen und ein Überstrahlen der Lichtquellen, die Abbildung an der Netzhaut verliert den Kontrast. Die genannten Effekte haben bei verschiedenen Menschen verschiedene Größe und laufen vorkommen. Sie sind ganz individuell und bilden eine weitere (dritte in unserer Betrachtung) Beeinflussung der Lichtempfindung – die Beeinflussung der Intensität der Belichtung, der Schärfe und des Bildkontrastes an der Netzhaut.

Falls beide Oberflächen der Linsen nicht die richtige Form haben, rufen sie deformierende Verzerrungen (Hornhautverkrümmung, Verbiegen der Geraden) hervor, eine unrichtige Fokussierung des Bildes (Kurzsichtigkeit – Fernsichtigkeit) oder einen sphärischen Fehler. Also schon die **vierte** individuelle Beeinflussung unserer optischen Wahrnehmung.

Nach dem Durchgang durch die Linse steigt das Licht in die Glasflüssigkeit ein. Hier wird sie wieder von ihren Eigenschaften beeinflusst. Es liegt an der Sauberkeit (Durchsichtigkeit) der Materie der Glasflüssigkeit, an ihrer Färbung (zerstreute Partikel). Das ist schon **die fünfte** Art der individuellen Beeinflussung der optischen Wahrnehmung. Wieder eintritt eine Beeinflussung der Schärfe, des Farbtons und des Bildkontrastes an der Netzhaut.

Seinen Weg durch das Auge beendet das Licht an der Netzhaut. Hier bildet sich eine Abbildung des Gegenstands, umgekehrt von oben herab und von links nach rechts. Aus den vorhergehenden Überlegungen folgt, dass diese Abbildung gegen die ursprüngliche physikalische Wirklichkeit einige Eigenschaften geändert hat: die Farbe, Schärfe, den Kontrast, die Formen, die Intensität, den Stich, weil diese von vorn genannten individuellen Eigenschaften der Augen eines jeden Menschen beeinflusst werden.

Bisher betrachteten wir die Änderungen der optischen Eigenschaften des Bildes, gezeichneten an der Netzhaut. Es folgt eindeutig aus unserer Betrachtung, dass in dieser Stufe der Wahrnehmung die Abbildung von der physiologischen Verschiedenheit der Menschen beeinflusst wird und so ganz individuell ist. Also genau genommen, wir alle sehen die Welt nicht gleicherweise. Diese genannten Einflüsse jedoch sind klein im Vergleich zu den weiteren, denen die Sinneswahrnehmung unterstellt wird, und die wir im weiteren Teil des Buches behandeln werden.

Fortsetzen wir mit unseren Überlegungen an der Netzhaut. Sie ist aus Millionen von lichtempfindlichen Zellen (Analogie sind die Fotodioden oder die lichtempfindlichen Transistoren in der Elektrotechnik) von zwei grundsätzlichen Arten: für das Farbsehen bei genügender Erleuchtung und für das Dämmerungssehen zusammengestellt. Ihre Empfindlichkeit, nicht nur an die Lichtstärke, sondern auch an verschiedene Wellenlängen der Teile des Farbspektrums, ist bei den einzelnen Menschen wieder individuell. Es gibt Leute, die in der Dämmerung gut sehen. Von ihnen sagt man, dass sie wie eine Luchskatze sehen. Es gibt sondern auch die anderen, die in der Dämmerung schlecht sehen. Es gibt Leute, die Tausende, auch Hunderttausende von farbigen Nuancen zu unterscheiden fähig sind, und die anderen, die mit der Unterscheidung von feineren Abweichungen der Farbtöne Schwierigkeiten haben. Sie sind also teilweise, bis ganz farbenblind. Es ist hier also die weitere ziemlich individuelle Beeinflussung, in unserer Reihe schon die **sechste.**

Die elektrochemischen Impulse von den Netzhautzellen werden den Fasern der Sehnerven beider Augen, die sie zum optischen Zentrum des Gehirns fortführen, weitergegeben. Ihre Geschwindigkeit der Übergabe ist wieder nicht bei allen Menschen gleich, wie das die Tests bei einer Aufnahme der Menschen in einige unter anspruchsvollen Berufen im Transport oder in einem technischen Betrieb zeigen. Im Hirnzentrum gehen sich so die Angaben aus vielen Millionen von Zellen, von zwei Augen, von den zwei informativen Kanälen – von dem linken und von dem rechten, zusammen. Die Augendistanz voneinander veranlasst, dass sich die zwei Bilder ein wenig unterscheiden. Das ermöglicht das stereoskopische (räumliche) Sehen.

Falls jemand sieht gut nur mit einem Augen, er sieht nicht räumlich und er verkennen so räumliche Anordnung der gesehenen Objekte. Wie ein Fahrzeuglenker er so wird beim Bremsen die Fehler mit oft äußerst tragischen Folgen für ihn und auch für die anderen und für die Umgebung tun.

Die Neurofibrillen enden in den Zellen des optischen Hirnzentrums. Die übergebenen Einflüsse wechseln sich in der Zeit, und zwar manchmal sehr schnell, demnach, ob wir stillstehende oder schnell sich bewegende Gegenstände beobachten. Dadurch jedoch unsere Möglichkeiten der physikalischen und biologischen Betrachtung der optischen Wahrnehmung enden. Die Wissenschaft hat erkannt und beschreibt noch verschiedene physiologische Vorgänge, chemische und elektrische Effekte, aber nur zum angeführten Punkt. Mehr kann sie machen nicht.

Gemäß der Meinung der größten Fachleute auf diesem Gebiet ist nicht in Sicht eine weitere Möglichkeit von den Analysen der sinnlichen Wahrnehmung mittels der üblichen Mittel der physikalischen Welt!

Gemäß der Lehre der Quantenphysik sind vorbei uns in jeder Sekunde Hunderte von Milliarden der Bitinformationen. Aus diesen sind wir in der Lage im Gehirn nur zwei Tausende von Biteinheiten zu Ergreifen und zu Verarbeiten. So begrenzt sind die Fähigkeiten der Durchschnittsmenschen bei der Gestaltung der Kupplungen im Gehirnsneuronensnetz. Und dabei die Entwicklung von diesem Netz ist direkt an unserer Tätigkeit, an der Art des Ausnutzens des Gehirns und der Bildung der Verknüpfungen der Elemente des Neuronennetzes abhängig. Das bestimmt unsere Fähigkeiten. Und deshalb das im großen Maß ist abhängig an unserer Verständigung dieser Wirklichkeiten und in der Beachtung dieser Erkenntnisse im ganzen Leben. Ringsum uns sind für uns grenzenlose Möglichkeiten und ihr Ausnützen ist abhängig an uns.

Hier können wir nochmals die alte Volksweishei erwähnen: „Menschenskind bemühe sich und Herr Gott wird die segnen" oder „Ohne Arbeit kein Erfolg". Es hat die Gültigkeit für alle unsere Tätigkeiten des gesamten unseres Lebens in jedem Augenblicks!

Die Fragen

Wir dürfen sich so folgende Fragen legen:

Was bewirkt, dass auf der Basis von Millionen punktförmigen Informationen von zwei Kehrbildern an der Netzhaut, von zwei Datenkanälen, sehen wir vor uns obwohl eine schöne Landschaft, und sie ist nicht umgekehrt?

Wieso, dass wir eine Entfernung einschätzen dürfen, dass wir räumlich sehen?

Warum anstelle von einer Reihe der Punkte wir eine zusammenhängende Linie oder eine Kurve sehen?

Warum dürfen wir ein Bild beobachten, analysieren und dann Schlüsse für die künftige Entscheidung bilden?

Wer oder was ist der Konstrukteur dieses Bildes aus Millionen der Punkte? Wer ist der, wer diese Abbildung vernimmt?

Wer wird dessen bewusst? Wer ist dieser Beobachter? Was ist das Bewusstsein?

Woher stammt die Verständigung „Ich bin", „Ich existiere", „Ich beobachte"? Dieses Bewusstsein ist durchaus unabhängig von dem Alter des Körpers! Es kehrt zurück nach dem Erwachen vom Schlaf.

Der Platz, woher das Bewusstsein und der Beobachter wirken, wurde nicht bei dem tomographischen Untersuchen der Tätigkeit des Gehirns gefunden. Im Gehirn existiert nicht! Und gerade dieser Beobachter, dieses Bewusstsein das sind wir selbst. Seine Findung und sein Erleben ist damit die philosophische Erkenntnis, das "erkennen sich selbst".

Versuchen wir in der Betrachtung, anschließend an vorne ausgearbeitete Auseinandersetzung der Augenwahrnehmung, zu fortsetzen.

Wenn ich sage, dass ich sehe, ich bin ein Beobachter von etwas, eines Objekts des Denkvermögens, des Einbildungsvermögens.

Das Objekt wird beobachtet vom Beobachter.

Es verläuft ein Prozess von einer Beobachtung.

Es verständigt sich ihn das Bewusstsein, der Beobachter. Ohne dessen würde die Wahrnehmung nicht möglich, und somit sie für uns nicht existieren könnte. Wir sind also dieses Bewusstsein und dieser Beobachter. Wir nehmen nicht wahr, gemäß der vorherigen Analysis, die Millionen der Kitzgefühle in den Gehirnzellen, aber wir beobachten das Bild, farbig, sich bewegend, räumlich, wir hören Klänge, fühlen Düfte usw. Es muss hier also ein Mittler sein, eine vermittelnde schöpferische Kraft, bildende das vom Bewusstsein beobachtete Bild, das Hören der Töne, ihre Harmonie usw.

Dieses Vermögen nennen wir in Übereinstimmung mit verschiedenen alten Lehren „der Geist".

Wir dürfen sich so folgende Erkenntnisse zusammenfassen:

Wir nehmen ein mentales Weltbild auf. Wir sind sein Beobachter.

Diese Wahrnehmung ist der anwesende Augenblick.

Die Welt ist in unserer Wahrnehmung eine dynamische, keine statische und unwandelbare Erscheinung.

Sie wird in jedem Augenblick vom Denkvermögen des Geistes in das Bewusstsein projiziert.

Niemals sind wir anderes wahrgenommen, als ein mentales Bild, individuell beeinflusst und ausgewertet.

Unser mentales Bild ist nicht ganz übereinstimmend mit den mentalen Bildern anderer Menschen.

Es ist individuell beeinflusst – gefärbt, deformiert.

Es ist durch uns wahrgenommen individuell und in manchem anders, als durch andere Menschen. (Siehe die nächstvorangehenden Absätze).

Allen ist übergeordnet das Bewusstsein „ich bin" – der Beobachter und die Fähigkeit des Bewusstseins die Aufmerksamkeit zu richten.

Dieses Bewusstsein ist unveränderlich von unserer Kindheit bis ins Alter. Seine Ständigkeit ist das Verbindungsprinzip des Erlebnisses des Zusammenhangs unseres Lebens nach dem Erwachen vom Traum oder aus einer Besinnungslosigkeit.

Die im nächstvorangehenden Absatz aufgeführten Fragen schon selbst voneinander dringend müssen den denkenden Leuten ganz neue Räume für die Überlegungen, den nachfolgenden Glauben und die Handlung öffnen. Falls uns die Welt ununterbrochen in unsere Gedanken von der höchsten Gesetzlichkeit projiziert wird, und in ihr so auch unser Körper und unsere Psyche, unsere Sinneswahrnehmung, unsere Gefühle, wie ist es beispielsweise mit den chronischen Krankheiten? Doch die übergeordneten Gesetze schaffen unsere Körper gesund und erst im Lebenslauf werden sie erkrankt. Wo sind und wie fest sind unsere Filtern und Weichen, die die Strömung der Kräfte zur Krankheit ändern? Ist das unser Wiederholugsfehler oder eine feste fertige Sache, dass wir krank sind? Wollen wir wirklich gesund sein oder wir von Unart und Faulheit krank sind?

Falls wir in einen Spiegel schauen, sehen wir unser Gesicht, seine Augen. Sie sind unser mentales Bild.

Enthält der physische Spiegel das mentale Bild und in ihm die Augen? Oder sehen die physischen Augen eine mentale Abbildung? Ein solches Verknüpfen der zwei prinzipiell unterschiedlichen Erscheinungen ist doch unmöglich! Alle diesen müssen von derselben Energieform sein. Also sie sind die mentalen Formen.

Falls kann das Denkvermögen in das Bewusstsein verschiedener Leuten verschiedene Bilder projizieren, braucht es dazu die Millionen von punktförmigen Informationen des physischen Auges? Ist nicht auch die ganze durchgenommene Wegstrecke des Lichtes und somit alle Sinneswahrnehmung auch ein Mentalbild?

Ist nicht die so genannte reale physische Welt eine gemeinsame mentale Abbildung, geschaffte in den Geistern der Menschen, aber bei jedem Individuum persönlich deformiert mittels seiner Eigenschaften? Es ist eine Spiegelung der Tatsachen, eingeschränkt und deformiert von den Eigenschaften des Spiegels. Und diese Abbildung betrachtet das Bewusstsein mittels seiner Beobachtungsgabe und der bedenkenden Fähigkeit.

Die Schlussfolgerungen des Kapitels

Falls wird das mentale Bild vom Bewusstsein beobachtet, das existiert auch ohne ihn im Schlaf, ist sicher das wahrgenommene physische Niveau eine niedrigere Ebene als ist die Ebene des Bewusstseins. Das Niveau des Traums ist eine andere Ebene einer Bildlichkeit des Geistes, beobachtet mittels der Fähigkeit unseres Bewusstseins. Die Wahrnehmung des Traums ist irgendwie gekapselt in die Wahrnehmung der Welt und die Rückkehr vom Traum erfolgt zurück in die Wahrnehmung der Welt. Wie eine Rückkehr aus einem Unterprogramm ins Programm oder in ein übergeordnetes Unterprogramm.

Das unveränderliche Bewusstsein ist als der Beobachter, der für alles als primär übergeordnet ist, und mit der Beobachtungsfähig ausgerüstet ist.

Die Welt der Objekte, obwohl sie selbst verschiedenes Niveau hat, ist für uns also sekundär, niedriger, wechselvoll, instabil, oft wegen der Assoziationen verkettet. Ohne das Bewusstsein könnte nicht das Individuum sie wahrnehmen.

Das Annehmen der Gedanken über die Existenz eines masselosen Denkvermögens dringend führt zu weiterer Kettung von Zusammenhängen. Falls ist die Wahrnehmung der materiellen Welt der Gehalt des Geistes, dann ist der Gedanke hierarchisch der Masse übergeordnet. Es ist also nicht wahr die Erklärung der Weisen, dass wir auch aus dem üblichen alltäglichen Bewusstsein in einen neuen, höheren Bewusstseinszustand aufwecken können, der an keiner physischen Wahrnehmung abhängig ist? In eine neue, höhere Existenzebene?

Diesen Zustand nennt man die Erkenntnis, das Aufwachen, die Erleuchtung, die Realisation, das Nirwana, das Himmelreich, das Gehen mit Gott u. a.

Aufgrund unserer anwesenden Kenntnisse können wir hier ein Modell schaffen, das das Begreifen der beschriebenen Erscheinungen aus der Sicht des Mentalismus ermöglicht. Das Weltbild wird von dem universellen Geist (dem kosmischen Weltgeist – von der klugen universalen Energie und Gesetzlichkeit) in die individuellen Geister ununterbrochen projiziert.

Wir können uns es so vorstellen, dass in die partikulären Bewusstseins aller Menschen die Bilder ähnlich gesendet werden, wie sind die elektromagnetischen Wellen aus den Sendern an die Antennen der einzelnen Empfänger gesendet und dann in die Elektrokreise dieser Empfänger des Rundfunks oder des Fernsehens überwiesen, um dort an Abhör- und Visuell-Effekte für die Zuschauer übergearbeitet zu werden.

Fernseh- und Rundfunk-Empfänger verarbeiten die Energie, die aus den Antennen geliefert wird, an welche sie beigeschlossen werden. Sie empfangen dieses Signal gemäß den Eigenschaften nicht nur der Antenne, sondern auch der Zuleitung, verbindenden die Empfänger mit den Antennen. Die Empfängergeräte verarbeiten die gelieferte Energie weiter in vielen ihren eigenen individuellen Verstärkergliedern, vergleichenden Kreisen, in den Korrektoren und Filterschaltungen. Diese Kreise liefern schließlich die individuell geformte Energie in die Lautsprecher und Bildschirme, die diese Informationen übergeben und gemäß ihren Eigenschaften zu den Sinnen, der Zuhörer, der Zuschauer – zu ihrem Gehörsinn und zu ihrer Sehkraft anpassen.

Die Bildqualität und Klangqualität des Rundfunks und des Fernsehens sind abhängig nicht nur an den technischen Eigenschaften der Umkreise, sondern auch am Frequenzband, an den die Schaltungsbauteile gestimmt wurden.

So bei der Annahme eines Rundfunks an den Mittelwellen ist das Übertragungsband des Klanges schmaler (bis 4,5 kHz). Bei der Übertragung der Wörter hat das eine Absenkung der Sprechverständigung zur Folge. Bei der Musik folgen der Effekt einer Beschneidung von den höheren Frequenzen und eine Verflachung der Dynamik der Übertragung. Gegen ein direktes Hören der gut hörenden Leute bedeutet das eine geprägte Qualität des Behorchens. Es ertönt nicht einerseits der Glanz des Klangs der Triangel, der Geigen, andererseits ein tiefer Ton der Bässe, der Cellos, der Posaune, der Trommeln und der Timpani usw. Das gesamte natürliche Frequenzspektrum wird, wie man sagt, an den Rändern „beschneiden". Die Musik ist „klangstumpf", der Einstieg der Töne der Schlaginstrumente ist verlangsamt, stumpf, die Farben der Töne sind arm. Es fehlen die höheren Frequenzen

Bei der Annahme von Ultrakurzwellen zu Ohren ist der übertragene Bereich 15 kHz breit. Das ist schon für laufend statistisch gesunde Menschen eine genügende Bandbreite der vernehmbaren Töne. Das Abhören kann hochwertig - treu sein, aber selbstverständlich nur, wenn nicht nur alle Schaltungsbauteile zur vollen Übertragung richtig angepasst wurden, sondern auch die Lautsprecher zum Übergeben der verlangten Frequenzen und ihrer Dynamik für die Ohren der Zuhörer fähig sind. Und bis wohin es erlaubt beim Anhören aus den Lautsprechern der Abhörraum. Er darf nicht ungeeignet zurückstrahlen oder absorbieren die Teile des akustischen Spektrums.

Ähnlich können wir sich eine Übertragung des Erlebnisses der „Realität" in unser Bewusstsein vorstellen. Das ist ein fortlaufender dynamischer Vorgang von der Wahrnehmung, Verarbeitung, Auswertung und Umschaltung der Aufmerksamkeit auf verschiedene Bereiche. Die Menschen schaffen durch das Verhandeln und durch die Bildung ihrer Gedanken, der Ansichten und der Angewohnheiten individuelle, eigene Programme (ihre persönlichen Arbeitskreise). Sie greifen in den Strom der kommenden Energie als die Filter und die Weichen, bildenden das eigene individuelle Weltbild, ihre Mikrowelt und ihr Erleben. Aber nicht nur ihre Mikrowelt, sondern auch die Welt vorbei sich bilden die Leute nach diesen persönlichen Filtern, nach den Gewohnheiten und den Meinungen.

Die Menschen leben gemäß ihrer inneren individuellen scheinbaren Realität.

Durch die Bildung eigener Programme zusammenbinden sich selbst die Menschen in fahrlässiger Unkenntnis so, dass sie selbst entscheiden nicht nur über ihr Benehmen und dabei über ihre Zukunft, sondern auch über ihre Gesundheit weitaus mehr, als sie sich denken. Genau gemäß den Gesetzen, bekannten aus der Mechanik und aus den anderen Wissenschaftsdisziplinen, erhalten sie dann eine Antwort vom Leben. Es gilt nicht nur das Gesetz der Aktion und Reaktion, sondern es gelten auch alle weiteren Gesetze.

Ähnlich, wie ist es her bei der Annahme eines Frequenzbands des Rundfunks und des Fernsehens mittels abgestimmter Stromkreis, die Menschen mit ihren Filtern (Interessen, Meinungen, Fähigkeiten, Vorurteilen) richten ihre Interessen und die Formen von Einnahmen der Informationen, wählen die Gesellschaft, in der sie leben usw. Dadurch entscheiden sie selbst über die sachliche Qualität nicht nur ihres, sondern auch des umliegenden Lebens.

Die Lebenskraft, die Energie und die Gesetze werden uns gegeben, wir jedoch arbeiten mit ihren gemäß unseren inneren Programmen, die durch uns ganz erheblich, meist unbewusst beeinflusst und gebaut werden. Das Bewusstwerden dieser Gegenseitigkeit ist für den Menschen eine Pforte zum edleren, reicheren, sichereren und glücklicheren Leben in allen Gebieten. So können wir bewusste Programmierer der Tätigkeit unserer Persönlichkeiten werden. So werden unsere schöpferischen und verteidigenden Leistungsfähigkeiten zuwachsen. Sie beeinflussen weiter positiv alle unsere Eigenschaften und so in der Folge unsere Zukunft.

Das Bewusstsein, das ein Beobachter mentalen Bildern ist, das daher wir selbst sind, das ist das unsere Selbstbewusstseinwerden, die prinzipielle Äußerung unserer Existenz, unseres Seins. Alles andere sind die beobachteten dynamischen, veränderlichen und vergänglichen Objekte, darstellte in unserem Geist. Also wenn wir mehr nicht nur über die Welt, sondern auch über uns selbst kennen wollen, müssen wir uns notwendig mit dem eigenen Bewusstsein beschäftigen, mit den Bedingungen und den Formen seiner Erkennung und weiter auch mit der Tätigkeit seiner Aufmerksamkeit und mit ihrem Bezug zum Geist mit seinen Gedanken und mit ihrer Schöpfung. Das ist die Bedeutung der bekannten Äußerung nicht nur vom bekannten Philosophen Sokrates: **„Erkenne dich selbst".**

Das ist der Weg zu der so genannten Selbsterkenntnis, zu der Realisation, zu der Erleuchtung, in das Himmelreich, ins Nirwana. Das ist der Weg zu einem neuen Bewusstseinszustand und zu einem

Prozess der Selbsterkenntnis. Also in keinen neuen physikalischen Raum, wie sich es verschiedene Menschen, meistens die Zugehörige verschiedener Sekten, materialistisch einbilden. Deshalb wurde geschrieben: „Das Himmelreich ist in Ihnen".

Hier können wir sich wieder zur Näherbringung wie ein Modell ein Vorbild aus der Wissenschaft nehmen. Bei einer Untersuchung der Mikrowelt mittels eines Mikroskops müssen wir alles um das Mikroskop und das Präparat wissen, die wir benützen. Wir müssen kennen nicht nur die Größe der Vergrößerung des optischen Systems des Mikroskops, sondern auch die Bedingungen der Bearbeitung des Präparates und des eventuellen Einflusses des Entwicklungsprozesses der Fotografien. Wir müssen uns der Beeinflussung und Begrenzung des gesamten Vorganges unserer Erkennung bewusst werden. Bewusst werden des Unterschiedes zwischen einem lebendigen, räumlichen Objekt und dem toten flachen Präparat, beobachteten im Sichtfeld des Mikroskops. Wir müssen wissen, wie der Gegenstand vor der Beobachtung zubereitet wurde: Versteift für die Möglichkeit des Schneidens, gefärbt für bessere Sichtbarkeit und eine Kontrastdehnung der Abbildung, mittels eines Mikrotoms zerschnitten an dünne Schichten, wie das Präparat durchleuchtet oder beleuchtet wird usw.

Nur so können wir richtige Beschlüsse über wirkliche Größe, Durchsichtigkeit, Farbe, Funktion usw. des beobachteten Objekts machen. Ein totes, an Plätschern verschnittenes Präparat darstellt keine Tätigkeit eines lebendigen Organismus, die Geschwindigkeit seiner Bewegung, der Änderungen der Form und der Farben, die inneren Vorgänge usw.

Aus dem gleichen Grund können wir nicht die Wahrheit über die Welt und über uns in ihr erkennen, solange wir verkennen, wie wir eigentlich die Welt beobachten, was unser Bewusstsein ist, welche sind der Weg zur Wahrnehmung und ihre Weiterverarbeitung. Ohne eine Erkenntnis der Instrumente der Beobachtung und aller Bedingungen der Weiterverarbeitung tritt im Gebiet der Kenntnisnahme dringend zu den Deformationen, zu den Fehlschlüssen, zu den Illusionen, zu falschen Entscheidungen und Taten ein. Eine Folge dann ist die Enttäuschung, die Schäden und das Leiden.

Sofern missverstehen wir den Unterschied zwischen einerseits einer Bildlichkeit des Geistes, der Fantasie, den einfältigen Einfällen und andererseits einer wirklichen Intuition, können wir zu großen Irrtümern kommen. Das sind beispielsweise die Erklärungen mancher Visionäre, die darunter zu unterscheiden aufgehört haben, was ihnen ein Einfluss von der wahren Intuition bezeichnete und was ihre unkontrollierte menschliche persönliche begrenzte Bildlichkeit des Geistes, oft unterstützte von einem großen Ego und von der ungenügend gereinigten und informierten Persönlichkeit, herausgebildet hat. Sie mischen alles ineinander, sie glauben an das, dass sie es bevorrechtet und richtig verstehen, und sie es dann den glaubenden Schäfchen als ein wahres Erkennen präsentieren. Auf Grund solcher Verfahren entstanden verschiedene Bewegungen mit katastrophalen Folgen für viele Einzelwesen auch einen Großteil der menschlichen Gesellschaft.

Als ein Exempel können wir sich die Auferstehung nehmen. Bei der Beendigung des irdisches Lebens sich der „ materielle" Teil der Persönlichkeiten teilt von der „ geistigen" Persönlichkeiten, der Trägerin der Lebensenergie, nach dem Gesetze um die Energieerhaltung so unsterblichen, ab. Im Grab bleibt die Tote Materie. Es ist also die Essenz der Visionen der Heiligen wahrhaftig, aber schlecht begreifen, materialistisch. Das Verlassen des Körpers, das Weggehen in's andere Lebensniveau, erfolgt nach dem physischen Tod bald, aber auch schrittweise.

Beim mystischen Erlebnis uns gibt darum die höchste Weisheit eine Belehrung über die Fortsetzung des Lebens und um die Bewertung (das Gericht, aber nein das letzte) der abgeschlossen irdischen Etappen. Das Erwarten eines Aufmachens der materiellen Gräber für das letzte Gericht ist also nur eine gigantische Illusion der unreifen und ungebildeten Geistern, gefesselten nur grob materiellen, und es noch primitiven Vorstellungen. Das ist ein Einbilden sich des postmortalen Lebens als gleichförmig, wie war das an der irdischen Ebene des Lebens. Das ist ein Exempel einer Deformation von einer wahren Basisinformation mittels der falschen Filter der Erkennung und des Bewertungskriteriumsvorganges und der zugegebenen Fantasie. Das ist eine Applikation einer illusorischen Ansicht aus dem materiellen Niveau an völlig verschiedenes unerkanntes höheres geistiges Niveau des Lebens. Auf Grund derselben Zutritte worden und sind weiter von den Fanatikern die Leute für andere Aufklärungen und Vorstellungen nach ihrem abgegrenzten, ungebildeten und fanatischen Intellekt und das Glauben gefoltert und massakriert.

Der vorher genannte Vorgang einer Erkennung mittels der physikalischen und sinnlichen Mittel ist in dem Gehirn zu seinen Grenzen zugegangen. Er kann zur Erkennung nur materieller Gebiete und ihrer Gesetze helfen und hilfreiche, nur beschreibende Modelle – nur Ebenbilder für ein Nähern zu den erfassten feinen Erscheinungen bilden. Auf dem Wege zur echten Erkenntnis müssen wir also im Geist- und Bewusstseins-Bereich adäquat höhere, feinere und wirksamere Mittel verwenden. Den Weg in dieser Richtung zeigten uns früher und zeigen auch jetzt die Menschen, denen dank ihrer Anstrengung ist es gelungen, die Gesetze und Mittel der Arbeit im geistigen und geistigen Gebiet zu abdecken.

Versuchen wir noch ein wenig mehr den Mentalismus zu unseren bisherigen Vorstellungen zu annähern. Schon im Geleitwort zu diesem Buch haben wir uns gesagt, dass vorige materialistische Vorstellungen über einer festen, undurchlässigen Masse zu Grunde gegangen sind, wenn wir erkannt haben, dass im Raum nur geringe Nisse der Energie– die Partikel umlaufen. Eine feste, undurchdringliche Materie existiert nicht. Das ist nur unsere Fiktion bei der Unkenntnis der Wahrheit, dass alles die Partikel, kreisenden ringsum der anderen Partikel im leerer Raum sind.

Wir müssen so in Betracht ziehen, dass unsere sinnliche Wahrnehmung beschränkt ist, unfähig die kreisenden Mikroteilchen zu sehen und dass mit Materie ist es also anders, als wir sich bisher eventuell gedacht haben. Aus der Vorstellung von einer undurchlässigen, kompakten Materie wird so bei tieferer Erkenntnis eine Illusion. Umso größere Illusion sind so die weiteren Schlüsse, die mittels einer Deduktion und Logik an diesem Grund gebaut werden.

Deshalb ist es notwendig, für ein Annähern des Mentalismus für unser Begreifen neue Vorstellung von unserer Wahrnehmung der Welt zu akzeptieren. Das, dass wir sagen, dass wir niemals etwas anderes, als geistige Bilder erlebten, bedeutet nicht, dass die Welt imaginär sei, dass sie existiert nicht, dass sie eine bloße fantastische Illusion sei, dass wir sie negieren dürfen. Das bedeutet einfach nur das, dass wir unseren bisherigen Glauben und die Vorstellung von der Entstehung unseres Erlebnisses der Welt und von unserem Leben in ihr korrigieren müssen.

Wir müssen neue, erklärende Modelle schaffen und die alten unzureichenden Modelle entweder reparieren, vervollkommnen, ergänzen oder entfernen und durch neue, besser beschreibende das neue Entwicklungsniveau, ersetzen. Wir müssen sich neue Modelle der Realität schaffen. Und wir müssen sich bewusst werden, dass weder diese neue Modells feste und letzte nicht sind und dass sie sich ändern werden. Einerseits in uns auf Grund einer fortgeschrittenen Erkenntnis, andrerseits für ein Verkehr mit anderen Menschen, gemäß den erkannten oder vermutlichen Niveaus ihrer Modells und damit der Fähigkeit, eine gegenseitige produktive Kommunikation abzuknüpfen. Oder für die Beurteilung, dass für die Dogmen der Gegenseite eine Kommunikation nicht möglich wird.

Die elektromagnetische Wellenschwingung vorbei uns wahrnehmen wir durch unsere Sinne vorwiegend auch nicht, und doch sie existiert. Der Raum rundum uns ist auch mit verschiedenen Ausstrahlungen der Sender des Rundfunks und des Fernsehens, geschafften von den Menschen und von der Strahlung aus dem Weltraum angefüllt.

Die Gedanken sind auch kein nichts, obwohl auch wir sie mittels der Sinne nicht wahrnehmen. Sie sind die arbeitende Energie, gebrauchte vom Geist, also die realistische Macht, wie die anderen Energieäußerungen. Ihre Energie ist aber andersgeartet, von anderer Qualität und auch Quantität, als die Energie der groben und auch der feinen physischen Natur. Diese Energie ist anders organisiert und sehr fein. Deshalb ist die Projektion der Äußerung der Gesetzlichkeit, ausgestrahlten in unseren Geist, in diesem Augenblick unsere Wirklichkeit, anscheinend wie grobmateriell. Diese Wirklichkeit ist aber ein dynamisches Erlebnis, eine Bewegung im Geist in der Gegenwart und somit ein vergänglicher Vorgang, der nicht nur ununterbrochen in die Vergangenheit weggeht, sondern auch eventuell sich wiederholt.

Für ein Annähern unserer Vorstellungen, für eine Schaffung eines hilfreichen Modells für ein ungefähres intellektuelles Begreifen für die vorn aufgeführten Vorgänge können wir sich so vorstellen, dass die Energie von einem höheren Informationsfeld (aus einer höheren Ebene) für eine Äußerung in der materiellen Ebene unserer Persönlichkeit durch einen Umwandler transformiert wird, dessen sekundäre Windung unser Gehirn ist und dessen Einspeiseseite (primär) der unseren materiellen Gehirnebene nicht zugänglich ist. Es handelt sich um eine Umwandlung zwischen den zwei Ebenen (Niveaus). Nach den Fähigkeiten des Gehirns (Eigenschaften der Verknüpfungen der Neurone) und ihrer Veränderungen einerseits durch den Einfluss der Entwicklung, andrerseits beispielsweise durch eine Beeinflussung von einem Unfall, diese Transformierung verläuft individuell und so gibt uns verschiedene Fähigkeiten und Eigenschaften, die unsere äußerliche Personalität charakterisierenden.

Zu einem tieferen Begreifen von den aufgeführten Problemen können wir auch ein Gleichnis mit einem Spiegel und Glas benutzen. In unserem Geist ist nicht das ganze geschöpfte Weltall, sondern nur ein Spiegelbild. Das ganze Weltall ist außerhalb der Möglichkeiten unserer Erlebnisse und unseres Begreifens. Darum ist sein Begreifen an den Eigenschaften des Spiegels (unseres Geistes) und der Zielrichtung der Achtsamkeit des Beobachters, abhängig.

Ein schmutziger und verformter Spiegel deformiert das Bild ähnlich, wie es auch das Glas deformiert, über das wir beobachten, falls es eine variable Dicke hat oder schmutzig ist. Die Achtsamkeit, gerichtete in eine schmutzige Ecke, wo ein Müll ist, gibt ein anderes Weltbild, als ein Blick an eine Bergszenerie. Unser Weg zur Erkenntnis ist einerseits wie eine Reinigung und ein Zielen eines Spiegels oder einer Optik, andererseits eine Übung der Kraft für das Zielen der Aufmerksamkeit mit ihrer Unterscheidungsfähigkeit.

Das bisherig chaotische, zerstreute, ungesteuerte und gar nicht in den Sinn kommende Gleiten unserer Aufmerksamkeit von einem Objekt zu einem anderen Objekt muss durch die gezielte und bewusst gerichtete konzentrierte Aufmerksamkeit ersetzt werden. Die gezielte Aufmerksamkeit ist die Tätigkeit der Energie, die den Weg zu neuen Datenkanälen eröffnet und die Aufnahmefähigkeit von ihren Informationen bildet. Es wartet uns infolgedessen viele Arbeit, die in unserem Namen, in einer Vertretung von uns, niemand fremder machen kann. Doch als ein älterer Schüler, oder als der Lehrer kann er uns helfen.

In der Gegenwart ist bei uns nach den vier Jahrzehnten der politischen und philosophischen Unfreiheit genug hochwertiger geistiger Anleitungsliteratur zu bekommen. **Ich sage absichtlich anleitungsfähige, weil eine Anleitung was machen, wie dabei arbeiten, die grundlegende Bedeutung hat. Eine Theorie muss für das Begreifen der Tätigkeit zugrunde liegen, allein jedoch sie wird ohne die**

praktische Tätigkeit, ohne die Einübung, keine neueren Potenzialitäten, neue Einführung einer neuen Stellung und der Reaktion, unsere höhere Leistungsfähigkeit, formen.

Gemäß seiner Stufe der Kenntnisnahme, der Anschauungen und Fähigkeiten kann sich jeder, wer wirklich will, die Literatur finden, die für ihn geeignet ist, die ihm zum Anbinden an seinen jetzigen Stand helfen wird. Dann kann er mittels richtiger Methoden auf der Reise der Entwicklung der Kenntnisnahme und der Fähigkeitssteigerung, des Begreifens der geistigen Gesetzlichkeit, der Bedingtheit und der Wechselbeziehungen, fortsetzen.

Die Vorstellung darum, dass uns jemand von den Leuten eine Kenntnisnahme wie eine Sache schenken wird, vielleicht sogar des Geldes wegen ist ganz abwegig. Wir können nur das zulassen, woran wir gestimmt sind, entsprechend unseren Vorurteilen, den Eigenschaften, dem erreichten Entwicklungsniveau, der Zielrichtung der Aufmerksamkeit, der Potenzialität, der Bemühung, dem Gedächtnis. Es betrifft sich des jeden irgendwelchen Gebietes, des Gehaltes und des Niveaus der Kenntnisnahme im ganzen Leben.

Es ist notwendig, so eine Literatur zu lesen, die methodisch abgestufte Anleitungen zur eigenen intensiven richtigen Arbeit, zur Ausbildung der Macht der Konzentration, der Achtsamkeit, der unterscheidenden Fähigkeit, und zur Erkennung der Gesetze der geistlichen und geistigen Entwicklung für das ganze Leben, gibt.

Eine Literatur, die nur Meinungen zum Glauben präsentiert, die Beschreibungen über etwas, wovon die anderen behaupten, dass es die wahrhaftige Erkenntnis ist, dass es notwendig ist, sie nur aufgrund des Glaubens und kritikloser Übernahme anzunehmen, nicht zu rechter Kenntnisnahme, aber zum Dogma führt. Das Lesen einer Literatur, die nur künstliche Konstruktionen mit Gefahr von einer Aufnahme von bindender dogmatischer Anschauungen (Filtern) baut, sogar verbietenden ein Lesen von allen anderen Meinungen, ist vom Standpunkte jeder beliebigen Entwicklung, und somit auch der geistigen, bindend bis vernichtend. Auf dem Wege der geistigen Erkenntnis führt das voran zum Halten der positiven Entwicklung und später zum Verfall zurück in die Unkenntnis, Illusion und zu solchen Tätigkeiten, die noch mehr binden, anstatt zu befreien.

Die Erkennung ist nicht identisch mit einem einfachen Glauben und kann durch ihn niemals ersetzt werden. **Eine unteilbare Bedin-**

gung der Erkenntnis ist die Entwicklung der Fähigkeiten und der Eigenschaften auf der Basis der gezielten und systematischen physischen und mentalen Bestrebung zuerst allgemein und weiter vorzüglichl eine Meditation. Auch die Fähigkeit und Qualität dieser Meditation entwickelt sich bei jeder Einzelperson bereits durch die Bemühung um eine Meditation und durch die folgenden Erfahrungen. Es ist also unmöglich, einem groben materiellen Menschen wörtlich eine Anleitung zur richtigen Meditation zu geben. Er wird nicht verstehen, weder die angebotenen Begriffe, umso weniger wird er fähig sie sofort wirklich richtig durchzuführen.

Es ist notwendig zu begreifen, dass nur durch das eigene praktische Hinstreben können wir die Erkennung und die Fähigkeiten entwickeln. Niemand fremder kann es für uns anstatt unser machen. Wen uns wirklich jemand helfen soll und wir selbst wirklich wollen, kann er es nur dadurch machen, dass er uns zu begreifen hilft, was und wie wir selbst weiter machen sollen, damit wir uns durch unsere eigene Bemühung und in der richtigen Richtung zu entwickelten. Damit wir richtig die anwesende Energie vewendeten.

Voraus eben jetzt und erst später auch weiter. Wenn er uns auf der Basis seiner Erfahrung, tragender Fortschritte, in der Entwicklung zur Erkenntnis und zur Gewinnung von neuen Selbsterfahrungen berät. Erst nach dem Erreichen eines gewissen Entwicklungsniveaus kommt zur inneren Einbindung in verschiedene höhere Dateibasen und auch zu ihren kommenden Informationen und Kräften. Hier kann uns schon ein geistiger Führer nicht nur durch seine Einstrahlung, sondern auch durch die erklärenden Raten helfen.

Die Erkennung alleine und die Fähigkeiten kann uns niemand weder spenden, weder für irgendwelches Geld verkaufen. Es ist nötig viele Anstrengung zu investieren, die Entwicklungsgesetze begreifen und sich ihnen unterwerfen. Irgendeinen anderen leichten Weg zu suchen, bloße Illusionen und Selbsttäuschung sind. Zur Erkennung kann man sich nur durch Anstrengung, beschriebene beispielsweise im Kapitel über die Methodik der Arbeit, aufarbeiten. Ohne Investitionen von Energie können keine tatsächliche Entwicklung und die Änderungen erfolgen.

Es ist notwendig, hier die Grundgesetze zu bemerken, die im nachfolgenden Kapitel beschrieben werden (die Aktion und Reaktion, der Kraftimpuls und die Dynamikänderung, das Prinzip der Erhaltung der Energie, die Felder und die Induktion), die Bedingungen und Methoden des Bildungsganges, die im nächsten Kapitel beschrieben werden. Ohne das Anstrengen kommen keine wirklichen Änderungen im Wissen, in den Eigenschaften und Fähigkeiten. Nur die Alterung und die Atrophie verlaufen ohne ein Anstrengen, und zwar sogar schneller, als wir uns denken und als würden wir sich wünschen.

Falls ihnen jemand verspricht, dass er ihnen die Erkenntnis ohne ihrer eigene Bemühung erteilt, sogar des Geldes wegen und während einer kurzen Zeit, ist es notwendig einen Bogen um ihn machen. In diese Kategorie gehören Zusagen verschiedener Inserenten, dass sie Ihnen eine Meditation während eines gut bezahlten zweitägigen Wochenendkurses anlernen werden. Ein solches Wochenendseminar verschiedener solchen Betrüger kostet so viel, wie das allwöchentliche Seminar eines echten geistigen Lehrers. Solche Angebote wimmeln sich im Internet.

Das sind leere Versprechungen, also die Lügen, stammende entweder aus einer Ignoranz oder der wissentlichen Tölpelei, also aus dem Betrug gewinnsüchtiger falscher Lehrer, denen geht es nur ums Geld und nicht darum, damit Sie etwas wirklich Anlernen und einige wertvolle Erfahrungen übergeben. Diese wissentliche Tölpelei, wie jede Böse, ist eigentlich ein Ausdruck des Nichtwissens. Wenn diese Menschen die nachstehenden angeführten Gesetze kennten und erachteten und wenn sie wüssten, dass vor nachfolgender Reaktion, also vor der Strafe, kein Ausreißen ist, würden sie anders handeln. Ihre Handlung eigentlich zeigt darauf, dass sie keine grundlegenden wirklichen geistigen Lehren kennen oder sie verkennen und darum keine Folge erwarten und von keiner Bestrafung nachdenken. Dabei ist es begreiflich, dass das Lehren der Unwahrheiten weit schädlicher ist, als wenn man selbst sich mit ihnen richtet. Das ist eine Beschädigung der anderen Menschen an einem sehr ernsten Gebiete mit dazugehörigen langfristigen strengen Folgen.

Die Zusagen eines Anlernens der Meditation während eines Wochenendes haben den gleichen Wert, wie das Versprechen, dass jemand von euch über eines Wochenendes einen sportgerechten Champion eines höheren Niveaus tun wird, obwohl Sie keine gut entwickelte Muskeln und ihre Beherrschung haben, Obwohl Sie nicht die Theorie der Technik der gegebenen Disziplin, ihre Regeln und andere Bedingungen des Erfolgs kennen.

Über unsere Entwicklung entscheiden nicht die anderen Leute, sondern grundsätzlich wir selbst mit unserem Anstrengen und mit daraus folgender Entwicklung der Fähigkeiten und der Eigenschaften.

Die anderen Leute können unsere Umgebung beeinflussen, Sie können uns unsere Zeit nehmen, unsere Aufmerksamkeit fesseln, unsere Möglichkeiten mit Gewalt begrenzen, wie ist es dem in den Zeiten und in den Plätzen des Herrschens von Diktaturen oder sie können uns umgekehrt helfen, wie es her in der gesunden menschlichen demokratischen Gesellschaft ist. Aber nur von uns hängt es ab, was wir in sich hineinlassen und was wir dem erlauben, damit es in uns wirkt, wie wir es verarbeiten, wohin wir unsere Anstrengung richten sollen, wie wir unsere unterscheidende Fähigkeit und die Achtsamkeit und das Gewissen verwenden. Wie wir versprechende Tölpelei der Betrüger erkennen, ob wir an leere und liebe Zusagen nicht hineinfallen oder wie wir sie umgekehrt ausbiegen.

Die Fähigkeit des Behinderns der unkontrollierten Reihen der Gedanken und einer Erwerbung der konzentrierten Aufmerksamkeit ist die Basis des jeden Erfolgs nicht nur beim Studium und in den anspruchsvollen Gebieten der menschlichen Tätigkeit, aber besonders auch beim Training einer rechten Meditation auf dem geistigen Wege. Die Fähigkeiten bilden sich lange und nur durch unsere eigene Anstrengung aus. Das verursachen nur unsere eigenen Versuche und Erfahrungen, wenn auch unter Zuhilfenahme der Räte und des mentalen Helfens der andern, höher entwickelten Menschen, fortgeschrittener Schülern und Lehrern.

Nur dem, wer danach wirklich strebt, daraus den grundlegenden Sinn des Lebens tut, aufrichtig sich darum interessiert und strebt, wer zum Regulieren seines Lebens bereit ist, kommt die Hilfe der Begnadigung des Gottes und ein guter Erfolg des Bestrebens. Aber nicht nur das. Er erlebt verschiedene Wunder der Hilfe, die so genannten Zufälle, die ihm alles, was er an dem geistigen Wege gerade braucht, bringen. Die Bekanntschaften, Bücher, Lehrer, Freunde, Karriere usw. Dies betreffe jede von unseren Tätigkeiten, auch der fachkundigen. Der Buchautor hat reiche Erfahrungen damit eben aus der Zeit der kommunistischen Diktatur der Beschränktheit.

Hier gilt ein altes Sprichwort der völkischen Weisheit: „Menschenkind bemühe dich und Herr Gott dir den Segen erteilt". In diesem Sprichwort ist drinnen altes Verständnis für die Gesetze über den Impuls der Kräfte, die Dynamik, die Energieumwandlung, den Filtern usw. erhalten. Es ist nur gemäß den damaligen Formen (Modelle) des Denkens ausgedrückt.

Jede rechtliche Bemühung ist die eingesetzte Energie, die ohne eine Reaktion nicht bleiben kann.

Wir können hier eine Parabel vom Menschen benutzen, der geklebte Augenlider hat und der sehen will. Er muss sich die Augenlider reinigen, die Augen öffnen und das Schauen zu lernen. Und falls befindet er sich im Raum mit den verdunkelten Fenstern (die Umstände), muss er ehestens die Verdunkelung entfernen (zurichten die Umgebungsbedingungen), zwecks aus dem Haus zu sehen. Und erst dann können sich weiter nicht nur seine Erkennung der Welt und seiner neuen eigenen Möglichkeiten in ihr (Fähigkeiten und Eigenschaften), sondern auch die externen Bedingungen des Erfolgs entwickeln.

Soeben mittels der guten Meditationen eingeübter Zustand einer wachsamer Aufmerksamkeit, einer inneren Wachsamkeit und der Disziplin des Denkens, ermöglichen das rechtzeitige Beachten der externen Angebote der Situationen zum Fortschritt in Problemlösungen (biblische Mädchen erwarten den Bräutigam mit den angezündeten Lampen).

Wir können hier uns auch als Exempel eine Handlung des Kindes, das versucht, zum erstmals sich zu unterstellen oder später den ersten Schritt zu tun, nehmen. Es lernt das, und nicht nur das, es entwickelt auch nötige Muskelkraft, die Nervenbindungen und die Reaktionen, speichert die motorischen Formeln nur dank der eigenen Tätigkeit, der Anstrengung, dem Ausdauern und den eigenen Erfahrungen. Nur so erfüllt es die Gesetze, von denen weiter in diesem Buch behandelt wird und es erhält deshalb die Ergebnisse ihrer Wirkung. Zum Beschleunigen dieses Vorgangs kann die richtige Hilfe eines erwachsenen Menschen zur rechten Zeit und auf ordentliche Weise dadurch helfen, dass er das Kind unterstützt, damit es sich beim Versuchen nicht verletzt, aber zum Schreiten sich das Kind selbst bemühen muss. In der früheren Kindheit zu Hause bildet seine Unterstützung die Familie, beim Studium in der Schule und am geistigen Wege, der Lehrer, die Freunde und die Bücher.

Nach der Gewinnung der Fähigkeit zu gehen braucht schon das Kind diese Hilfe nicht. Es braucht aber doch eine weitere Hilfe beim Überwältigen anderer neuen Problemen seines eintretenden höher sich entwickelnden Grades. Es braucht weiter fähigere Lehrer mit höheren Ansprüchen, am geistigen Wege einen neuen Lehrer mit einem höheren Erkenntnisniveau.

Nur der kann die Ankunft einer Erkenntnis erwarten, wer selbst, wahrhaftig, mit Liebe, freiwillig und mit einem Einsatz die Gesetze der gesunden Entwicklung befolgt.

Nur der, wer seine menschlichen Pflichten füllt, brüderliche Beziehung zu den anderen Leuten hat, Gesetze befolgt, wer fleißig arbeitet und geduldig und beharrlich ist.

Keineswegs der, wer ohne Mühe und Bestrebung faulenzt und dabei egoistische Unrechten, begründete nur an Versprechungen oder eine Komödie mit einer Verstellung um Geistigkeit (mittels irgendwelcher attraktiver Kleidung und Handeln) verführt und nur davon denkt, wie jemanden um das Geld ohne eigene Ausbildung, Verdienste und Arbeit bringen. Weder der, wer frönt den Fantasien, die von chemischen Präparaten ausgerufen wurden. Das Leben um ihn nämlich bilden keine Illusionen, sondern die Energie, arbeitende gemäß den ewigen Gesetzen.

Wenn jemand verspricht eine Erlösung nur aufgrund einer Tat, durchgeführten aus einem Fanatismus, sogar zugrunde gelegenen am Verbrechen des Niederhauens von Menschen anderer Meinung oder sogar sich selbst, kann nicht sein Zusagen an kein Gesetz, verkündetes von der Wissenschaft oder von den richtigen geistigen Lehrern, stützen. Er ist ein Betrüger und Verbrecher, ausgehend von seiner Arroganz und eines Hasses zu anderen Menschen und aus der eigenen perversen Interpretation der von ihm anerkannter Lehre. Es ist nötig, sich solche Fanatiker zu ausbiegen und ihre verderbliche Tätigkeit vermeiden. Sie haben in der Geschichte der Menschheit auf dem Gewissen viele Hunderte von Millionen getöteter und oft zum Tode gemarterter Menschen eines höheren Grades der Entwicklung, als diese Verbrecher selbst waren und sind.

Sehr gefährlich sind im geistigen Bestreben die Ratgeber der Inaktivität, lenkende uns zur Stellung der Selbstbewusstheit, dass wir schon weise sind und dass wir sich um das nur in Kenntnis setzen und dazu glauben müssen. Sie verleiten uns zur Untätigkeit und zur Verantwortungslosigkeit gegen unser Leben. Dies ist gegen alle erkannte Entwicklungsgesetze des Lebens von lebendigen Organismen. Die Untätigkeit führt zu einer Atrophie und zum Ersterben, dagegen die weise, durch Gesetze bedingte Arbeit, führt zur Entwicklung der Potenzialitäten und der neuen Eigenschaften.

Diese Menschen beschirmen sich sogar oft mit Phrasen von einer Liebe und von ihrer unbeschränkten Macht. Die Menschheitsgeschichte und die Erfahrungen von Millionen der Einzelpersonen es scharf bestritten. Mit einer Liebe müssen wir arbeiten und nicht tatenlos faulenzen. Es ist wahr, dass ein liebender Mensch fähig ist, für den Geliebten große Leistungen zu machen, aber das Leben zeigt, dass weder eine gleiche Antwort von der zweiten Seite überhaupt, noch auch die Richtigkeit dessen, was nach uns Apostel der Liebe fordert, garantiert werden muss. Die große einseitige Liebe ist sehr oft auch sehr missbraucht und abgeraten und oft vom Geliebten als Dummheit und Schwäche betrachtet, deshalb auch verachtet und gedemütigt. Manchmal führt das bis zu Verachtung, zu den Beleidigungen und zum Missbrauch bis zur Vernichtung des liebenden Partners. Die zerfalle der Beziehungen vorbei erweisen uns das genug.

Bildlich gesagt: Aus den liebenden Menschen werden Blöcke, an denen die Geliebten, aber nicht liebenden, Holz gemäß ihren Erfordernissen so lange spalten, wie lang das der Liebende erlaubt oder er sich nicht zerstört. Dann zerfällt sich die Beziehung und man geht zum anderen Partner zum gleichen Versuch, in der gleichen Stellungnahme und zur gleichen Manier zum Missbrauchen des Gefühls. Die Charaktere ändern sich nicht, die Partner ja und „die Fehler" sucht man ausschließlich bei den anderen. Das Wort Fehler bin ich in die Anführungszeichen gesetzt, weil es immer nur um anders gelagerte Anschauung an das Auftreten des Partners geht. Es kann einerseits wirklich ein Charakterfehler sein, eine schlechte Handlung gemäß den bestimmten allgemein angenommenen Maßstäben, andererseits jedoch auch natürliche und richtige Absonderung der Persönlichkeiten, berechtigte Äußerung der Individualitäten, die kein Zeichen einer Schädlichkeit, Feindschaft usw. zeigt. sinnen oder Abschluss seines Partner zu verteidigen.

3. Die grundlegenden Prinzipien und Gesetze

Weil wir uns an die Grundgesetze der Mechanik weiter beziehen werden, wiederholen wir voran einige Informationen gewöhnlicher Art, zugängliche auch denjenigen, die keine dazugehörigen mathematisch-physikalischen Schulungen durchgegangen sind. Dann werden wir das Begreifen für dieselben Gesetze in den Gebieten, auf die dieses Buch vor allem abgezielt ist, erweitern.

Wir müssen uns klar werden, dass die Grundgesetze **immer funktionieren.** In den komplizierteren Phänomenen des Lebens jedoch funktionieren einzelne Gesetze parallel laufend **mit anderen Gesetzen und in der Umgebung vieler Kombinationen verschiedener bestimmender und restriktiver Bedingungen.** Deshalb kann der Beobachter bei einer oberflächlichen Beobachtung oder unzureichender Ausstattung mit den Hilfsmitteln der Wahrnehmung (das Mikroskop, das Fernglas, der Film etc.) schlecht schlussfolgern. Weiter mit persönlicher Fähigkeit (schlechte Sehkraft, unlogisches Denken, falsches Gedächtnis, der Mangeln an erforderlichen Kenntnissen, der niedrige IQ usw.) irgendwelche entscheidende Einflüsse vernachlässigen und zu einem falschen Abschluss, dass die Gesetze gelten nicht, dass sie anders gelten oder gar existieren nicht, erfolgen.

Das Trägheitsprinzip

Jeder Körper verharrt in seinem Zustand der Ruhe oder der gleichförmig geradlinigen Bewegung, wenn er durch einwirkende Kräfte gezwungen wird nicht, seinen Bewegungszustand zu ändern.

Die ¨Änderung der Bewegung ist der Einwirkung der bewegenden Kraft proportional und geschieht nach der Richtung derjenigen geraden Linie, nach welcher jene Kraft wirkt.

Eine allgemeinere Bedeutung des ausgedrückten Gesetzes, so wie wir sie in den weiteren Kapiteln auch für breitere Auffassung für die komplizierteren Ereignisse des Lebens begreifen brauchen werden, kann folgendermaßen ausgedrückt werden:

Wenn wir die Veränderungen ausrufen wollen, müssen wir die zu Veränderung führende Anstrengung entwickeln.

Diese Gesetzlichkeit gilt auf allen Ebenen des Lebens. Bis wohin sich betrifft allein des Trägheitsprinzips, gilt es in der mechanischen Bewegung der Körper völlig uneingeschränkt. In den höheren Lebensäußerungen ist diese Auffassung der Trägheit nicht mehr richtig. Einerseits ist es möglich, in der Form von Gewohnheiten auch die Trägheit in der Psychologie abzusehen, aber andererseits in der Biologie und der Psychologie ist es hier anders. Hier ist ein anderes Gesetz übergeordnet. Falls der Organismus mittels der Tätigkeiten entsprechend beansprucht wird nicht, verkrüppelt er (durchläuft eine Atrophie), verbleibt also nicht auf seinem bisherigen Niveau. Mehr wird in den folgenden Kapiteln des Buches besprochen.

Im Folgenden durchnehmen wir die einzelnen erwähnten Bestandteile der Tätigkeit und die Parameter, die die Ergebnisse beeinflussen.

Die Kraft

Die praktischen Erfahrungen des jeden von uns sind solche, dass ein erfasster Körper, obwohl ein Stein, an die Hand durch den Druck in die Handfläche wirkt und somit eine Anspannung in den Muskeln der Arme und anderer Körperteile veranlasst. Diese Wirkung entsteht durch das beiderseitige Anziehen zwischen zwei Körpern - dem Stein und der Erde – durch die Anziehungskraft. Für eine solche Gegenwirkung der Körper wurde der Begriff „die Kraft" (hier Gravitationskraft) eingeführt.

Der Begriff „die Kraft" geht von den Erfahrungen hervor und **wurde zum Grundaxiom der Physik.**

Er ist ohne Deduktion von einem anderen Gesetz abgesehen. Er ist eine uralte Kenntnis der Menschen, die mit diesem Begriff vom Beginn ihrer Entwicklung umgehen lernten. Die intuitiven Grunderkenntnisse der Statik (Lehre von den Kräften im statischen Gleichgewicht, wirkenden an Körper in Ruhe oder bei geradliniger gleichmäßiger Bewegung), Elastizität- und Festigkeitslehre (Lehre über den inneren Spannungszustand und Deformierung der Körper von äußeren Einflüssen oder von inneren Kräften), und Dynamik (die äußeren Kräfte, wirkenden an Körper sind nicht in statischem Gleichgewicht, und deshalb ausrufen sie die Änderungen der Bewegung, also Steigerung oder Herabsetzung der Geschwindigkeit oder Wechsel der Bewegungsrichtung) die Leute bald verwendeten in allen Sorten ihrer Tätigkeit. Sie bauten sich Wohnungen und erzeugten Waffen, Geräte und später Maschinen, angewandten nicht nur zur Jagd, zum Kampf und zur Arbeit, sondern auch zur Unterhaltung. Die intuitiven Kenntnisse der Kinematik, Elastizitäts- und Festigkeitslehre und Dynamik verwendeten sie beim Wurf mit einem Stein, mit dem Speer, beim Schießen mit einem Bogen, Fahrzeugbau, Bau der Häuser, der Schiffe usw.

Die Erfahrungen und die erkannten Theorien übergaben die fähigen Menschen ihren fähigen Nachfolgern und so ist die Beziehung der Lehrer und der Schüler entstanden. Es ist so auch das Ausbilden an verschiedenen Ebenen entstanden.

Eine allgemeinere Bedeutung des Begriffes Kraft, wie wir sie in den weiteren Kapiteln auch für kompliziertere Ereignisse des Lebens begreifen brauchen werden, kann einerseits mittels der Anstrengungsgröße der Bestrebungen ausgedrückt werden, andererseits mittels der Richtung und des Sinnes der Einwirkung (die Kräfte sind die Vektoren, sie haben die Größe, die Richtung und den Sinn der Wirkung). Wir können darum von einer Stärke der Aufmerksamkeit sprechen oder von einer Stärke der Konzentration, gerichteten auf das Erreichen eines bestimmten Zielpunkts.

Das Prinzip der Aktion und Reaktion

Ein von den Grundgesetzen der Physik ist das Prinzip der Aktion und Reaktion. Wortweise können wir uns ihm mittels einiger Formen annähern.

Die Wirkung ist stets der Gegenwirkung gleich. Oder auch - die Wirkungen zweier Körper aufeinander sind stets gleich und von entgegengesetzter Richtung.

Am allgemeinsten mit den Worten: **Jede Aktion weckt die Reaktion von gleicher Größe und Richtung und widersinniger Wirkung.**

Das drückt eine Gegenwirkung zweier Körper oder Systeme aneinander aus. Der Körper, liegende an einer Unterlage, die in der Ruhe oder in einer gleichmäßiger geradlinigen Bewegung ist (beispielsweise der Zug auf einer direkten horizontalen Bahn), drückt auf sie mit einer gravitätischen Kraft, die wir in diesem Fall auch wie die Schwerkraft oder das Gewicht, die Masse nennen. Sie wirkt senkrecht nach unten. Die Unterlage drückt mit einer gleichgroßen Kraft gegensinnig an den Körper (wenn wir stehen, spüren wir diese Schwerkraft-reaktion des Körpers wie einen Druck der Unterlage an unsere Fuß-sohlen). Diese Wirkung der Unterlage nennt man die statische Reak-tion. Diese Reaktion ist gleichgroß wie die Aktion, hat die gleiche Richtung, (ist vertikal), aber hat an der Vertikale den umgekehrten Wirkungssinn – senkrecht aufwärts. Die Schwerkraft wirkt senkrecht nach unten, die Reaktion senkrecht nach oben. Beide also haben die gleiche Richtung (senkrecht), aber den untereinander umgekehrten Sinn (nach unten, nach oben). Also die Reaktion wirkt immer gegen die Aktion. Die beiden Kräfte sind auf diese Weise in einem Gleich-gewicht. Die Aktion ist die primäre – ursprüngliche Kraft, die durch ihre Kraftwirkung eine sekundäre Kraft – die Reaktion erregt (schafft). Beide diese Kräfte, – Wirkung und Gegenwirkung, bilden zusammen eine unteilbare Einheit. Die Eine ohne die Zweite existiert nicht. Schon in diesem Grundgebiet des Denkens treffen wir sich so mit dem philosophischen Begriff der Einheit der Gegensätze zusam-men.

Die Reaktion jedoch wirkt nicht nur bei der statischen Kräfte-wirkung. Wenn wir einen in der Hand gehaltenen Stein werfen wollen werden, müssen wir ihm mittels der Hand eine Beschleunigung in eine bestimmte Geschwindigkeit in einer nötigen Richtung zuteilen, und dann die Haltung der Hand freigeben. Beim Beschleunigen füh-len wir, dass der Stein einen Widerstand mit der Stärke umso größer leistet, um so er schwerer ist (um so sein Gewicht größer ist) oder je weiter wir ihn werfen möchten, so je mehr wir ihn beschleunigen möchten – je größere Geschwindigkeit beim Verlassen der Hand wir ihm erteilen möchten.

Der Stein antwortet auf unsere fördernde Aktion **mittels einer dynamischen Reaktion.** Diese dynamische Reaktion nennen wir die **Trägheitskraft.** Sie ist gleichgroß, hat gleiche Richtung, aber den umgekehrten Sinn, als die Beschleunigungskraft. Sie wirkt der Be-schleunigungskraft entgegen. Sie ist durch Aktion der Beschleuni-gungskraft ausgerufen, ist so darauf ganz abhängig. Die Beiden nochmals bilden eine Einheit. Die bessere Vorstellung von der Wir-kung der gewünschten Beschleunigung auf die Größe der Kräfte gibt uns eine Vorstellung eines Wagens, den wir auslaufen möchten. Je schneller soll der Wagen anlaufen, mit umso größerer Kraft müssen

Die Einführung auf den Weg zur Weisheit

wir drücken, weil umso größere Trägheitskraft als Widerstand gegen das Beschleunigen entsteht.

Wir dürfen so sagen: die Geschwindigkeitsveräderung – wir nennen sie die **Akzeleration – erfolgt in der Richtung und im Sinne der effektmachenden resultierenden Kraft. Sie ausruft eine genauso große dynamische Reaktion – die Trägheitskraft, wirkende gegen die Resultante der wirkenden Kräfte. Die Beschleunigungskraft ist wieder primär, veranlasst die sekundäre dynamische Reaktion.**

Die Naturgesetze wirken immerwährend, ohne eine Ausnahme und ununterbrochen. Für uns folgt daraus aus der Sicht dieses Buches ein Anweisen, dass jede **unsere Aktion, bei der die Energie ausgegeben wird, irgendwo seine Ergebnisse hat und haben muss, auch** wenn wir uns das verständigen, wenn wir auch es betrachten oder sogar anerkennen, wollen nicht.

Schon ein bloßer Gedanke ist nicht nur eine Energieausstrahlung in den Raum ringsum uns (elektromagnetische Einstrahlung ist ringsum jeden Leiter, durch den ein Wechselstrom durchfließt), aber ist auch wie eine Aktion in dem Gedächtnisspeicher unseres Geistes eingeschrieben und gibt sich als Erinnerung aufrühren. Er hat so irgendwo eine dauerhafte Wirkung angeschrieben. Er hat seine versteckte Energie, die kann aus dem Unterbewusstsein wirksam sein, und auch wirkt im Körper oder in der Psyche, und mittels der nachfolgenden Aktivitäten dann auch in der Umgebung (in der Umwelt).

Diese ausgesandte Energie ist von unserer Personalität bezeichnet und deshalb ist sie mit uns mittels einer bestimmten Bindung der rückwirkenden Wirkung verbunden, verursacht also die bestimmte rückwirkende Reaktion. Zum Begreifen hilft uns hier eine Analogie mit dem Datennetz in der Rechnertechnik, wo die einzelnen Datenpakets, verschickten ans Netz, nicht nur den eigenen Nachrichteninhalt, sondern auch die Adresse des Zielpunktes, die Unterschrift und Adresse des Absenders und die Verbindungsbedingungen der einzelnen Pakete enthalten.

Die Größe der Kraftwirkung nach außen und die Intensität des Eintrags im Speicher sind an der Menge der eingelegten Energie abhängig. Je größer ist die eingelegte Energie, umso größer dann der Druck der Gedanken im Unterbewusstsein, den inneren Wirkungen im Organismus oder in der Psyche oder beim Anführen in der äußerlichen Tätigkeit durch ein Verhandeln oder einfach durch die Ausstrahlung in die Umgebung ist.

Dass diese Ausstrahlung existiert, folgt nicht nur aus einer theoretischen Überlegung über die Gültigkeit der physikalischen Gesetze, sondern wurde auch schon bestätigt durch die Konstruktion des elektronischen Gerätes, das die Hochfrequenzen feiner elektrischer Ströme in der Hand abtastet, mithilfe eines Chips trennt, umsortiert und eine Frequenzkennlinie des Menschen zusammenstellt. Diese Frequenzkennlinie des Menschen ist genauso individuell beschreibend, wie z. B. die Fingerabdrücke.

Alte Lehren von der Übertragung und Wirkung des Menschen in die Umgebung (Telepathie) sind schon also mittels der wissenschaftlichen und technischen Erfahrungen bestätigt. Unsere Wirkung nach außen ist so von unserer Personalität genauso unterzeichnet, wie die Datenpakete am Web die Unterschrift des Autors und Lieferadresse und Verbindungsbedingungen enthalten.

Es ist nicht deshalb überhaupt gleichgültig, womit man sich in den Gedanken befasst, wie oft wir ihre Wirkung mittels der Gedankenwiederholung verstärken und wie wir die Akte, durch unsere Gedanken gestarteten, mit weiterer Energie, stammender von Gemüt, unterlegen. Eine große Liebe oder eine Begeisterung oder große Gehässigkeit hat andere Einwirkung, als schwache Gemüter und schwache Überzeugung. Das ausgestrahlte Feld des starken Gemüts ist kräftiger in der Wirkung. Das sind diese Kräfte der Einwirkung, die Vektors, die Richtung, Sinn und Größe haben. Sie haben ein energetisches Potenzial und die Unterschrift dessen Menschen, der sie entsandt hat. Ganz nach dem Gesetz der Kraft und des Impulses und der Dynamik, wie aus den nachstehenden Absätzen folgt.

Wer sich versucht, irgendetwas mittels des Lügens zu gewinnen, ruft die Reaktion hervor, dass er belogen wird, weil er wegen der wiederholten Verwindungen innerer Warnung, dass er lügt, das Unterscheidungsvermögen der Wahrheit von Lügen, und zwar nicht nur bei sich, sondern auch bei anderen Menschen, verliert. Er verderbt sich auch das Gedächtnis, weil es zwei Versionen der Wahrheit, gut registrieren nicht kann. Er kommt auf diese Art und Weise unter die Wirkung des Gesetzes der Anziehung, wie es weiter beschrieben wird, in eine Gesellschaft der Lügner und wird so er selbst belogen, ohne es zu bemerken und ohne es sich zu verständigen. Den Leuten, die mit ihm wahr vorgehen, glaubt er nicht mehr, weil er selbst ununterbrochen lügt. Er verliert also eine grundsätzliche Orientierung für das richtige Entscheiden und Verhalten. Er tritt in das Niveau der Wirrnis.

Ein Begreifen des Prinzips der Aktion und Reaktion jedoch auch kann, bei einem weiteren Nachdenken, eine Reihe von weiteren Fragen, weiteren Problemen einer weiten psychologischen und geistigen Bedeutung öffnen. Wenn seine Wirkung immer gilt, wie ist es her bei allen Naturgesetzen, was für Reaktionen folgen nach der Handlung der Menschen? Welche Antwort ausrufen die Taten der Menschen? Das sind auch Aktionen, nach denen die Reaktionen folgen müssen.

Falls das Prinzip der Aktion und Reaktion absolut gilt, hat jede unsere Tat dringend eine Antwort.

Die Folgen unserer Taten kommen nicht immer jedoch sofort und werden nicht darum von uns als eine Folge erkannt. Diese haben weitere Wirkungen, strömenden aus der Verkettung der Vorgänge. Doch eben jede Folge wird eine neue Ursache. Es erfolgt also im Leben ununterbrochene Verkettung der Verursachungen und der Folgen. Diese Wahrheiten kannten schon die alten Weisen und sind beispielsweise in der Lehre der Buddhisten und der Hindus enthalten. Auch die alten Christen und Juden kannten sie.

Was wird mit den Taten werden, die jemand knapp vor dem Tode durchführte? Beispielsweise eine große Böse, als ist der Mord u. ä? Wie ist es mit den Taten, derer Reaktion komplizierter ist, und es wurden bisher die Umstände für ihre Äußerung nicht geschaffen, weil die Bildung derselben Umstände eine bestimmte Zeit braucht? Wird in diesen Fällen das Gesetz der Aktion und Reaktion in der Natur außer Funktion treten oder es ausschäumt verlaufend? Wie ist es mit der verstrahlten Energie des Unterbewusstseins des Wirkenden und der Energie des Leidens der Behinderten? Sie verschwindet ohne eine Nachwirkung? Doch gerade die Energie ist unzerstörbar! Die Reaktion an das, was die Aktion hervorgerufen hat, wird nicht folgen? Entsteht in der Natur eine Schuld an der Reaktion?

Sicher entsteht sie nicht. Es anbietet sich hier so als Antwort eine Fortsetzung des Lebens für die Notwendigkeit der Erfüllung des

Naturgesetzes. So kommen wir zu der alten Lehre um die Reinkarnation (das Erneuerern der äußeren materiellen Hülle der Persönlichkeiten, der physischen Körper, der Psyche und der groben energetischen Verpackungen der Persönlichkeiten). Der Mensch ist eine sehr komplizierte energetische Einheit, aus der ein gewisser Teil dringend nach Abgeben des Körpers weiter dauert, weil das Prinzip der Erhaltung der Energie gilt.

Wir holen so zu einem neuen Blick auf die Lehre um das Gesetz des Rückstoßes – das Gesetz des Karmas, das Gesetz über die Übertragung der Schulden und der Gegenschulden in die weiteren Leben. Auf so lange Zeit, als es zu ihrem Abfinden und zur Erfüllung des geplanten Sinnes des Lebens – der höheren Evolution des Individuums – der Erkenntnis der Gesetze und zur wissentlichen und freiwilligen Unterordnung sich zu ihnen nicht kommt.

Und erst nach der Freimachung der karmischen Anbindung, zwingenden die Menschen zum Leben in der materiellen, traurigen Ebene, leidvollen und gefahrvollen, in einer Beschränktheit, gegebenen durch ihre vergangenen und auch gegenwärtigen Taten, kann es zu ihrer geistigen Erkennung, zur Entwicklung höherer Fähigkeiten und zum Zugriff zum höheren Niveau des Lebens kommen.

Dieses Gesetz des Rückstoßes (in Indien Karma) war ursprünglich bis 5. Jahrhundert auch von Christen anerkennt. Dem Leiden können wir sich aufgrund der Erkenntnis dieses Gesetzes nur durch die gründliche Beachtung der lange verkündigten Wahrheit ausweichen. Der Wahrheit, dass jedes unsere Denken und Tun uns im Leben die Ergebnisse nach dem Gesetz der Wirkung und der Gegenwirkung und anderer Gesetze, die rings uns ununterbrochen und ohne die Möglichkeiten des Ausweichens wirken, bringt. Was wir gesät sind, das werden wir ernten. Wir selbst und niemand für uns, wenn auch durch unsere Schuld manchmal jemand mit uns. Deshalb **können wir nicht den andern machen das, was wir selbst von anderen Menschen nicht leiden wollen.**

Die Gleichung der Kraft

Für das mathematische Formulieren gilt in der klassischen newtonschen Mechanik (der Physik der Körper mit Voraussetzung einer konstanten Größe der Masse und mit einer Geschwindigkeit der Bewegung, die inkommensurabel mit der Lichtgeschwindigkeit ist) die einfache Beziehung zwischen der Kraft, Masse und Akzeleration:

$$P = m \times a$$

wortmäßig kann man diese Gleichung auf diese Weise beschreiben:

Die Kraft „P" erteilt der Masse „m" die Beschleunigung „a".

Für die Trägheitskraft kann es auf diese Weise ausgedrückt werden: Die Beschleunigung „a", erteilte der Masse „m", ausruft die Einwirkung der Schwungkraft „S = m × a", wirkende gegen der Kraft „P".

Oder auch umgekehrt:

$$a = P / m$$

Die Beschleunigung des Körpers ist direkt proportional der Größe der wirkenden Beschleunigungskraft und indirekt der Masse des Körpers.

Dank der obengenannten Erkenntnis kann man nach einer Einführung der Schwungkraft auch komplizierte dynamische Aufgaben mittels der Gleichungen des statischen Gleichgewichtes; mittels der Methoden, die gründlich durchgearbeitet in Statik sind, lösen (d'Alembertsprinzip).

Das genauere und allgemeinere Benützen der Gleichung muss anerkennen, dass die Kraft, die Geschwindigkeit und die Akzeleration eine Richtung, einen Sinn und eine Größe haben, also das die Gleichung als vektoriell zu begreifen notwendig ist. Das ist beispielsweise bei der gleichmäßigen Kreisbewegung von Bedeutung. Bei ihr ist die Beschleunigung, ändernde die Richtung der Geschwindigkeit, aber mehr ihre Größe, senkrecht zur Geschwindigkeit, und ändert ihre Richtung. Es ist so zentripetal, es zielt zum Mittelpunkt der kreisförmigen Strecke der Bewegung und ruft so die Schwungkraft, wirkende vom Mittelpunkt hinaus, eine Zentrifugalkraft, hervor. Diese Kraft ist an dem Krümmungshalbmesser der Kreisbahn, der Geschwindigkeit und der Masse des Körpers abhängig.

Wie ein Exempel kann das Hammerwerfen in der Athletik dienen. Beim Drehen des Athleten entsteht die Zentrifugalkraft, welche die Kette aufziehe. Der Athlet erteilt mit der Hilfe der Kette mittels der Kraftwirkung seiner Hände einerseits eine Zentripetalbeschleunigung, die die Bewegung auf einer Kreisbahn der Kugel ermöglicht, andererseits auch eine peripherische Beschleunigung, auflösende die Steigerung der Geschwindigkeit der Kugel.

Die Größe der möglichen Akzeleration jedoch hat ihre aus den weiteren Mechanikgesetzen dahin gehende Begrenzung. Die Resultante der Wirkung der Zentrifugalkraft und der Schwerkraft des Athleten überträgt sich ins Land, wo sie im Gleichgewicht mit der Reaktion der Erde steht. Während die Schwerkraft des Athleten sich in die Unterlage einfach überträgt, die waagrechte Zentrifugalkraft kann nur nach Erfüllung bestimmter Bedingungen übergetragen werden. Die Kraftübertragung muss von der Reibung der Schuhe des Athleten um die Erde gesichert werden, damit die Füße nicht ausrutschen und der Athlet von der Zentrifugalkraft besiegt nicht würde. Das gewährleisten die Laufschuhe mit den Stahlstiften an ihren Schuhsohlen und die Schwerkraft des Schwerathleten, vermittelnde die Reibung der Schuhe auf der Oberfläche der Erde. Die Größe der Reibung zwischen dem Körper und der Unterlage ist hier das maßgebende und beschränkende (limitierende) Element für die mögliche Größe der Kugelgeschwindigkeit.

Ähnlich ist es im Leben auch mit allen anderen unseren Aktivitäten. Um diese nicht zu übertreiben, müssen wir die Grenzen kennen, über die wir schadlos gehen nicht können. Anders sind unsere Anforderungen oder Vorstellungen unerfüllbar, und unsere Bemühung hat andere Ergebnisse, als unsere Vorstellung und Sehnsucht war. Solche begrenzenden Bedingungen die Leute oft überhaupt missachten, weil sie diese nicht kennen, und bewirken so für sich und auch für andere ungewollte Folgerungen, meistens unglückliche. Oft sind sie sogar äußerst tragisch. Es ist also genauso wichtig die beschränkenden Gesetze zu kennen, wie die primären Gesetze, wirkenden bei der Aktivität, zu kennen. Das gehört untrennbar zur richtigen Ausbildung und zu richtigen Eigenschaften und Bedingungen für die Erfolge unserer Tätigkeiten. Alles, was wir behandeln um die Mechanik der Kräfte, hat seine adäquaten Ausdrücke, wenn auch komplizierteren, in den feineren Bereichen des Lebens.

Bei der Kreisbewegung werden wir uns noch ein bisschen aufhalten. Die Zentripetalbeschleunigung und mit ihr verbundene Zentrifugalkraft werden von Leuten nicht zu viel aufgefasst, obwohl sie für die meisten Leute eine lebenswichtige Bedeutung heute haben. Deshalb werden wir sich ihnen ein bisschen mehr widmen.

Beeinflusst von der Trägheit, hat jeder Körper eine Tendenz sich geradlinig zu bewegen. So ist es her auch mit jedem fahrenden Kraftwagen. Durch den Lenkradeinschlag zwingt der Lenker bei der Fahrt in den Bogen jedoch dank den Eigenschaften des Untergestells des Kraftwagens die Fahrtrichtung zu ändern – in die Seite nach einer bogenlinigen Bahn zu fahren. Das ausruft eine Schwungkraft - die Zentrifugalkraft, deren Übertragung in die Erde die Reibung der Autobereifung auf der Fahrbahn sichern muss.

Die Zentripetalkraft, erhaltende den Kraftwagen auf der nötigen kreisförmigen Bahn, jedoch hat ihre maximale Größe, abhängige von der Größe des Reibungskoeffizienten der Reifen an der Fahrbahn, weiter von den Eigenschaften der Fahrstraße und des Automobilfahrgestells. Wenn der Fahrer das Lenkrad zu viel dreht oder fährt schneller, als den erwähnten Bedingungen entspricht, eintritt ein Gleitschlupf der Räder. Wir sagen, dass der Kraftwagen ins Schleudern geraten ist. Er fährt anders, nach einem Bogen mit einer kleineren Krümmung, also beziehungsweise in einen Straßengraben oder in ein Hindernis. Das ist ein charakteristisches Muster dessen, dass wir Grundkenntnisse der Physik im üblichen alltäglichen Leben kennen brauchen. Und das gilt nicht nur für eine Autofahrt. Und es genügt nicht nur es beschreibend zu kennen, oberflächlich, tot ohne das Begreifen der Funktion und der Bedingungen. Es muss ein unteilbarer lebendiger Bestandteil des mentalen Systems sein, der sich uns aus dem Unterbewusstsein selbst und immer bei einer Lenkung des Kraftfahrzeuges ebenso so fertigt, wie dass das Wasser nass ist und dass man in ihm schwimmen muss.

Die Reibung ist an den Eigenschaften der Unterlage (der Straßenoberfläche) und der Reifen abhängig. Jeder Mensch weiß, dass er im Gehen oder Lauf am rutschigen Terrain rutschen und fallen kann, weil sich die Reibung verkleinert und er geht darum vorsichtig. Nachdem jedoch derselbe Mensch das Fahrzeug lenkt, hinter dem Steuer hierauf komfortabel hingesetzt, denkt er darauf nicht. Den Begriff die Reibung haben nicht die Menschen ausreichend begriffen und eingelebt wie eine unvermeidlich beschränkende Wirklichkeit, die muss jeder und immer anerkennen und dazu deshalb die Fahrgeschwindigkeit und das Lenken anpassen.

Die Reibung ist auch ein bestimmender Einflussfaktor bei einer Bremsung. Hier entscheiden nicht nur die Eigenschaften des Bremssystems, sondern auch der Reibungskoeffizient der Reifen an der Fahrbahn. Das sind die äußeren Grenzbedingungen. Wenn die Leute diese Bedingungen im Gedächtnis hätten und mit ihrer eigenen Aktion hinter dem Lenkrad sich unterordnen, wäre es wesentlich weniger Unfälle mit tragischen Folgen. Dabei ist völlig gleichgültig, ob sie in eine Bahnkurve fahren oder eine heftige Bewegung des Lenkrades bei der geraden Fahrt gemacht haben. Beide können das Fahrzeug in das Schleudern überfuhren.

Wenn wir schon an einer Problematik der Schubreibung sind, ist es hier nutzbar zu wissen, dass der Reibungskoeffizient im Falle, dass es noch zu Gleiten der Flächen aufeinander nicht kommt, größer ist. Der gleitende Reifen hat also die Reibung kleiner, als der sich abrollende Reifen. Das bedeutet, dass bei dem Gleiten der Räder sich bei einer Bremsung die Bremsstrecke verlängert oder die erreichbare Zentripetalkraft in der Kurve verkleinert und das Fahrzeug schlecht steuerbar oder sogar ganz unsteuerbar ist. Das Ergebnis ist der Aufschlag gegen die Hindernisse oder das Verlassen der Fahrstraße.

Die Vorrichtung des Antiblockiersystems (ABS) in den modernen Wagen sorgt mittels der Regulation der Bremskräfte dafür, dass die Räder beim Bremsverfahren nicht gleiten und so sie einen größeren Reibungskoeffizienten zwischen den Reifen und der Straßendecke erhalten und der Wagen ist darum lenkbar. ABS jedoch kann nicht die Größe des Reibungskoeffizienten erhöhen und deshalb ist das übertriebene Zutrauen auf ABS äußerst gefährlich und zeugt von einer großen Unkenntnis dieser Problematik. Die pulsförmige Beherrschung der Bremskräfte hat bei der Einwirkung von ABS - Bremsanlage den Einfluss auf einen bestimmten zeitlichen Verlust im Bremsvorgang und deshalb ist die Bremsstrecke länger, als sie bei einem idealen Bremsverfahren ohne das Schleudern und doch ohne Ansatz ABS - Bremsanlage wäre. ABS besorgt jedoch das Fahrverhalten bei dem Bremsverfahren in krisenhaften Situationen auch bei dem übertriebenen Niedertreten des Bremspedals dadurch, dass es verhindert die Entstehung des Gleitens, aber nur in der Fahrrichtung, und dabei erfordert keine außerordentlichen Fähigkeiten des Fahrers für eine genaue Bremskraftsteuerung. Die Übertragung der Zentripetalkraft kann aber ABS nicht vergrößern.

Auch in anderen unseren Handlungen wirken verschiedene beschränkende Einflüsse. Ein kluger Mensch darum weiß, dass er nicht alles machen kann, was ihn anfällt, ohne das Vergleichen und ohne die Einhaltung gesetzlicher Bedingungen, zusammenhängenden mit seinen Handlungen. Zum erfolgreichen Leben ist also das Leben in Wachsamkeit und im Verwenden in erster Reihe der Aufmerksamkeit mit Unterscheidung, der Kenntnisse der Gesetze und in der Disziplin in ihrem Befolgen notwendig. Allgemeinere Bedeutung des Gesetzes der Kraft, so wie wir ihn in weiteren Kapiteln auch für komplizierte Ereignisse des Lebens begreifen brauchen werden, kann auch auf diese Art ausgedrückt werden:

Die Größe der Veränderung, ausgerufenen mittels der Anstrengung, ist direkt proportional der Größe dieser Anstrengung und es geschieht in der Richtung und im Sinne der Wirkung der Anstrengung.

Umgekehrt kann man sagen:

Ein Bedarf von Änderung immer einen Bedarf von der Anstrengung in richtiger Richtung, Sinne und Größe hervorruft.

Bei Nichtachtung von bedingten Parametern kommen dann unglückliche Folgen nach.

In der Psychologie des gesellschaftlichen Lebens bezeigt sich sogar auch Analogie im Unterschied zwischen einer Reibung in Ruhe und Reibung bei bereits durchlaufendem Schleudern (Gleiten). Das Durchsetzen von Neuigkeiten ist sehr oft mit einem großen Widerstand von Leuten verbunden. Nach dem Bekanntwerden mit dem Ereignis und nach der Änderung der Gewohnheiten jedoch dieser Widerstand sinkt ähnlich, wie beim Gleiten einer gezogenen Last. Nach ihrem Anfahren wird der Widerstand kleiner. Ein Bedarf von hoher Veränderung braucht so auch hohe Anstrengung. Anders eine zu hohe Änderung nicht kommen kann. Die Volksweisheit sagt: „ohne Fleiß kein Preis". Es ist notwendig, dieses Sprichwort in einer breiteren Bedeutung, als ist ein Lohn an Lebensunterhalt, zu begreifen. Es betrifft sich irgendwelcher Tätigkeit und derer Ergebnisse, beispielsweise die Studien, die Ausbildung oder das Bestreben um eine Kenntnisnahme und somit auch um die Meditation. Deshalb, damit die positiven Ergebnisse kommen könnten, müssen die Verständigungsbestrebungen bei jeder Meditation richtig gerichtet, ausreichend tief und lang werden! Man muss mit genug von Menge der Energie arbeiten.

Die Volksweisheit bezeigt eine Bekanntheit dieses Gesetzes auch durch das Sprichwort: „Menschenskind bemühe dich und der Herr Gott wird Dir segnen". Der heutige Mensch kann dieses Gesetz auch durch die Worte „Befolge Gesetze und bemühe dich und es wird dir alles gut gehen" ausdrücken.

Der Kraftimpuls und die Bewegungsgröße

Wenn wir die Gleichung der Kraft durch die Zeitzunahme multiplizieren, bekommen wir nach einer Adaption die vereinfachte Gleichung für den Kraftimpuls und die Bewegungsgröße:

$$P \times \Delta t = m \times \Delta v$$

Hier bedeutet „P" die wirkende Kraft, „Δt" die Länge des Zeitabschnittes der Einwirkung der Kraft, „m" die Masse des Körpers und „Δv" die Geschwindigkeitsänderung des Körpers.

Wörtlich kann man ihre Bedeutung auf diese Weise ausdrükken: die Kraft „P", wirkende während des Zeitabschnittes „Δt" **an die Masse „m" verursacht die Geschwindigkeitsänderung der Masse „Δv" in der Richtung und im Sinne der Kraftwirkung „P".** Das Produkt der Kraft und der Zeiteinwirkung nennt man **der Kraftimpuls.** Das Produkt der Masse und der Geschwindigkeit beschreibt **die Bewegungsgröße.** Mathematisch ausdrückt es eine Gesamtwirkung der Masse in der Bewegung. Die Gleichung kann man deshalb wörtlich auch auf diese Weise ausdrücken:

Zuwachs der Bewegungsgröße ist gleich dem Kraftimpuls.

Weil in allgemeiner Form die Kraft eine Funktion von der Zeit (ist veränderlich) ist, die allgemeinere mathematische Äußerung der Bewegungsgröße ein Zeitintegral (Summe) von oben genannter vereinfachter Gleichung ist und so auch den Einfluss der wiederholten Impulse mit pulsierender Kraft und eventuelle Menge der Wiederholungswirkungen enthält. wortmäßig können wir es auf diese Weise ausdrücken:

Die Bewegungsgröße eines Körpers ist der zeitlichen Summe aller Kraftimpulse, die an den Körper wirkten, proportional.

Die Gesamtimpulsgröße hängt so allgemein in der Mechaniklehre von der Kraftgröße, von der Impulsdauer und von der Menge der Wiederholung der Impulse ab.

Eine allgemeinere Bedeutung des ausgedrückten Gesetzes, so wie wir sie in weiteren Kapiteln für die komplizierteren Ereignisse des Lebens in Psychologie zu begreifen brauchen, kann auch auf diese Weise ausgedrückt werden:

Die aufgerufenen Änderungen sind von der Größe, der Richtung und den Sinn des Bestrebens, von der Länge seiner Dauer und der Anzahl der Einwirkungen der Bemühungsimpulse abhängig.

Dies betrifft alle unseren Tätigkeiten, soll es sich um eine Arbeit, ein Studium oder eine Ausbildung in irgendwelchen Bereichen unserer Persönlichkeit handeln.

Man muss sich so für ein Erzielen guter Erfolge einer komplizierteren Arbeit mit Geduld und Glaube in Endergebnis ausrüsten. Dieser Glaube jedoch muss an einer Kenntnis deren Gesetze, die jeweilige Arbeit beherrschen, nicht mehr am unseren durch Bekanntheit unbegründeten, daher falschen Glauben, gegründet werden. Bei jeder Tätigkeit müssen wir die Gesetze berücksichtigen, anders uns die Misserfolge oder sogar eine, manchmal tödliche Gefahr, drohen. Es gilt also gleichzeitig auch:

Falls unsere Anstrengung die Gesetze erfüllt, denen gegebene Gruppe der Ereignisse unterliegt, müssen die Ergebnisse kommen!

Nur wenige Menschen verständigen sich mit diesen Tatsachen, die jedoch überall vorbei uns sichtbar sind, und wirken unablässig, unerbittlich, unentgeltlich und die wir können nicht nur mit unseren Beobachtungen und Erfahrungen bestätigen, sondern auch mit denen von anderen Menschen in unserer Umgebung. Natürlich nur damals, bis wohin wir für eine Belehrung offen sind. Soweit wir aufmerksam, nachdenklich und gesund anpassungsfähig sind. Die eitlen Ungebildete erleben unangenehme Folgerungen, obzwar manchmal nicht sofort. Auch für eine Realisation der Folgen gelten die Grundgesetze der Mechanik. Je einfacher die Angelegenheit ist, desto schneller ist die Antwort und umgekehrt. Es dauert also eine gewisse Zeit, bis sich die notwendigen Bedingungen für eine Antwort auf eine komplizierte

Angelegenheit bilden werden.

Es ist jedoch wichtig, die allgemeine Gültigkeit dieser Gesetze auch im Gebiet unserer gar nicht in den Sinn kommenden, mit Bewusstheit ungewollten Tätigkeit, sich in Kenntnis setzen.

Dieses Gesetz arbeitet auch damals, falls wir negative, abfällige Tätigkeit führen. Ein dauerndes Zurückgehen in der Erinnerung zu negativen Erlebnissen, zu affektiv begründeten Geisteszuständen mit Neid, Gehässigkeit, Zorn, Trauer, Leid oder mit den Zwangsvorstellungen, legt in den Gedankenspeicher die Impulse ein, die sich addieren und damit ihre Beeinflussungsmacht stärken. Zu einem Zeitpunkt eines Mangels der Achtsamkeit, Aufmerksamkeit und Selbstbeherrschung kann dann ihre aufgespeicherte Energie schädliche bis verderbliche Handlung ausrufen. Man sagt, dass ein Mensch explodiert.

Zum vorherigen Absatz ist es nötig, noch eine sehr bedeutende Wirklichkeit zu bemerken. Bis wohin sich aus dem Speicher des Unterbewusstseins negative Erinnerungen auftauchen und wir erlauben dem Geist, dass er sich mit ihnen zu viel befasst, so verlieren wir einerseits die Zeit, und andererseits die Energie, die wir eher zu klügerer Tätigkeit benutzen sollten. Darum hat die Kontrolle des Inhalts unseres Geistes und der Zielpunkte der Aufmerksamkeit für unser Leben grundsätzliche Bedeutung. Und es ist ja eben das, worüber lehrt die praktische Psychologie, enthaltene in verschiedenen Ausbildungsprogrammen und im wahren Yoga. In der Aufmerksamkeit, der Selbstkontrolle, dem Ansatz, der Geduld und dem Glauben in einen Sinn der Tätigkeit liegen die Erfolge der leistungsfähiger, manchmal bis der berühmten Menschen.

Es ist also notwendig, von der ständigen Tätigkeit der Gesetze zu wissen und die Gedanken, Gefühle und Akte zu bewachen, damit schließlich ungeeignete Impulse eine ungesteuerte Macht nicht abgewinnen und uns nicht dort hinführen, wohin wir gelangen nicht wollen, zum Unglück. Nochmals ist es nötig zu betonen, dass wir beim Denken eine Energie benutzen, die unzerstörbar ist, wie jede Energie. Sie kann nur umwandelt aus einer Form in andere werden. Näheres ist weiter im Absatz über die Energie.

Die Resonanz

Für ein Begreifen des Textteils, das sich befasst mit dem Bestreben beim Lernen oder bei der Gewinnung von Fähigkeiten, werden wir ein Begreifen des Begriffes „die Resonanz" brauchen. Von einer Resonanz sprechen wir bei periodischen (in regelmäßigen Zeit-intervallen wiederholten) Ereignissen bei Vergleichung ihrer Frequenzen. Am häufigsten verwendet man diesen Begriff in der Musik (Schwingung der akustischen Wellen), der Elektrotechnik und bei mechanischer Vibration der Konstruktionen.

In einer Resonanz sind zwei Schwingungen damals, wenn die Frequenzzahlen (Schwingungszahlen während einer Zeiteinheit) bei den beiden Schwingungen gleich sind.

Falls es zu einem Schwingungseinsatz irgendeines Systems kommen soll, muss auf es einwirken oder ständig wirksam sein, eine dynamische (zeitgemäß veränderliche) Wirkung. Bei einem einmaligen Einfluss (Anstoß) versetzt sich das System zwar auch in die Schwingungen, aber dank dem Einfluss von inneren und äußeren Energieverlusten im System verkleinert sich die Schwingbreite bis zum Abklingen. Wen das System ständig schwingen soll, muss auf es eine periodische Wirkung wirken, die in Resonanz mit der Frequenz der Eigenschwingungen des Systems und in richtiger Phase ist, um die Energieverluste zu ersetzen.

Das Beispiel einer Schaukel:

Der schaukelnde Mensch muss in der richtigen Phase mittels der Lageveränderungen seines Körpers regelmäßig dem System Körper - Schaukel die Erhaltungsimpulse liefern. Falls die Größe der periodischen Einwirkung dieser Impulse größer ist, als die Verluste durch innere Reibung des Systems und der äußeren Widerstände sind, es kommt am schwingenden Systemen zum Wachstum der Schwingbreite, zur Überschreitung der Grenze der Trägheit und zu ihrer Beschädigung bis Vernichtung oder in Nachrichtentechnik zu unbenutzbarer Überflutung bis Vernichtung der Schaltkreise.

Andere Äußerung der Resonanz dürfen wir betrachten beim Angreifen der akustischen Wellen an die Gegenstände. Sie versetzen ins Schwingen und rattern.

Für die Zwecke dieses Buches ist es nötig zu wissen, dass der menschliche Körper und seine Psyche auch ihre eigenen Wiederholungsperioden der Vorgänge der Aktivitäten haben. **Eine von den grundlegenden Frequenzen unseres Lebens ist der Tagesrhythmus. Darum ist bei der Ausbildung, dem Lernen und dem Trai-**

ning die regelmäßige tägliche Einwirkung die beste oder die Einwirkung jeden zweiten Tag, also periodisch. Der Organismus reagiert mit Abstimmung – mit der Adaption, mit der Entwicklung seiner Fähigkeiten an die dazugehörige Stufe.

Der Einklang (die Harmonie)

Bei einer Wirkung zweier Schwingungen von verschiedenen Frequenzen erfolgt eine Addition dieser Wirkungen. Falls es sich handelt um die akustische Wellenbewegung (die Musiktöne), es entsteht ein Einklang, ein Akkord. Er kann harmonisch, wohl lautend, angenehm zum Hören oder disharmonisch, klingend ungemütlich, sein. Zwei Töne sind harmonisch, für das Abhören gemütlich, wenn die Werte ihrer Frequenzen in dem Verhältnis von kleiner ganzen Nummern (beispielsweise 1:2 ist die Oktave) sind. Zwei gleiche Frequenzen sich können addieren, falls sie in der gleichen Phase (ihre zeitlichen Verläufe übereinstimmen) sind oder auflösen, falls sie gleiche Amplitude und umgekehrte Phase haben oder es entsteht eine Interferenz, falls sich ihre Periodenzahlen untereinander zu wenig unterscheiden. Die resultierende Frequenz dieser Interferenz ist gleich der Differenzfrequenz beider Grundtöne.

Ähnlich ist es zwischen den Menschen bei ihrem Zusammenleben: der Einklang oder die Disharmonie. Darum verknüpfen sie sich in verschiedenen Gruppen harmonierender Einzelpersonen oder im Gegenteil treten sie zu den Konflikten.

Die Arbeit und die Energie

Wenn eine Kraft an einen sich bewegenden Körper wirkt, ausübt sie die physikalische Arbeit. Vereinfacht können wir für die Größe der geübten Arbeit die Beziehung schreiben:

$$L = P \times s$$

Hier ist "L" die geleistete Arbeit, "s" ist die Größe des Vorschubes in der Richtung der wirkenden Kraft. Die Arbeit der beschleunigenden Kraft erteilt dem Körper, wie schon früher geschrieben wurde, eine Beschleunigung, eine Veränderung der Geschwindigkeit. Die Geschwindigkeit des Körpers vergrößert oder vermindert sich und dadurch wächst oder vermindert sich seine Bewegungsenergie des Körpers. Diese Energieveränderungsgröße ist gleich der Arbeit der wirkenden Beschleunigungskraft.

Die Einführung auf den Weg zur Weisheit

Beim Ziehen des Körpers auf einer Unterlage überwindet die Zugkraft die Widerstände der Bewegung und die Arbeit, aufgewandte an diese Überwindung der Reibung ändert sich in die Wärme, die sich im Raum und im Körper zerstreut.

Auch im geistigen Gebiet wechselt sich bei einer Anstrengung die geleistete Arbeit in die Fähigkeiten und die Einträge im Gedächtnis. Dabei wachsen die inneren Leistungsfähigkeiten des Menschen, er hat höhere innere angesammelte Energie, ein höheres Potenzial.

Das Prinzip der Erhaltung der Energie

Die Energie ist unzerstörbar, sie hat aber verschiedene Arten von der Auswirkung. Sie kann von einer Form auf eine andere umgewandelt werden. So umwandeln wir mittels verschiedener Maschinen die Elektroenergie in die Wärme (Heizkörper) oder ins Licht (Lichtquellen), in die Bewegungsenergie (Motoren) oder die Energie des Magnetfeldes (Elektromagnete, Transformatoren). Oder umgekehrt die Bewegungsenergie mittels der Einwirkung vom Magnetfeld an sich bewegende Leitungsdrähte in die Elektroenergie (die Drehstrom-Generatoren, die Dynamomaschinen).

Bei einer Bewegung des Körpers im irdischen Schwerkraftfeld hat ein Körper eine dynamische Energie, abhängig von der Masse und der Geschwindigkeit des Körpers und auch eine Lageenergie, gegebene durch die Lage des Körpers im irdischen Schwerkraftfeld (die potenzielle Energie).

Bei der Bewegung ändert sich die Bewegungsenergie, eingelegte im Körper, in der Abhängigkeit von der Bewegungsrichtung, in die Lageenergie und durch den Einfluss der Reibung bei der Bewegung in der Luft auch in die Wärmeenergie, die sich in der Umgebung, in der Luft, zerstreut. Um diese zerstreute Energie verkleinert sich die Gesamtsumme der Energie des Körpers. Für eine Bewegung in einem Luftleeren, wo kein Luftwiderstand ist, kann dann gelten, dass die Summe der Bewegungs- und Lageenergie konstant ist. Eine übergeht in die andere in den permanenten Änderungen.

Für ein besseres Begreifen nehmen wir zum Exempel einen senkrecht hinaufgeworfenen Gegenstand. Am Anfang hat er die bestimmte Geschwindigkeit und darum auch die dynamische Energie. Bei seinem Flug hinauf steigert seine Lageenergie, die gleich der Arbeit, erforderlichen zur Aufhebung des Körpers in die jeweilige

Höhe im irdischen Schwerefeld, ist. Um diese Lageenergie mindert sich dank dem Erhaltungsprinzip der Energie die Bewegungsenergie und so sinkt die Geschwindigkeit des Körpers bis zum Augenblick, wo sich der Körper anhält. Die ganze Bewegungsenergie wurde in diesem Augenblick in die Lageenergie und die Wärme überführt. Der Körper hat die größte Höhe erreicht, die größte Lageenergie (potenzielle Energie) und die kleinste dynamische Energie (hier bei Stillstand null).

Dann beginnt der Körper, nach unten zu fallen. Seine Lageenergie mindert sich mit der sinkenden Höhe und übergeht zurück in die Bewegungsenergie. Die Geschwindigkeit des Körpers wächst. Bei einer Bewegung in dem Vakuum ist die Auftreffgeschwindigkeit gleich, wie die Startgeschwindigkeit war und während des gesamten Falls ist in jedem Augenblick die Summe der Energie (der dynamischen und der potenziellen) gleich (das Gesetz um die Erhaltung der Energie).

In Wirklichkeit wirkt in der Natur bei einer Bewegung des Körpers in der Luft ein aerodynamischer Widerstand, der veranlasst, dass sich bei der Bewegung ein Teil der Bewegungsenergie infolge der Beeinflussung von Reibung in die Wärme verwandelt und sich im Raum zerstreut. Er ist verloren. Der Körper also auffliegt in eine kleinere Höhe, weil sich die ganze Bewegungsenergie in die potenzielle nicht verwandelt, aber eintritt unter der Wirkung der Verluste eine Umwandlung eines Teils der Energie in die Wärme. Bei dem Sturz nach unten verliert sich infolge der Reibung ein weiterer Teil der Energie, und so der Körper mit einer kleineren Geschwindigkeit einschlägt, als die beim Start war. Das Prinzip der Erhaltung der Energie gilt immer, aber ein Teil der Energie wurde in dem Raum wie die Wärme zerstreut. Um diese verlorene Energiemenge wird die Bewegungsenergie des einfallenden Körpers kleiner.

Die Gesamtenergie komplizierter Gestaltungen ist also allgemein gleich der Summe der verschiedenen Äußerungen derselben Grundenergie und kann bei Gebundenheit mit anderen Gebilden in verschiedene Äußerungen übergehen. Es erfolgt so das Übergießen der Energie zwischen Formationen und ihre spezifische Verwandlungen. Das ist Prinzip des Lebens, die Quelle seiner Vielseitigkeit und bezeigt eine große Vielgestaltigkeit. Es ist die Gesetzlichkeit, deren alles unterliegt.

Die Energie, die vor Millionen Jahren von der Sonne auf die Erde verstrahlt wurde, umwandelte sich an die Energie, die ist konserviert in den entstandenen biologischen Gestaltungen, unter andrem auch in den Pflanzen und den Bäuimen. Nach Millionen Jahren von Transformation ist diese Energie, enthaltene in der Kohle oder in dem Erdöl, von Menschheit gebraucht, die sie verändert zurück in die Wärme, in die Elektrizität und mittels ihr in die mechanische Energie (potenzielle oder motorische). Mittels dieser Umwandlung der Energie die Menschen antreiben die Maschinen, Geräte und Transportmittel. Sie steigern die Produktivität nicht nur Ihrer schöpferischen, sondern auch der zerstörerischen Tätigkeit. So können wir beispielsweise eine Kette der Umwandlung der physikalischen Energie schreiben: die Strahlung (die Sonne) – die Wärme – das Leben – die Pflanzen – die Lebewesen – die Kohle. – das Erdöl - Wärme – die Elektrizität – die Bewegung der Transportmittel – die Strahlen – die Wärme – Magnetismus

Die Energie ist die Basis nicht nur des Lebens, sondern auch der Zerstörung. Sie kann gemäß unseren Kriterien schöpferisch oder zerstörend benützt werden.

Falls wir es aus der Mechanik der Körper in die Mechanik der zarten Äußerungen übertragen wollen, müssen wir sich mit Ähnlichkeit der Erscheinungen auch im psychischen Gebiet verständigen. Unsere mentale Energie bewegt sich gemäß der Art und Wirkungsweise also in einer energetischen Umwelt, analog den Kraftfeldern in der Mechanik der Körper. Sie hat auch ihre kinetische und potenzielle Energieform und ihre gegenseitige Umwandlungen. So sind eine statische Energie beispielsweise die Einträge unserer Gefühle und Gedanken in den Tiefen unseres Gedächtnisses und die kinetische sind unsere anwesenden Gedanken und Taten. Sie werden durch dieses innere Potenzial der statischen Energie und ihre Bewegungen hervorgerufen. Es ist also klug, mit der Tätigkeit dieser Energie zu rechnen und richtig mit ihr zu manipulieren und zu wirtschaften.

Vom Gesichtspunkt des Zieles dieses Buches ist also notwendig sich zu verständigen, dass die Energie, eingelegte im Denken und darum in unseren Vorurteilen, Unarten, Kenntnissen, Glauben, Gefühlen, in uns fortwährend anwesenden ist, auch wenn wir es wissen oder nein. Jede Energieform muss sich immer äußern, wenn sie von ihrem potenziellen Zustand in den wirksamen verwandelt wird. Für sie gelten immer die gleichen Gesetze. Falls sie mit geeigneten Mitteln in richtiger Zeit an richtiger Stelle zum richtigen Ansatz angeführt nicht ist, kann sie große Schäden auswirken.

Energie, aufgespeicherte in den Tiefen unserer Persönlichkeit ist wie eine gespannte Feder, gehaltene im Spannungszustand mittels einer Klinke. Nach einer Freimachung der Klinke (irgendwelcher Impuls) beginnt diese Spannungsenergie sich zu äußern nach der Art, die die vorbereiteten Anbindungen der Realisirungskanäle, die ihr ermöglichen in eine andere Form sich zu transformieren, bestimmen. In der Mechanik kann es eine Übertragung an Umdrehung zur Bewegung eines Stromaggregates, zu Fahrzeugbewegung oder ein zerstörender Einschlag, ein Abschießen eines Körpers u. ä.

In der Menschenpsyche kann das ein Niederlassen eines Programms in Tätigkeit sein. Die Folge kann ein Handeln sein, das nicht das Individuum voll beherrschen kann und das verschiedene Wirken, geeignete auch ungeeignete, bis vernichtende nicht nur für ihn, sondern auch für die Umgebung, haben kann. Hier ist es wichtig, welche Kontroll- und Revisions-Tätigkeiten und nachfolgend Einstell- und Lenk-Tätigkeiten dafür der Mensch ineinander hat.

Deshalb ist es sehr nutzbar, wenn wir in unserer Ausstattung gezüchtete starke, mehr oder weniger objektivierte leistungsfähige Programme haben, die eine Aufmerksamkeit und passende Überwachung über dem Denken und der Handlung leisten. Die effektivste ist die Korrektur, die noch kurz vor dem Ablagern der Energie in den Speicher gemacht wurde. Eine Korrektur nach der Freisetzung der Energie, wann schon ungeeignete Arbeit und aus ihr dahin gehende Folgerungen der Handlung beginnen, hat weit kleinere Möglichkeiten und Wirksamkeit die unglücklichen Folgen zu vermeiden! Meistens ist es schon unmöglich das Geschehen zurückzuschieben, weil die Lebenssituationen wiederholen sich nicht!

Aus dem genannten folgt die Bedeutung der Erziehung, wie in der Familie, sowie auch in der Schule, zur Selbstkontrolle und Selbstbeherrschung junger Menschen während der Entwicklung. Für die Bemühungen um geistiges Entwickeln dann gilt das genannte besonders beträchtlich. Am Anfang des Weges hat diese Erziehung zur Selbstkontrolle und Selbstbeherrschung die überwiegende Bedeutung.

Sie muss jedoch das ganze weitere Leben fortgehen. Anders es kommt nicht zu erforderlichen Änderungen in der Persönlichkeit des Menschen und die geistige und geistige Entwicklung wird eine Utopie werden.

Die Verschiedenheit der Frequenz des elektromagnetischen Feldes bezeigt sich in verschiedener physikalischer Art. So werden mittels der elektromagnetischen Schwingung des Feldes, ausgestrahlten von den Sendern des Rundfunks und des Fernsehens, der Klang und das Bild übertragen. Im Mikrowellenherd wird das Feld in die Wärme der Speisen gewechselt. Noch höhere Frequenzen werden in die thermische (infrarote) Strahlung oder sichtbares farbiges Licht geändert.

Es ist also ganz natürlich, dass wir können sich vorstellen, dass die gedankliche Energie den ähnlichen Gesetzen unterliegt, wie die anderen Ausdrücke der Energie. Gemäß dem Gehalt hat also die mentale Energie verschiedene Frequenzen (die Farben), Größe und Zielrichtung. Es gibt bei ihr die Resonanz (Harmonie oder Disharmonie) usw.

Die Frequenz der schöpferischen, liebevollen Gedanken ist also andere, als die der feindlichen Gedanken, neidischen und destruktiven. Darum werden dringend die Gedanken verschiedene Ergebnisse der Wirkung haben. Es ist sehr wahrscheinlich, dass die Energie der Gedanken gleichfalls den Gesetzen der Resonanz, Induktion oder Transformation untergeordnet wird. Ihre Verbreitung unterliegt auch dem Gesetz der Filterung, der Anziehungskraft, des Durchdringungsvermögens durch die Umgebung, den Übertragungsgesetzen u. ä. Von diesem Gesichtspunkt aus dann bezeigen sich verschiedene alte okkulte und religiöse Lehren in einem anderen Licht. Das alte Licht ist bei den Leuten, die irgendeine naturwissenschaftliche Ausbildung nicht haben, bisher verbreitet, dass diese Lehren eine Fantasie, ein Aberglauben und eine Selbsttäuschung sind.

Alle Kriege mit ihren schrecklichen Folgen sind dessen Beweis. An dem Tod von Millionen Leuten, der Vernichtung riesiger Werte und an der nachfolgenden Not unterschrieb sich immer eine Entstehung der Gedanken mit einer Machtgier, aus gehässigen und tyrannischen Gedanken in Sinnen einiger Leute. Diese Verbrecher sich dann durch Einfluss der Resonanz von Gedanken vielen weiteren

Menschen für gleiche Gedanken vereinigen begannen. Dadurch wuchs ihre induktive Kraft (die Kraft der Übertragung in den Raum anderer Geiste), bis es in die Gehorsamkeit von Tausenden, auch Millionen führte, denen man dann etwas Unerfüllbares, Unmoralisches und sinnloses versprach.

Diese Leute dann, nach Erwerbung politischer und nachfolgend auch militärischer Macht, ihre vernichtende Tätigkeit begannen, die am Schluss immer auch die, die Übel durchführen begannen, betroffen hat. Das ist die Folge der Wirkung des Prinzips der Aktion und Reaktion. Betroffen hat sondern auch die, die, obwohl sie rechtzeitig eingreifen konnten, es unterlassen haben. Es starben die, die verkündigten unrichtige Toleranz und Friedfertigkeit gegen den Bösen und wussten nicht die vorne genannten Gesetze über das Wachstum der Macht der vereinigten mentalen Energie.

Die Pazifisten haben verursacht, dass manche Völker unfähig waren, sich dem Aggressor zu wehren, weil sie die Mittel einer effektiven Verteidigung gegen die Aggression nicht aufgebaut haben (beispielsweise England und Frankreich hatten keine effektiven Armeen zur Verfügung, die fähig und wirksam wären, gegen Hitlers nazistische Maschinerie effektiv zu kämpfen - u. ä. in aller menschlichen Geschichte).

Anteil auf so einem, in der Historie immer wiederholtem Ereignis, hat eine Unkenntnis der Gesetze und ein Mangel an Schutzmechanismen der Gemeinschaft der Menschen eines positiven, konstruktiven Denkens, der Demokraten. Dadurch dieser Teil der Menschheit, wenn er zur rechten Zeit und genug energisch eine Entwicklung von Gemeinschaften der bösen Leute nicht beschränkt hat, letztendlich an seine Toleranz immer zahlt. Die Gehässigkeit, der Neid und die Habgier haben in der Historie der Menschheit auf dem Gewissen die Entstehung verschiedener Irrlehren, aufrufenden die vernichtenden Handlungen, furchtbares Leiden, frühzeitigen Tod von hundert Millionen Leuten und eine Verderbnis von ihnen geschafften Werten.

Zur Hauptursache kann man allgemeine Bildungslosigkeit und ethische Rückständigkeit der meisten Leute ansehen. Das ermöglicht die Entstehung und vor allem die Entwicklung solcher Bewegungen, die gar nicht in den Sinn kommenden Menschenmassen mittels unfruchtbaren Versprechens des mühelosen Wohlstands aller, des himmlischen Paradieses nach der Durchführung des Verbrechens, von Beherrschung über klügeren, fleißigeren oder reicheren Leuten, um die Überordnung der Aggressoren, beherrschen.

Die Verkünder derselben aggressiven Richtungen spielen an eine Saite von Habgier, des Neids und des Hasses, der Faulheit, anbietende ein wenig des ersehnten materiellen Besitzes und ein Stückchen von einer scheinbaren Macht über den anderen. Voran zusagen sie von fast alles, zum Erwirken der Mengen für ihre Ziele, und dann, nach ihrem Sieg, werden sie irgendetwas Umgekehrtes machen, als sie versprachen. Mittels der auf diese Weise erworbenen Anhänger installieren sie eine Regierung von Dunkelheit und Gewalt. Diese treibt dann durch seine Macht nicht nur diese getäuschten Massen, sondern auch die Leute, die andere Ansichten haben, ins Krieg, Verbrechen, Leiden und in den frühzeitigen Tod, hinein

Aber nicht nur das. Gemäß den Gesetzen der Reaktion, Energieerhaltung usw. sie auch treibt in die Folgen in weiterer Fortsetzung des Lebens nach dem physischen Tod hinein. Welche Zukunft kann auf die Serienmörder warten, falls das Gesetz der Aktion und Reaktion gilt? Was für ein Leiden haben sich dadurch für die Zukunft die Massenmörder und Despoten bereitet? Welche Bedingungen müssen für eine Erfüllung dieses Gesetzes für das Leiden entstehen?

Die Leute müssen sich gewöhnen, auf dem Kien zu sein und rechtzeitig so eine verbrecherische Bewegung voran in seinem eigenen Sinn und dann ebenfalls in der Gesellschaft im Sinn anderer Menschen zu unterscheiden. Das ganze vergangene Jahrhundert gibt uns ein markiges Beispiel. Nur rechtzeitige Abgrenzung derselben Bewegungen im Ansatz und richtige Verteidigung gegen sie können den dauernden Frieden sichern. Bei der Vorbereitung des Bösen sich zurzeit, wann sie nicht an der Macht sind, immer die, die das Böse vorbereiten, mit Bewusstheit pharisäisch die Demokratie anrufen und in Wirklichkeit sie ihre Vernichtung planen. Die Marxisten haben das in seiner Doktrin auf diese Weise direkt eingelegt. Sie machen dafür alles ohne irgendwelche Hemmung. Voran mittels Zusagen in den Wahlen zu siegen und dann mittels eines Umsturzes die Diktatur mit Liquidierung demokratischer Opponenten hinzuführen. Wir erlebten es im Zwanzigsten Jahrhundert sehr mit traurigen Folgen der Hunderte von Millionen Toten.

Deshalb hat für jeden Menschen eine grundlegende Bedeutung das Entwickeln der Achtsamkeit, der Aufmerksamkeit und der unterscheidenden Fähigkeiten, das Geschichtsgedächtnis und die Informiertheit von den wahren Zielen der eben sich abwickelnden aggressiven Bewegungen.

Die tragische Geschichte und derzeitiger Terrorismus zeigen, wohin führt die Rückständigkeit der Menschheit in ethischer und geistiger Entwicklung und ein falsches Verstehen der Demokratie und der persönlichen Freiheit, bekundeten durch pazifistische Stellung zum abwickelnden Bösen. Wiederholt bemächtigen sich der Herrschaft in Führung der Länder verschiedene Bösewichte eines schlimmsten Charakters. Sie missbrauchen die Unvollkommenheit der Fähigkeiten der Gesellschaft, die Bewegungen, die eine Liquidation der Demokratie und Errichtung einer Diktatur planen, rechtzeitig zu erkennen.

Solang die Menge von Gründer des Nazismus, Kommunismus oder von ähnlichen Anhängern diktatorischer Bewegungen, klein war, die Pazifisten, Pseudodemokraten und Pseudohumanisten haben ihnen unter einem Mäntelchen einer Demokratie beigestanden. Sie erlaubten ein Wachstum dieses Bösen und schließlich endeten sie selbst an Hinrichtungsplätzen und in Konzentrationslagern derselben Bewegung, die sie in ihrer hochtrabenden und dummen Beschränktheit aufwachsen ließen. Oder endeten sie als Opfer des Krieges und mit ihnen auch die anderen Tausende oder gar Millione von Leuten.

Das Prinzip der Erhaltung der Energie gilt auch im Gebiete unserer Psyche und es ist nötig nochmals den Lehrsatz um die Unzerstörbarkeit der Grundenergie und die Möglichkeiten ihrer Überführung (Transformation, Sublimation) von einer Form in die anderen Formen zu betonen.

Es ist sehr wichtig, diese Frage, die grundsätzlich im Gebiete der Beseitigung von verschiedenen Vorurteilen, negativen Emotionen und Erinnerungen, gelagerten in unserem Unterbewusstsein ist, zu bedenken. Die Bestimmung dieses Buches ist eine Vorbereitung des Lesers für das Begreifen der höheren Gesetze und für eine Entwicklung seiner Erkennung mit der Zielrichtung auf sein Austreten zuerst auf den Weg zur höheren allgemeinen Bildung und weiter an den geistigen Weg. **Darum ist es notwendig, hier die Notwendigkeit der Überführung der aufgeführten negativen energetischen Vor-**

räte in neue Kanäle und eine neue Energieart, die unschädlich, positiv, produktiv, schöpferisch, am geistigen Weg „erlösend" sind, **zu betonen**.

Die Entropie

Beim Besprechen der Energie ist es ratsam, sich kurz zu bemerken, dass für das Leben des Menschen im Zusammenhang mit einer Umwandlung seiner inneren Energie sicher gilt in dazugehöriger Form und Umfang auch die Erkenntnisse über die Entropie.

Der Mensch ist bei seiner Herkunft mit einer gewissen Gesamtsumme seiner Potenzen – der statischen (latent wartenden) und dynamischen (sich ausdrückenden), mit einer grundlegenden Menge der Energie und mit der inneren Gesetzlichkeit (mit der Datenbasis der Informationen und Potenzialitäten) ausgerüstet. Das ist sein anfänglicher Schatz. Das sind seine Daten und Prozeduren, mit denen er am Anfang des Lebens ausgestattet ist.

Mittels einer Zielrichtung seiner Aktivitäten verteilt er im folgenden Leben seine gesamte Energie in unterschiedliche Richtungen der Tätigkeit (in die Kanäle). Er kann seine anwesende gesamte Energie fruchtlos verplempern und dadurch einen Verfall der Möglichkeiten verwirklichen oder er kann sie im Gegenteil weislich zu lenken und in weiteres Wachstum investieren und somit sich eine Entwicklung höherer Möglichkeiten sichern.

Mittels seiner inneren Tätigkeit ändert er diese anwesende Summe von Energie nicht, aber er ändert ihre einzelnen Teilbeträge der Wirkung mittels einer verschiedenen internen Umwandlung (Transformationen) der Energie. Dadurch auch ändert er seine Einbindung in die kosmischen informationellen und energetischen Kanäle (Dateibasen und Kraftfelder). Durch richtige Einstellung seiner Tätigkeiten kann er die Energie von außen tanken und seine gesamte Potenzen vergrößern. Die Trainingspläne müssen angegebene Beziehungen anerkennen, wenn die aufgewandte Energie zum Wachstum der Fähigkeiten und Kenntnisse und zur Eigenschaftsänderung ausgenützt werden soll.

Durch unsachgemäße Einstellung einer Tätigkeit anwendet er umgekehrt die Energie dort, wo sie positiv transformiert und somit in der Zukunft positiv genützt nicht wird. Sie kann ganz unfruchtbar und unwiederbringlich verschüttgegangen, vertun werden, wie es her im physikalischen Gebiete gibt. Durch unrichtige Akte also können wir unsere Energie zerstreuen und unsere gesamte energetische Bilanz anstelle einer Stärkung umgekehrt abschwächen.

Die Induktion, das Kraftfeld

Wenn wir die Modelle für einfacheres Begreifen der Gesetzlichkeit und der Äußerung feiner psychologischer Erscheinungen suchen, können wir nicht beim Durchnehmen der grundlegenden physikalischen Kenntnisse weiter zwei physikalischer Effekte vergehen. Es sind das die Induktion und das Kraftfeld.

Wir beginnen mit einem, unseren Vorstellungen und Versuchen hoffentlich zugänglichem Feld, mit dem magnetischen. Zwischen den Enden eines Stabmagnets bildet sich ein Magnetfeld, wirkend in die Umgebung. Gewöhnlich wir vorstellen sich es als ein Bündel von den Kraftlinien, die beide Enden des Magneten verbinden. (Die Physiker haben dieses Benennen gewählt, weil bei den Versuchen sich kleine Eisenpartikeln, einstreuen auf das Papier, im Magnet Feld in Linien situieren). Sie haben eine Form der Teile von Ellipsen, deren Maße wachsen mit dem Abstand vom Magneten und die Kraft, in gegebenen Plätzen wirkende, mit der Distanz sinkt.

Falls wir in der Umgebung eines Magneten einen Gegenstand aus weichem Eisen platzieren, wird dieser Gegenstand auch magnetisch. Das Magnetfeld ruft durch seine Wirkung im Gegenstand die Eigenschaften eines Magneten aus. Diese Einwirkung nennt man **die magnetische Induktion.**

Gleicherweise verbreitet vorbei sich ein mit statischer Elektrizität (Elektrizitätsladung) aufgeladener Gegenstand ein elektrostatisches Feld. Ein anderer leitfähiger Gegenstand wird in diesem Feld auch mit elektrischer Ladung aufgeladen. Das ist die Wirkung **einer elektrostatischen Induktion.**

Ein weiteres Feld ist **das elektromagnetische Feld,** das sich aus den Leitern verbreitet, durch welche fließt elektrischer Wechselstrom. Es ist das Feld, das im Weltraum von den Sternen, auf der Erde von den Sendern der Nachrichtenmedien und von den Tätigkeiten der Leute verbreitet wird.

Warum behandeln wir in diesem Buch diese physikalischen Erscheinungen? Wir müssen sich nochmals verständigen, dass den gleichen Gesetzen auch die elektrischen Ströme im menschlichen Körper unterliegen. Deshalb auch wir ausstrahlen in die Umgebung unsere Einflüsse, ohne dass wir sich es verständigen und ohne dass wir das mit Bewusstheit wollen. Diese Strömungen und Felder des menschlichen Körpers und der Psyche sind im Vergleich mit den physikalischen Erscheinungen der Nachrichtentechnik sehr fein. Bis unlängst glaubte man am meisten in solche Wirkungen des Körpers nicht. Die moderne Technik jedoch vergrößert die Empfindlichkeit der Geräte und so sind heute schon in Tätigkeit die Geräte, abtastende auch diese schwachen statischen und Hochfrequenzfelder des Körpers. Die alten Lehren der Okkultisten zeigen sich auf diese Weise als begründet.

Wir sind also eine Einheit, ununterbrochen ausstrahlende und aufnehmende verschiedene physikalische Felder in unserer Umgebung in einer fortwährenden und meist unkontrollierten Interaktion (gegenseitige Einwirkung). Und in dieser Umgebung wirkt nicht nur die Einstrahlung der Erde und des Weltraums, sondern auch aller Lebewesen. Von den Lebewesen, am meisten jedoch von den Leuten und von ihren technischen und mentalen Produkten. Das ist also unvorstellbar gemischte Beeinflussung. Wir bewegen sich in ihr, empfangen und bilden diese Einwirkungen, ohne dass wir sich irgendeine Verantwortung für diese Tätigkeit zulassen. Die Einflüsse von draußen empfangen wir und verarbeiten gemäß verschiedenen Fähigkeiten und Auswahlfilter und dann aussenden wir sie umgewandelt zurück ins Raum und gleichzeitig ablagern wir deren Informationen in unser Gedächtnis.

Mehr Einzelheiten mit praktischen Anleitungen an Erziehung des Geistes bereits gehören in die Psychologie und geistige Literatur. Das ist nicht der Zweck dieses Buch. Der Leser findet reiche Literatur von diesen Fachgebieten, zugänglich in Buchhandlungen oder Versanddiensten. Nur muss man richtig auswählen, finden die Zeit zum Studium und arbeiten selbst an sich selbst, an der Eigenentwicklung zu höherer Menschheit. Aber nicht nur an der Entwicklung des Glaubens, ohne das ist kein guter Arbeitseinsatz, sondern vor allem an der Entwicklung der neuen Fähigkeiten und Eigenschaften, ohne deren kein Fortschritt oder Erfolg bei der Bemühung um höhere Erkenntnisse ist. Die Menschen verantworten völlig für sich selbst, für ihr Wachstum oder für eigenes Verkrüppeln oder eine Atrophie. Aber die negativen Wirkungen der eigenen schlechten Haltungen und Handlungen schieben sie oft an die Einflüsse der Umgebung und Verschuldung von anderen Menschen.

Die Filter

In dem Text dieses Buches erscheint oft das Wort Filter. Das ist ein Begriff, der kann manchen Lesern entfernt sein. Das ist aber ein Grundbegriff nicht nur in der Technik, sondern auch in der praktischen Psychologie. Sein inbegriffenes Benutzen könnte bei einem weiteren Studium dieses Buches ein Missverständnis des Sinnes der Informationen, mitgeteilten in dem Text des Buches, bewirken. Es wird deshalb für manche Leser nutzbar, uns genug nötige von diesem Begriff zu sagen.

Der Filter ist eine Sache, eine technische Anlage, eine Tätigkeit eines Computerprogramms oder des Geistes, ausführend eine Analyse, ein Vergleich, eine Auswertung, Sortierung und schließlich eine Auswahl. Gemäß dem Gebiete, in dem er arbeitet, kann es um einen physikalischen, optischen, elektrischen, Programmierfilter und oder auch psychologischen Filter gehen. Die Natur benützt die Filter in manchen Wirkungen, besonders beim Entwickeln von Arten und ihrer Abstimmung zur Umgebung.

Ein Begreifen der Tätigkeit der Filter ist ein sehr wichtiger Teil der Erkennung nicht nur in der Schwachstromelektronik und Optik, sondern auch in der Psychologie. Deshalb werden hier einige Arten von Filtern besprochen. Voran werden wir sich mit den physikalischen Filtern befassen, die für das Begreifen des Prinzips der Filterung eifach zugänglich sind. Ein Begreifen ihrer Tätigkeit ermöglicht eine stufenweise Verbreitung des Begriffes der Filter und seiner Tätigkeit in das geistige Gebiet (Psychologie).

a) Der mechanische Filter

Der einfachste physikalische mechanische Filter ist das mechanische Sieb. Es ist ein Rahmen, mit Netz oder Membrane mit Löchern, ausgestattet. Die Größe und die Form der Öffnungen bestimmen, wie große Teilchen des Schüttmaterials durch das Sieb durchfallen. Auf diese Art kann man Schüttmaterial an verschiedene Fraktionen je nach Teilchengröße sortieren. Sie werden beispielsweise an Sortieren von Schotter, Sand, Mehl u. ä. gebraucht.

Die Einführung auf den Weg zur Weisheit

b) Der Flüssigkeitsfilter

Sein Prinzip ist ähnlich wie bei dem nächstvorangehenden Filter. In einfachen Fällen werden verschiedene Siebe, Textil oder metallische Einlagen, schichte von Sand u. ä. Benutzt. Das Ziel ist, die festen Partikeln zu aufschnappen und die Flüssigkeit weiter zu durchlassen. Eine Separierung fester Teilchen von der Flüssigkeit ist jedoch auch mittels einer Ablagerung (die Sedimentation), eine Ausdampfung der Flüssigkeit (die Destillation) zu durchführen möglich. Die Ablagerung der festen Teilchen kann man auch mittels einer Zentrifuge realisieren.

c) Der Lichtfilter

Wenn das Licht ein gefärbtes Glas durchgeht, wird ein Teil des Lichtspektrums (die elektromagnetischen Wellen bestimmter Frequenzen) eingehalten und der verbliebene Rest, die sogenannte ergänzende (komplementäre) Farbe, ist freigelassen. So entsteht die Farbempfindung. So sehen wir beispielsweise bei der Beobachtung einer Umgebung über die Brille mit roten Gläsern die weißen Gegenstände, belichtete mit weißem Licht, wie rote. Die Gegenstände, die mit einem komplementären Ton (azurblau) eingefärbt werden, sehen wir als grau, bis schwarz, und auch alle anderen Farben werden gleichfalls für das Wahrnehmen geändert, weil im Spektrum die komplementäre azurblaue Farbe, die vom Filter festgenommen wurde, fehlt. Das wird beispielsweise bei der Herstellung von Schutz Brillen verwendet, die anhalten die für die Augen gefährlichen Strahlen oder herabsetzen ihre Intensität. Weiter zur Bearbeitung der Farben bei der Herstellung von farbigen Fotografien, weiter im Theater und Film zur Einbringung farbiger Effekte an die Szene. Weitere Informationen zu optischen Filtern siehe das Wörterbuch am Ende des Buches. Eine besondere Art des Lichtfilters ist ein halbdurchlässiger Spiegel. Einerseits es erscheint als der Spiegel, in dem wir spiegelig angezeigte Welt hinter uns und sich selbst sehen. Von der zweiten Seite ist es durchsichtig, wie ein Fensterglas. Diese besondere Eigenschaft passt sehr gut zur Darstellung einiger Erscheinungen in der Tiefenpsychologie.

d) Der Elektrofilter

Ein Elektrofilter ist ein wichtiger Teil der meisten elektronischen Anlagen. Das ist ein elektronischer Kreis, der an bestimmte Frequenz eines Wechselstromes abgestimmt werden kann. Diese Frequenz (vereinfacht gesagt) er entweder durchlässt und andere Frequenzen abfängt oder umgekehrt, die charakteristische Frequenz er anhält und anderen durchlässt. Er ist ein Bestandteil aller musikalischen Sende- und Empfangsanlagen und in diesen ermöglicht faszinierende Eigenschaften der Unterscheidung der Signale, ihrer Regulierung, Schutz, Verstärkung oder Unterdrückung.

e) Der psychologische Filter

Bei der sinnlichen Wahrnehmung annehmen wir die Spektren von optischen, Gehör-, Geschmacks-, Geruchs-, Kontakt- und anderer Informationen. Unsere Wahrnehmung verschiedener Komponenten derselben Informationen ist ganz subjektiv. Mehr ist als ein Beispiel über die optische Wahrnehmung im anderen Kapitel dieses Buches (Einführung in den Mentalismus) abgehandelt. Die akzeptierten Informationen werden gemäß den Erfahrungen, den früher aufgenommenen Informationen, den Drang, der Beliebtheit, dem Glauben, dem Wunsch, der Überzeugung um einer Bedeutung usw. verwertet. Weiter entscheidet bei einer Auswertung das Gedächtnis (die Menge und Qualität der gelagerten Informationen), der Bedarf, finanzielle Möglichkeiten, dieBeliebtheit u. ä. Mehr ist drinnen im sonstigen Kapitel dieses Buches. Diese Filter arbeiten nicht nur bei der Annahme von Informationen, sondern auch bei der Entscheidung und nachfolgender Handlung. Sie sind die entscheidenden Bestandteile des Charakters der Persönlichkeit jedes Individuums. Ihre zielbewusste Beherrschung und Bildung sind die Grundelemente unserer Selbstausbildung und Erziehung in der Schule und in der Familie und auch in der Berufsbildung von Spezialisten in verschiedenen Fachgebieten. Am geistigen Wege haben sie die geradezu riesige Bedeutung.

Der Entwicklungssprung

Beim Einfügen von Energie in verschiedene Prozesse entstehen auf der Basis der Tätigkeit der vorne aufgeführten Gesetze verschiedene Erscheinungsänderungen der Objekte. Bei unserer Beobachtung mit dem Einsatz unserer beurteilenden Kriterien können wir bei einer Beschreibung der Ereignisse von einer qualitativen Entwicklungsverschiebung oder gar von einem Sprung sprechen. Von einem Sprung, wenn die Erscheinungen nach der Investition von gewissen Portionen (Mengen) der Energie in die Ereignisse mit neuerer Qualität gemäß unserem Sortieren übergehen. Das Wort Sprung ist in der Philosophie gebraucht, aber hat eine übertragene Bedeutung, weil es sich meistens um die Folgen des langen Entwickelns, das wir qualifizieren als eine beachtliche Änderung, handelt. Es handelt sich so um keinen wirklichen Sprung im kurzen Zeitpunkt. Das Sprechen vom Sprung ist ein Hilfsmittel zum Ergreifen bestimmter Unterschiede nur in unserem Denken, die Veränderungen, die wir in den sichtbaren Entwicklungsphasen bemerken, oder schätzen. Doch ein Augenblick ist in der Natur die Zeit, in der viele schnelle Ereignisse durchlaufen.

Es ist notwendig sich jedoch zu verständigen, nochmals betonen, dass es meist gemäß unseren individuellen Kriterien, unseren Filtern des Sortierens ist. Dieser Prozess der Bewertung wird in unserem Leben so stark eingebaut, dass die meisten Leute von diesem bewusst nicht sind und eine Relativität überhaupt nicht verständigen. Seine Negation ist jedoch auch nicht möglich. Es ist untrennbar gerade mit den Eigenschaften der Abstufung unserer Erkennung und der Art unserer Bewertung der Ereignisse und mit eingeführtem Wertmaßstab und mit der unseren vereinfachten Wahrnehmung und Beschreibung der Phänomene verbunden.

Zur Darstellung dieses Vorganges können wir einige Exempel aufführen. In der Entwicklung eines Kindes erkennen wir diese Entwicklungsstufen: geboren werden, sich setzen, steigen, beginnen zu gehen, beginnen zu sprechen, das Schulkind, der Student, physisch, gemäß der Legislative reif werden, der Hochschüler, nach einer Staatsprüfung Fachmann werden, eine Familie gründen usw.

Ein Vögelchen ausschlüpft, beginnt fliegen, nisten, ertragen Eier und der Kreislauf fortsetzt. Von der Entstehung eines Einzelwesens an dieser materiellen Ebene bis in sein Vergehen sind viele beschreibbare charakteristische Punkte, die Entwicklungsniveaus (Analogie das Maximum, das Minimum an einer geometrischen Kurve).

Ähnlich kann man von den Ebenen der geistigen und geistigen Entwicklung eines Menschen sprechen. Ihre mögliche Skizzierung ist in den Tabellen I und II weiter in diesem Buch eingeführt.

Aus der Sicht einer gesamten Entwicklung des Individuums sind einzelne Entwicklungsstufen auch als Stufen einer Leiter oder einer Treppe, an denen der Mensch zur Erkenntnis steigt, sybolisch beschreibbar.

Das ist besonders notwendig beim Beurteilen und der Tätigkeit auf dem Wege der geistigen Erkenntnis sich zu verständigen. Hier verüben die Menschen, sei es aus einer Unwissenheit oder aus Hochmut und Eitelkeit, große, für sie und ihre eventuelle vertrauensselige Nachfolger in den Folgen tragische Irrtümer unterlaufen. Obwohl sind nicht diese Menschen ausreichend entwickelnd ausgestattet, handeln sie als Kritiker und Lehrer und so die herzlich suchenden Leute an einen Abweg verführen. Sie bereiten dadurch seinen vertrauensseligen Nachfolgern eine Erstarrung oder Verirrung auf dem Weg und für sich unvermeidliche karmische Entlohnung vor. Sie verkünden ihre persönliche dogmatische Ansichten und Glauben und legen diese vor die Schüller als die erkannten Wahrheiten. Manchmal sind diese an einem wahrheitsmäßigen Grund gebaut, aber weiter verzerrt und darum verführen sie von dem richtigen Weg. Sie haben für die Anfänger nur ein Ansehen einer richtigen Information, aber der Kern ist verdorben und verschimmelt.

Wie ist in den nachstehenden Tabellen und Aufsätzen um Religionslehren beschrieben, es ist für eine geistige Entwicklung die Entwicklungsverschiebung, basierende an der erwachten Intuition, also eine außersinnliche Erkenntnis, charakteristisch. Dadurch öffnen sich anderes Begreifen und somit auch andere Stellungen. Es sind weiter solche Verschiebungen, die man bei der bestimmten Ansicht als qualitative Entwicklungsverschiebung nennen kann. Manchmal sind sie sehr fein, aber trotzdem grundsätzlich. Sie sind Zeichen eines Fortschritts in der Entwicklung. Die Erfahrungen durch sie erworbenen haben einen grundsätzlichen Einfluss auf die Änderung der Filter und dadurch der ganzen Charakteristik des Menschen, auf das Zielen der weiteren Tätigkeit, der Meditation usw.

Die Aburteilungen dieser Ereignisse und Erkenntnisse eines höheren Grades der Entwicklung von den Menschen mit einem bloßen, meistens sehr schwachen, oberflächlichen, intellektuellen materialistischen Denken, sind ganz irreführend, in dem gegebenen Gebiete falsch und bei öffentlicher Wirkung unverantwortlich. Der von einer Intuition nicht unterbelichtete Intellekt, unfähig einer Einsicht in die tieferen Ebenen des Begreifens, kann nicht feine innere Unterschiede der Bedeutung, strömende aus der feinen Erkenntnis mittels einer Intuition und aus dem Begreifen der feinen Bedingtheit aller Ereignisse, entdecken und annehmen. Er nimmt seinen begrenzten, materialistischen, grob vereinfachten, einseitigen, oberflächlichen, nur wörtlich beschreibenden und dummen Anblick als einzig und

Die Einführung auf den Weg zur Weisheit

somit auch fehlerlos im Begreifen. Eine andere Anschauung, einen Zugang, eine Vorstellung kann er nicht begreifen und somit auch nicht annehmen. Sein hochtrabendes, selbstsicheres Ego erlaubt nichts anderes, als seine gewöhnte Anschauungen und seine Zugänge. Seine Filtern abstoßen eventuelle kommende andere Informationen entweder überhaupt oder sie als Unsinn, Lüge, Fantasie u. ä. bewerten. Mehr ist eingeführt weiter in den Aufsätzen um inneren Sinn der Aussagen im 6. Kapitel und von den Dogmatikern und um Analytiker im 8. Kapitel.

4. Das Bearbeiten der Sinneswahrnehmung

In dem vergangenen Kapitel „Die Einführung in den Mentalismus" haben wir den physikalischen und physiologischen Teil des Prozesses der sinnlichen Wahrnehmung durchgenommen. In diesem Kapitel werden wir aus der Sicht der

Zielrichtung dieses Buches den Vorgang der gedanklichen Bearbeitung eines sinnlichen Erlebnisses durchnehmen.

Der Empfang der Wahrnehmung

Die Eindrücke kommen zu uns mittels der Sinne. Wir nehmen ein visuelles Objektbild, ein Objekt, die Umwelt, einen Menschen wahr, wir hören Klänge, fühlen Düfte, antasten eine Form, Oberfläche, spüren eine Berührung mit etwas, einen Gegenstand, die Temperatur usw.

Hier kommt es an die Qualität und Menge sinnlicher Informationen, die in die weitere Phase des Aufklärungs- und Verarbeitungs-Prozesses eintreten. Die Menge und Qualität (die Intensität und die Einzelheiten) der partikulären Informationen sich bei den verschiedenen Einzelpersonen voneinander erheblich unterscheiden. Das Auflösungsvermögen und die Bemerkung sind bei den Leuten sehr unterschiedlich.

Was jemand überhaupt übersieht, was er nicht vergegenwärtigt, kann ein anderer Mensch ausführlich beschreiben und in dieser Beschreibung nach seiner Stufe der Sensibilität der Sinne, nach der Stärke der Achtsamkeit, und der Geschwindigkeit der Auffassung und der Sortierung im gegebenen Gebiete phasenweise beschreiben. Bereits dies nicht nur die erste Ebene der Wahrnehmung wesentlich beeinflusst, sondern auch die nachkommende Bearbeitung der Wahrnehmung. Das vorsagt nicht nur die Augenblicksreaction, sondern auch, und zwar es ist besonders wichtig, die ganze weitere Qualität und Stärke aller nachfolgenden Reaktionen, Entscheidungen, Phasenbestimmung, Speicherung und dadurch die Richtung der Entwicklungsprädestination aller weiteren zukünftigen Möglichkeiten.

Beachten wir näher die Gehörwahrnehmung. Bei dem Altern oder bei einer Wirkung von Beschädigung des Gehörorgans von Lärm, Krankheit oder seelischer Hemmung, tritt bei der Mehrheit der Menschen zu einem Vermindern der Sensibilität des Gehörorgans im

Allgemeinen an das ganze Spektrum und besonders dann an höhere harmonische Komponenten. Auf diese Weise ist die Wahrnehmung der höheren harmonischen Komponenten, enthaltenen in der akustischen Information geschwächt (sie sind abgefiltriert). Sie Bilden zwar einen energetisch kleineren Teil des Klangs, doch sind sie grundsätzlich wichtig für die Unterscheidung der Geschwindigkeiten des Anlaufes der Töne und ihrer Farben (Nuancen der Töne, Melodik der Akkorde etc.).

Darum sind die älteren Menschen schwerhörig und sie missverstehen die Sprache auch bei ihrer ausreichenden Lautstärke. Sie können nicht beispielsweise unterscheiden zwischen p, b, k, m, n oder zwischen Zischlauten mit, z, s, c, bis wohin sie sie überhaupt hören. Sie müssen sich also bei einer Kommunikation erst aus dem Satz den Zusammenhang vermuten, was vielleicht gesagt wurde. Das führt zur schlechten Erfassung der wörtlichen Information, zur vorzeitigen Erschöpfung beim Belauschen eines Vortrags und beim Lauschen der Musik zur markanten Verarmung des Musikerlebnisses. Bei dem zusätzlichen Anstreben zu begreifen, was gesagt wurde, vergehen die weiteren Informationen und diese Menschen verlieren den Zusammenhang der Bearbeitung der Information. Die gesunden, dieses Problems unkundigen Menschen, sich diese schwerhörige Menschen als mental zerstörte offenbaren, weil sie antworten ungeeignet, obwohl sie die Fähigkeiten und Bekanntheit an einer höheren Ebene als die Beurteiler haben können. Für die Betroffenen ist diese Machtlosigkeit sehr deprimierend. Jedenfalls ist das keine passende Quelle für Witze. Für die Betroffenen ist das kein Humor.

Es ist nötig die aufgeführten Ereignisse auch bei einer umgekehrten Tätigkeit – bei einer Übermittlung der Informationen den anderen Menschen zu beachten. Falls der Redner ausreichend laut nicht redet, artikuliert nicht verständlich, murmelt oder spricht mit einer Flüsterstimme, verschluckt die Endungen, weil er schlecht einatmet, können nicht die Zuhörer gut verstehen, auch wenn er ein Mikrofon und einen guten, richtig eingestellten Verstärker benützt. Das, was nicht ausgedrückt wurde, kann kein Verstärker verstärken.

Die Verstärker nämlich verstärken nur das, was in sie eingeht. Wenn jedoch der Redner sogar einen Verstärker benutzt, der die höheren akustischen Schwingungen beschränkt und zu viel die Bassstimmen verstärkt (auch häufige Erscheinung), wird die Äußerung ein unverständliches Näseln auch für die Menschen mit relativ gutem Gehörorgan (ringsum 40 Jahre). Solcher Vortrag ist sehr unrationell, die Zuhörer werden ermüdet und deprimiert. Der Redner gewinnt dadurch keine hohen Sympathien. In der Wirklichkeit zerstört er auch einen Grundsatz der Höflichkeit zu den anderen. Als ein Redner hat doch eine Pflicht, richtig zu reden. Die Zuhörer sind zu einer anspruchsvollen Tätigkeit gezwungen, zum Mutmaßen für sich aus dem Satz den Zusammenhang, was gesagt und nicht gehört wurde. Das erschöpft sie in kurzer Zeit so, dass sie abfallen und verstehen einer inneren Bedeutung des Vortrages mehr auch nicht können. Er ist für sie überflüssig, deprimierend und er ist so ein Zeitverlust geworden. An einen Vortrag dieses Vortragenden sie schon zum zweiten Mal nicht kommen. Warum auch, wenn der Effekt für sie nullstellig oder sogar negativ war?

Es wird deshalb ein Beitrag für die Gesellschaft sein, wenn sich die Leser das Gesprochene in Kenntnis setzen werden und als eventuelle Redner die genannten Tatsachen respektieren werden. Der Autor dieses Buches sich einmal hat an dem Vortrag der Anhänger eines indischer Yogis beteiligt. Die Nachfolger waren jung, und trotzdem sprachen sie leise, weil sie sich dann gedacht haben, dass sie dadurch als Heilige ausschauen werden. Von den hinteren Reihen der Anhörer ertönten die Aufforderungen „ lautstarken", aber sie übergingen sie. Dann weiters haben sie eine „ meditative" Musik einschalten. Also ein brillantes Muster Ihrer Äußerlichkeit und Unkenntnis dieser Angelegenheit. Der Autor ist in der Pause weggegangen, aber warum, hat er dem Organisator gesagt.

Das Sortieren der Eindrücke

Ein Erlebnis der Empfindung vergleichen wir mit den früher aufbewahrten Bildern und wir stellen fest, ob die Erscheinung neu oder bekannt, oder einer bekannten ähnlich ist. Schon dieser erste Schritt einer Bewertung des Eindrucks kann ganz grundsätzliche Bedeutung für die Art und das Niveau unserer weiteren Reaktionen auf die Wahrnehmung haben. Es ist der zweite Filter aus der ganzen Reihe der Filter (der Kriterien, des Vergleichens, der Bewertung und des Sortieren) auf dem Wege der Bearbeitung einer Wahrnehmung. Nach der Art der Leistung dieser Reaktion zerteilen wir die Menschen an scharfsinnige oder stumpfsinnige. Die Skale der Ebenen ist da sehr umfangreich.

Bei einer falschen Erkennung eines Gegenstands und seiner schlechten Einsortierung können verschiedene Irrtümer verschiedener Art, manchmal sehr gefährliche, erfolgen. Gemäß der Weiterbehandlung dann kommt man zur Illusion, also zum Umtausch der Identität des Gegenstandes und zu irrtümlicher Überzeugung über die Erfahrung. Die Inder wählen in diesem Gebiet oft ein Beispiel für sie typisch und lebenswichtig: Im Halbdunkel beobachtetes Seil oder beobachtete Schlange kann sich im Sehen und nachfolgend im Geist gleich offenbaren. Jedoch folgende Reaktion des Menschen an beide Fälle muss wesentlich verschieden sein. Bei einer schlechten Bewertung und Reaktion kann es ums Leben oder umgekehrt um ein zweckloses Schrecken, die Angst und andere Folgerungen, handeln.

An der Entstehung einer Illusion oder einer schlechten Bewertung und nachfolgender falschen Handlung beteiligen sich nicht nur die äußeren Umstände der Wahrnehmung (das Licht oder das Halbdunkel), sondern auch alle Glieder der ganzen Kette beim inneren Bearbeiten der Wahrnehmung. Für eine richtige Einsortierung der Information müssen wir genug von Kenntnissen über den betrachteten Gegenstand, über die Umstände der Beobachtung, ausreichende Fähigkeit der Auslösung im Gedächtnis gelagerter Informationen rechtzeitig und in richtiger Folge, die richtige Organisation der unseren persönlichen Datenbasis,korrekte Einsortierung in Zusammenhang mit früher aufbewahrten Informationen und Erfahrungen u.a., haben.

Die Bewertung, die psychologischen Filter

Nach dem Einsortieren der Art des Gegenstands beginnen die weiteren vergleichenden Filter zu arbeiten. Es bildet sich eine Einschätzung des Gegenstands aus der Sicht einer Nützlichkeit, Ästhetik, des Preises, der Haltbarkeit, des Maßes, des Gewichtes usw. Alle Parameter derselben Filter sind individuell. Alle Sachen (Objekte) haben allgemein einen neutralen Charakter und auch die Eigenschaften. Entscheidend bei jeder Einschätzung ist das individuelle Ausgestalten der Menschen mit den Auswahlfiltern.

Diese Filter bilden einen von uns geschaffenen durchsichtigen Vorhang, durch den wir die Welt und ihre Vorgänge auffassen. Wir nehmen nur etwas und nur irgendwie auf, als uns erlaubt die Empfindlichkeit unserer Sinne und unsere verwertenden Reaktionen, bewirkten durch die gelagerten Filter und durch den Inhalt der unseren persönlichen Datenbasis. Das Erlebnis enthält nicht alle möglichen

Informationen und ihre objektive Einschätzung. Was einen Menschen interessiert, das dem anderen überhaupt nichts sagt, sei es deshalb, dass er von dieser Sache nichts weißt, und deshalb ihm die Sache nichts sagt oder deshalb, dass seine Aufmerksamkeit oder Sucht auf etwas anderes gerichtet wird.

Dies kann vom anderen Bedarf und Interesse verursacht oder auch bei einem gleichen Bedarf und Interesse von anderen nächstvorangehenden Informationen über diese Sache und von gestarteten Filtern Zielrichtung hervorgerufen werden. Zum Beispiel von einem Beeinflussen von der vorn genannten Stumpfsinn der Wahrnehmung, vo anderem Begreifen, übernommenen schlechten oder unzureichenden Informationen, von einer begrenzten Möglichkeit der Erkennung oder umgekehrt, durch bessere Möglichkeiten der Erkennung, als die angebotene ist. Der Beobachter hat vielleicht mehr Geld an teurere, modernere oder an die Sachen von einer höheren Qualität, soll es ein Erzeugnis oder ein Dienst sein. Und deswegen ihn der beobachtete Gegenstand nicht interessiert.

Das betrifft alle Eigenschaften, die den Gegenstände und Erscheinungen zugeschrieben werden. Es sind das:ein ästhetisches Maß, die Nützlichkeit, ein ideeller Wert, der Finanzwert, die praktische Benutzbarkeit, die Haltbarkeit, die Leistungsdaten u.a. Weil die Menge der Visierungsparameter wirklich groß ist, gibt es her auch ebenmäßige Menge verschiedener durch die Kombination bewirkten Auswertungen. Im Gebiet der Auswertung von Erscheinungen ist also eine weit größere Möglichkeit der Unterschiede unter den Menschen, als bei der ursprünglichen Aufnahme der Eindrücke von den Sinnen. Und zwar der Unterschiede nicht nur kleinen, überwiegend quantitativen, sondern auch qualitativen, grundsätzlichen. Es ist das dank der verschiedenen affektiven und Interessenunterlegung bei einer Auswertung und dem anderen unterschiedlichen, sehr komplizierten und umfangreichen Aufarbeiten, Einsortieren und der Lagerung der Informationen.

Aus dem Standpunkte der Absicht dieses Buches ist es nötig sich zu verständigen, wie groß die Kraft dieser Auswahlkriterien – der Filter ist. In komplizierteren Gebieten, als nur die bloßen physikalischen Gegenstände sind, beispielsweise im Gebiete der Philosophie, der Religion und den gesellschaftlichen (die Politik, die Ökonomie, die Kunst u.a.), sind die Filter bei manchen Menschen so stark und

Die Einführung auf den Weg zur Weisheit

dringend, dass sie gar nicht weitere Überlegungen über neue Möglichkeiten der Auswertung zulassen, ja sogar vielleicht auch nicht neue Informationen zu lesen erlauben. Der Mensch einfach diese Informationen entweder nicht wahrnimmt, ähnlich wie der Mensch mit einem beschädigten Gehörsinn hört nicht gewisse Frequenzen der Schallempfindung, oder diese Informationen zu wie schlechte rückweist.

Die Menschen, ausgerüsteten mit den dogmatischen Filtern, wollen sich auch nicht für eine andere Information interessieren, um sie etwas ändern nicht zu müssten. **Ihr Ego** ist so stark, dass **es keine Änderungen erlaubt,** und eine schnelle subjektive Bewertung, ausreichende ihm selbst und unerlaubende eine weitere Forschung, ein Nachdenken, ein Studium, die nachfolgenden Änderungen usw. durchführt **Als dass sie sich selbst umzusetzen, als dass sie veränderten die Struktur Ihrer Bewertung, als dass sie die Zeit und Energie zu ihren eventueller Änderung aufwendeten, eher verachten sie die anderen Zugänge, ja sogar grundlegende Informationen, als eine Dummheit oder Unwahrheit, als Irrtümer!** Als dass bei einer begründeten Verschiedenheit der Ansicht sie selbst seine Ansichten, Einstellung zu ändern, oft eher zwingen sie die andern, damit sie ihre Anschauung empfangen. Das sind die Fundamente aller Diktaturen, des Dogmatismus und Fundamentalismus.

Die Menschen haben sogar **die Filter eines zweckgebundenen Vergessens und einer Unempfänglichkeit zu** anderen Ansichten und Argumenten, die sie lasen oder hörten, eingeschaltet. Somit sie vereinfachen sich die Innere Atmosphäre, um sie an sich selbst arbeiten nicht zu müssen und dadurch sie die eventuelle Stimme des Gewissens oder des inneren gesunden Entwicklungsdruckes, der allen Wesen und besonders den Menschen eigen ist, abdämpfen. Das ist ein Straußzutritt. Es ist für diese Leute bequemer, als etwas richtigeres, aber vielleicht unangenehmes bei einer Anerkenntnis (wenigstens inneren) der Schuld oder des Irrtums und einer Notwendigkeit etwas zu ändern, zu machen, zu studieren, zu einüben oder sich sogar entschuldigen, die Schäden vergüten oder geduldig sich zu anstrengen. Immer finden sie eine innere Entschuldigung und Begründung für ihre Handlung. Bei einem folgenden Fehlschlag dann suchen sie die Schuld bei den anderen Leuten.

Hier gilt das alte Sprichwort: „Eine wiederholte Unwahrheit langsam wird eine Wahrheit". Wir müssen jedoch richtig seine rechte innere Bedeutung von diesem Sprichwort begreifen. Die Wahrheit bleibt objektiv immer gleich, aber die psychologische Wirkung der wiederholten Lügen ist zweifach.

Der Mensch, der wiederholt belügt die andern, sich nach und nach selbst eine Vorstellung schafft, dass er Recht hat und dann schon seine inneren Filtern, die Sortierprogramme, eine andere Ansicht, nichts anderen als die eigene Leerheit, nicht zulassen. Er lebt im Programm des erstarrten Denkens, orientierte nur an seine angenommenen Lügen und er selbst ist schon nicht fähig die Wahrheit zu erkennen und andere Ansichten sich zu zulassen. **Die Programme (Filtern) sich durch die dauernde Wiederholung tief ins Unterbewusstsein einlegen haben und sie erlangten somit über ihrem Autor die gleiche Macht, welche er selber mittels der Lügen über den anderen gewinnen wollte.** So verknechtet der Mensch sich selbst und aus dem Standpunkte der Gültigkeit des Gesetzes der Aktion und Reaktion darauf in der Zukunft dafür nachzahlen wird. Die Natur, weder die raue noch die feine, ist es nicht möglich straflos zu belügen oder gar zu umgehen!

Ähnlich der Mensch, der von den anderen Leuten die Lügen übernimmt, ohne er sich inwendig mindestens versucht, die wahrhaftigen Informationen zu suchen, oder wenn er diese, dank einer Diktatur, sich beschaffen nicht kann, stufenweise völlig verliert eine Möglichkeit, rechtlich zu erkennen. Das ist die Folge der angenommenen Filter – der Sortierprogramme. Diesem Stand sagt man das ausgewaschene Gehirn. Er wird zur Spielpuppe des fremden Willens.

Hier sich präsentieren unerbittlich (unbestechlich, unbedenklich) einerseits das Prinzip der Aktion und Reaktion – Prinzip des Karmas – das Gesetz des Rückstoßes und andererseits auch das Trägheitsprinzip und die Einwirkung des Gesetzes um Impuls und Bewegungsgröße. Es verübt sich eine Verstärkung und Befestigung der Einträge mittels der mehrmaligen Wiederholung des Speicherns.

Wieder können wir uns eine andere Volks Weisheit aufrühren: „Womit wer behandelt, dadurch auch herabgehet" (Aktion und Reaktion), „Krähe zu Krähe stockt, gleich des gleichen sich ersucht" – (die Anziehungskraft – die Abstoßungskraft der Felder).

Die Einführung auf den Weg zur Weisheit

Der Lügner letztendlich belügt auch sich selbst, ohne dass er sich das verständigt. (Die Bildung von eigenen lügnerischen Filtern). In sein Denken gibt er ein Chaos ein. Er kämpft die Stimme des Gewissen, die sich zuvor erklingte, nieder, aber später, immer niedergehalten, aufhört sie wahrgenommen zu werden. Sie klingt aber so lange, dass es möglich ist, diese Tatsache mithilfe des Lügendetektors zu benützen, falls der Lügner im Unterbewusstsein dieser Lüge bewusst ist, sondern dieses Bewusstsein nach außen zu bekennen unterdrückt.

Der Mensch schafft für sich selbst solche eigene beurteilende Entscheidungsfilter, die ihn so viel fesseln, dass er überhaupt nicht fähig ist, seine Fehler zu erkennen. Das dauert so lange, bis ihn die Realität mittels kommender Folgerungen seiner Handlung hart überzeugen wird, dass er anders leben soll. Selbst eine böse Erfahrung jedoch manchmal die auf diese Weise sich selbst enttäuschende Menschen nicht überzeugt. Sie werden alles, was ihnen als böse zufällt, als die Schuld auf die anderen Menschen überzuschieben. Ihre eigene Schuld und Verantwortlichkeit sie zulassen sich nicht.

Als ein Vorbild kann ich das Erlebnis aus dem Fernsehen einführen. Deutscher nazistischer Offizier, der als Panzerjäger in Frankreich und Russlands vernichtete und massakrierte, hat erklärt, dass er an Gott nicht glaubt, weil die Deutschen den Krieg verloren. Und darum, dass es er sein Morden überlebte, wohl also dem Gott auch sich bedankt hat.

Für den Menschen, der will oder schon sich an dem geistigen Wege bestrebt, ist ein Bewusstwerden der aufgeführten Wirklichkeit einerseits ein Schlüssel zur Möglichkeit der bewussten Veränderungen im Vorgang der Auswertung der Sachen, der Erscheinungen, der Anschauungen und des Glaubens, andrerseits das bedingungslose Erfordernis für das Öffnen des Zutrittes zu den Informtionen aus der höherenDatenbasis. Ohne diese Arbeit ist ein Erfolg auf dem Wege zur Kenntnisnahme völlig undenkbar.

Dabei ist es ganz egal, ob es sich um eine höhere Erkenntnis im materiellen Bereich oder in dem geistigen handelt. Ohne eine Veränderung der Werteskala ist ein Erstaunen auf dem Weg in beiden Fällen ganz sicher, gesetzmäßig. Hier es ist notwendig, darauf aufmerksam zu machen, dass das aufgeführte Bestreben um einen Wechsel der Werteskala grundsätzlich notwendig für das Wegmachen der Hindernisse in der Aufnahme einer neuen Stellungnahme ist. Es ist jedoch nicht weder ein wissenschaftlicher, noch ein geistiger Fortschritt. Es ist eine notwendige intellektuelle Vorbereitung der inneren Umwelt für neue Möglichkeiten. Diese beginnen mittels des weiteren Studiums und der praktischen Tätigkeit sich zu entwickeln. Sie geben die notwendigen Erfahrungen und sie abwickeln die Fähigkeiten. Nur die Verbindung einer richtigen Lehre und der praktischen Bestrebungen zu einem wirklichen Fortschritt führt. Das führt zur Wegschaffung oder Abschwächung der bestehenden Hindernisse der Unkenntnis und Unfähigkeit, sich selbst zu ändern. Am wissenschaftlichen und auch geistigen Weg ist es deshalb notwendig, streng und geduldig zu arbeiten.

Aus dem angeführten folgt, dass für den, wer höhere Wahrheit erkennen will, seine Sucht nach wahrhaftiger Erkennung und die grundsätzliche Wahrhaftigkeit im Leben ein unteilbarer Bestandteil seiner Persönlichkeit und seiner Äußerung werden muss. Und zwar auch in den Details und in allen Umständen. Das Unterbewusstsein kann man nicht betrügen. Weiter muss diese Suche durch das Bestreben, die Tätigkeit begründet werden. Also durch das Studium, das Nachdenken, die rechte Meditation. Die Literatur, die sich mit pflegen der Achtsamkeit, ihrer Entwicklung und praktischer Betrachtung der Vorgänge im Geiste beschäftigt, ist erhältlich in vielen verkauften Büchern.

Zur Literatur ist jedoch noch notwendig das zufügen, dass jede fachliche, soll es eine wissenschaftliche oder geistige Literatur ist, falls sie zur Entwicklung der Kenntnisnahme führen soll, muss sie genug von Lehre, also die Erläuterungen der Prinzipien und auch die Anweisungen zur Praxis, anbieten. Sie darf nicht nur irgendwelche Lehrsätze und Regelsätze zum Glauben vorlegen und die Lehren mit auf die Sekten gerichteter Orientierung oder mit unbegründeten Dogmas anbieten, Wenn ist es unmöglich, diese durch praktische Tätigkeit zu verifizieren und wenn sie mit den gesamten physischen und auch mentalen Systemen des betrefflichen Menschen nicht positiv stimmen, ist es besser, sie zu vermeiden

Das Begreifen einer höheren Stufe des Begreifens der Wahrheit kommt nicht aus dem Memorieren von Lehrsätzen und Vorschriften, aber von den Verständigungsbestrebungen um ein Begreifen des inneren Sinnes und der gegenseitigen Bindungen und weiter von den Erfahrungen aus der praktischen Tätigkeit (an geistigem Wege eine Säuberung und richtige Meditation, gerichtet auf die Entwicklung der Aufmerksamkeit a auf die Stillung des Geistes).

Die grundlegende Praxis an dem geistigen Wege ist eine richtige Meditation. Welche ist die richtige? Die Antwort ist nicht einfach. Es handelt sich nicht um eine Sache, die man mit einem Satz beschreiben kann, geradeso wie man so das Studium an der Hochschule einfach nicht beschreiben kann, wenn die Antwort überhaupt etwas erklären soll. Das sind ein sich entwickelnder Zustand und ein langer Prozess. Sie bestehen aus der Methodik einer Stillung der wild laufenden Gedanken und des Zielens der Achtsamkeit des Bewusstseins. Die Methodik der Stillung der Gedanken und das Entwickeln der Zielrichtung der Achtsamkeit müssen dem anwesenden Entwicklungsstand und dem nötigen Übungsziele in gegebenen Entwicklungsetappen entsprechen. Es ist ganz individuell und veränderlich nach dem erlangten Grade der Entwicklung und nach der augenblicklichen Kondition (geistigen und auch körperlichen). Diese Bedingungen werden später in den weiteren Kapiteln dieses Buches ausführlich behandelt.

Nur so sich entwickeln neue Fähigkeiten einer Konzentration der Achtsamkeit und so sich öffnen auch die Möglichkeiten des Lesens in neuen Gebieten des Informationsfeldes. Dann kommt ein Begreifen der Einstellung selbst, wie eine sprudelnde Quelle, am Anfang klein, aber schrittweise stärkend durch den Einfluss des Bestrebens und des Beseitigens der Hindernisse der bremsenden Vorurteile. Oft in der Zeit, wann das gerade gewartet nicht wird. Manchmal nach dem Erwachen vom Schlaf oder Andersmal nach oder bei einer Freimachung der schöpferischen Tätigkeit des äußerlichen Geistes (vielleicht beim Schlummer oder bei der Meditation).

Diese Entwicklung ist eine Äußerung des inneren Reifens, nein einer Menge und Form irgendwelcher gelagerter Autosuggestion. Sein Begreifen ist für die Menschen eines niedrigeren Entwicklungsgrads unmöglich. Man muss es dadurch voran selbst durchgehen, sowie auch, wie voran irgendetwas Salziges mit Kost durchgegangen werden muss, um über den Einfluss einer Salzung sinnvoll diskutieren zu können.

Diese Gesetzmäßigkeiten gelten für jede Bemühung. Der Buchautor auf diese Weise durch die Verknüpfung der wissenschaftlichen Arbeit und der Meditation oft die Antworten an die Probleme beider wissenschaftlichen Arbeit oder beim Bestreben an dem geistigen Wege fand. Bei den Problemen mit der Suche der mathematischen Äußerung beim Programmieren von Rechnungen die Erkennung der Lösung, oder die Verständigung der Fehler in der Berechnung, regelmäßig am Morgen nach dem Erwachen kamen.

Auch wenn dem Verfasser vorgeworfen wird, dass er sich wiederholt, ist da notwendig zu betonen, dass die Priorität an dem geistigen und geistlichen Wege ein grundsätzlicher Umbau der bisherigen Filter zu der neuen Kenntnisnahme wird. Also das Beseitigen der Vorurteile, Illusionen, Schränken, Dogmas, vom falschen Glauben, der Unarten, der Voreingenommenheit, des philosophischen Materialismus. Das ist wie eine Aufräumung des Gerümpels vor einem Hinbringen von neuer Ausstattung in die Wohnung. Erst auf dem zweiten Platz ist die Aufnahme von neuen Informationen. Das beide jedoch einander zusammenhängt. Voran muss das Saubermachen, und erst dann die Räumung einer neuen Ausstattung durchgeführt werden.

Da kann uns ein kleiner Blick in die Quantenphysik helfen. Von der Einheit der Vorstellungen und der sinnlichen Erlebnisses haben wir schon in diesem Buch gesprochen. Wenn wir aus den Milliarden der Möglichkeiten im Weltraum vorbei uns mehr Belehrung nutzen wollen, müssen wir dringend wenigstens die diskutierten psychologischen Bedingungen, angeführten im Kapitel 8. Methodik Ausbildung, einhalten. Vor allem müssen wir nicht nur sich sagen, dass vielleicht an deren etwas ist, und könnte sich damit etwas gab machen und wenn wir es zum Abend los aus des Kopfes lassen, so werden wir nirgendwohin gelangen.

Das ist eine Verbindung durch die Kleinheit ohne irgendeine Möglichkeit einer Änderung. Das Reichtum ist vorbei uns im riesigen Umfang und nur dank diesem Umstand, dass es wir sind nicht in der Lage als Realität begreifen, können wir nicht auch dieses Reichtum nutzen. Wir müssen sich für die Gottes Kenntnisnahme öffnen als die Realität und die Mittel zu ihrer Erkenntnis und Unterordnung sich ihrer Gesetzlichkeit suchen. Die Schlüssel für einen Anfang werden in diesem Buch übergeben. Die Schlüssel zum wirklichen Reichtum sind am Anfang in unserem Geiste und später wird uns die Intuition führen, die den Intellekt durchleuchten wird und von ihr nach Bedarf als das Behelfswerkzeug benutzt wird.

Auch das genialste Buch findet seine harten Gegner. Sie entweder unterstellen den Worten andere Bedeutung, als der Buchautor im Sinn hatte, oder sie überhaupt nicht wahrnehmen das, was der Autor dem Leser zu mitteilen versucht.

Nur durch das Ausbilden neuer Fähigkeiten der Konzentration der Aufmerksamkeit und des Unterscheidungsvermögen öffnen sich die Möglichkeiten des Lesens im neuen Gebiete des Informationsfeldes und eines Verstehens den neuen Begriffen und Ansichten.

Für eine richtige Einschätzung der Sinneswahrnehmung ist hauptsächlich in den richtigen meditativen Techniken die Haltung eines unbeteiligten Beobachters der Sinneseindrücke empfohlen. Also eine Einstellung, wann man lässt, sich nicht zu argen Taten rasch, unkontrolliert zur affektiven Rektion mit nachfolgender schlechten Auswertung mitzureißen. Stattdessen geben wir eine Möglichkeit der Entwicklung unserer betrachtenden Stellung der unterscheidenden Kraft (Buddhi). Wir dürfen nicht den Intellekt weder als grundsätzlich ungut, noch jedoch für universell wahrhaftig halten. Der Intellekt ist sehr nützlich, falls er mittels der intuitiven Erkennung, gehenden zum Grund der Erscheinungen, „hintergrunderleuchtet" ist und zur Beachtung der Bedingtheit und Entwicklungsmöglichkeit benützt wird.

5. Die parallelen Erscheinungen und die beschreibenden Schichten

In der Mechanik, Elektrotechnik, Kosmologie und in anderen Bereichen kommt es bei der Lösung der mathematischen Äußerungen der Vorgänge dazu, dass die Ergebnisse entweder zu mehreren Ergebnissen führen, aus denen einige im Bereiche realer Zahlen sind, die anderen aber im Bereiche der irrealen Zahlen und ihren Kombinationen (komplex konjugierte Wurzeln der Lösung des Gleichungssystems) sind, oder ihre Lösung durch einen Mehrmaßenraum / Zeit ausgedrückt ist. Aus dem realen Teile des Ergebnisses kann man die technischen Lösungen ausarbeiten, die sich mehr oder weniger gemäß den Rechnungen (in Abhängigkeit von Prägnanz der Berechnungsmodelle, der Passgenauigkeit der Erfassung der Gesetzlichkeit und der Form der Realisation der Erzeugnisse) halten.

Wir müssen sich hier eine Frage stellen: Ist es möglich, dass der reale Teil der Lösung die richtige Funktion gemäß den Naturgesetzen beschreibt und der zweite Teil, entstandene aus der Lösung derselben Gleichungen, eine leere Fantasie ist, die nichts gemeinsame mit der gegebenen Aufgabe hat? **Die logische Aufklärung ist sicher das, dass die Gleichungen die Vorgänge beschreiben, die in zwei Ebenen gleichzeitig verlaufen. Erstens in der mit uns beobachteten sogenannten „realen" Ebene der Erscheinungen. Zweitens sie durchlaufen sondern auch im Bereich, der bereits direkt unserer sinnlichen Wahrnehmung und den gegenwärtigen technischen Instrumenten und Kenntnissen zugänglich nicht ist. Es sind das die Vorgänge, wirkenden parallel (parallel laufend mit den „realen" Vorgängen).**

Als ein Beispiel können wir sich eine Berechnung eines Equalizers in der Tontechnik nehmen. Nach der Zusammensetzung des Systems der Gleichungen mittels der Kirchhofschen Gesetzen und ihrer Auflösung bekommen wir reale und komplexe konjugierte Wurzeln, wie es vorn erwähnt wurde. Gemäß den realen Ergebnissen wird eine Konstruktion der Schaltkreise durchgeführt. Der irreale Bereich zeigt daran, dass in der Musik einige Vorgänge noch in einem außersinnlichen, feineren Bereich arbeiten.

Ähnlich ist es bei einer Lösung komplizierterer Aufgaben im Bauwesen, in der Mechanik, Elastizitätslehre und Festigkeitslehre,

Die Einführung auf den Weg zur Weisheit

weiter in der Dynamik mittels der Differentialgleichungen. Es ist sehr wahrscheinlich, dass der Lösungsteil, beinhaltende die komplexen konjugierten Wurzeln (Ergebnisse) zeigt auf die Ebene, mit den physischen Mitteln (bisher) unbemerkbare, aber trotzdem existierende. Ähnlich es ist in den Berechnungen in der Kosmologie.

Die Lösung mit den Mehrmaßenparametern uns gleichfalls deutet, dass in verschiedenen anderen Ebenen, als ist die, die von uns bezeichnete als „real" wird, parallele Vorgänge verlaufen, durch unsere Sinne direkt unerkennbare. Es ist nicht überhaupt vor Ort die Berechnungen zu unterbewerten. Doch gerade weil auf der Basis der theoretischer Berechnungen und einer Systematisierung gemäß den schon bekannten Gesetzen und Ergebnissen der Berechnungen es in der Vergangenheit zu Entdeckungen der bisher unbekannten chemischen Elemente (besser es war vorhergesagte, dass sie werden entdeckt werden), Sterne oder Partikeln gekommen wurde.

Die Breite von der Wirkung der Naturgesetze zeigt beispielsweise die weitere Erscheinung, bekannte aus der Mechanik der elastischen Körper. Wie ein Beispiel können wir angeben die Lehre über die Berechnung der gebundenen Torsion dünnwandiger schlanker Stäbe (gewalzt, geformt aus Blech). Um zu ermöglichen die mathematische empfängliche Lösung, einsetzten die Wissenschaftler für Rechnungen derselben Körper die zwei anfänglichen Hypothesen (die Voraussetzungen). Erste ist die, dass die Wanddicke zwar realistisch (hat seine Größe, gegebene durch eine reale Zahl) ist, doch unbeträchtlich (mathematisch Limit – sie nähert sich zum null, quer des Bleches ist also die Spannungsgröße bei der Belastung gleich bleibend). Die zweite Hypothese ist die, dass in der Ebene des Blechs keine Schubdeformationen erstehen, weil sie in Wirklichkeit sehr klein, so geringfügig sind und die normalen Spannungen und Deformationen sind nur in der axialen Richtung des Stabes (es ist keine Querbelastung des Stabes und sind dadurch nicht quer wirkende normale Spannungen und Deformationen). Auf diese Weise verschwindet ein Teil des mathematischen Ausdrucks in der Bruchzahl und den Ausdruck kann man also integrieren und so kann man zur Lösung kommen.

Nach einer mathematischen Bearbeitung mittels der üblichen und bewährten Vorstellungen und Vorgänge der Geometrie und der Elastizitätslehre so entstand die Theorie der Berechnung der Verhaltung dünnwandiger schlanker Stäbe bei einer gebundenen Torsion (bei dem Abgrenzen der Deformation des Querschnittes – der Deplanation-.der Ausweichung der Elemente des Querschnittes aus der seiner Ebene). Sie anbietet so eine Beschreibung **der Grundrisse** der Verhaltung derselben Stäbe mit gewissen Begrenzungen. Ihre Beschreibung sich entziehe dem Ziel dieses Buches. Die Theorie ausdrückt jedoch **funktionierende** Zusammenhänge, feststellt prinzipiell das Benehmen der dünnwandigen Stäbe, belasteten von den Torsionsmomenten und ermöglicht nicht nur die bessere Berechnung, sondern auch eine Erzeugung von Leichteren und desto sichereren dünnwandigen Konstruktionen. Ihres Gelten wurde bestätigt in der Konstruktionspraxis und in den Laboratorien.

Diese Theorie beschreibt annähernd das Benehmen natürlicher Erscheinungen und wurde also nur entdeckt und übergetragen mit Beschränkung in „reales" Gebiet unseres Nachdenkens um die elektronische Datenverarbeitung zu ermöglichen. Sie beschreibt einen Teil der Erscheinung, so wie wir das machen bei anderen unseren Modellen. Sie beschreibt die Verhaltung eines Modells mit beschriebenen Eigenschaften. Sie funktioniert im Hintergrund der tatsächlich sehr komplizierten Verhaltung der schlanken Stäbe und erfasst die wichtigsten Besonderheiten dieser Wirkung. Sie überragt die bisherigen ungefähren Berechnungen, die diese Verhaltung ausdrücken nicht konnten. Sie ist so eine Verbreitung der bisherigen Möglichkeiten einer Bestimmung des wirklichen Spannungszustandes und der Steifigkeit der Körper in der Natur. **Sie ist eine Zugabe einer weiteren beschreibenden Schicht** zu unserem früheren Teil der Erkennung und ist so eine Erhöhung der Prägnanz der mathematischen Beschreibung wirklicher Verhaltung dieser Objekte. Die weitere Schiebung in Erkenntnis auf diesem Gebiet so ermöglicht Konstruktionen der modernen leichten und wirtschaftlichen Bauten, beispielsweise in Flugzeugindustrie und in Kosmonautik. Beim Zusammensetzen dieser Theorie jedoch war Grundvoraussetzung der infinitesimalen, aber realen Dicke angewendet. Das ist die Beschreibung eines transzendenten Modells einer Äußerung der Natur. Und doch beschreibt einen Teil des wirklichen Benehmens der Körper in der Natur!

Solche transzendenten Vorgänge verlaufen gleichlaufend (parallel) mit den „realen" – unseren Sinnen zugänglichen Prozessen ununterbrochen. Einige schon die Wissenschaft entdeckte, andere an die Entdeckung warten. Sie bilden also irgendeine Parallele transzendente Natur, arbeitende im Hintergrund, neben der Natur materiellen – von den groben Sinnen wahrnehmbaren urd irgendwie beschreibte.

Aus dem Angeführten es ist offenbar, dass wir müssen Vorstellungen zulassen, dass die Natur sehr umfangreich ist. Sie arbeitet in sehr vielen Ebenen, von denen unseren Sinnen nur wenige zugänglich sind. Die derzeitige Wissenschaft entdeckte schon viel, aber nur im groben materiellen Gebiete. Zur weiteren Erkennung werden wir weitere, bis jetzt stillgelegte Mittel, und zwar wie die Eigenschaften der Menschen, so auch neue Ausstattung der Laboratorien mit empfindlicheren Geräten und weiter auch neue wissenschaftliche Denkweise, Methoden und Theorien benutzen müssen.

Im Geiste der Absicht dieses Buches daraus folgt eine Belehrung: wenn in der Physik bewiesene Ereignisse existieren, die wir mit unseren Sinnen nicht Betrachten können, aber von denen fungieren richtig die benützten Berechnungen über von uns direkt mit Sinnen nicht erkennbaren Ebenen in der materiellen Physik, dann sicher weitere Ebenen, erreichbare durch andere Mittel existieren. Beispielsweise die psychischen in dem breiten Lebensbereich in unserem geistigen und geistlichen Gebiete. Die materielle Welt, zugängliche den Sinnen und alles damit Zusammenhängende ist eine grobmaterielle Äußerung, der Natur, nur ein Teil des gesamten Lebens, nicht die ganze Welt. Welche ist die ganze, das wissen wir nicht, und auch an der materiellen Basis nicht wissen werden. Doch alles, was wir glauben, dass wir das wissen, sind nur die zusammengesetzten Teilabbildungen, die wir sich gegenseitig als die Gedanken unseres Geistes beschreiben. Nichts anderes haben die materiellen Leute niemals erkannt. Was im Geist nicht erlebt wurde, das für uns existiert nicht anders, als eine Erzählung vom Bildnis jemandes anderen, z. b. eines Wissenschaftlers.

In unserem Körper entstehen elektrische und elektromagnetische Ströme, aus denen einige schon wir messen können. Daraus geht hervor, dass **der Körper mit Energiefeldern verschiedenen Typs umgeben ist.** Also es ist ganz natürlich, wenn wir zulassen, dass in der Lehre der Okkultisten, der alten indischen Weisen, ägyptischen und sonstigen Priestern und in den Gemälden mittelalterlicher Künstler die Wahrheit enthalten ist, wenn sie eine Lichtstrahlung ringsum des Körpers der Heiligen darstellten. Doch das Wärmebildgerät, gebrauchtes in Armeen und in der Medizin, ein Sehen der Wärmestrahlung des Organismus und der Gegenstand laufend ermöglicht.

Diese Tatsache bezeigt, dass die alten Weisen haben wirklich die Wahrheit auf einem höheren Niveau erkennt. Also wir können auch dasselbe erkennen!

Wenn die Geräte konstruiert würden, die zeichnen andere Strahlenart aus der menschlichen Persönlichkeit (magnetische, elektrische, elektromagnetische, gedankliche), auch ähnliche Bilder der Menschen aus anderen Gebieten, Ebenen entstanden könnten.

Es sind sogar die Menschen, die dieses Ausstrahlen von höherer Energie wahrnehmen, weil sie eine erweiterte Wahrnehmung haben. Deshalb sich heute die Lehren um einen energetischen, astralen, geistlichen Körper, um dem Prana (die leuchtende Lebenskraft – Energie) als begründete, keineswegs fantastische erscheinen. Diese grundsätzlich zu negieren, ist sogar eine Äußerung eines Bildungsmangels und einer Primitivität des Leugners, der kein Wissen über der feinen Natur und Psychologie hat, obzwar das schon der gegenwärtigen Wissenschaft bekannt ist. Dadurch gewinnt das Wort real auch eine breitere Bedeutung. Der mathematische Begriff „reelle Zahl!" ist es notwendig anders begreifen, als es dem in der täglichen Sprache ist, wann sich unter dem Begriff „real" eine Vorstellung „wirklich – bestehend" meint, im Unterschied zu „imaginär" – unwirklich, nicht existierend. Eine mittels der Sinne unfühlbare Energie ist auch wirklich, also in dem breiten Wortsinne real. Doch mittels der Sinne nicht wahrgenommene radioaktive Strahlung hat an die menschliche Gesundheit real negative Wirkung, ganz gefährliche bis tötende.

Es ist selbstverständlich, dass es nötig ist, bei einer Aufnahme verschiedener Meinungen große Achtsamkeit zu befolgen. Es ist nötig das gesunde, gute Wissen, begründete auf einer unterscheidenden Fähigkeit, zu benutzen. Es ist nützlich, die verschiedenen Meinungen in zwei Gruppen zu umsortieren. In die erste die Meinungen geben, die in das System bisher erkannter Gesetze einsinken, praktische Anleitungen erhalten, deren Ergebnisse man überprüfen kann, und dann gefahrlos dies folgen. In die zweite weiter die Meinungen geben, die Fantasien, zweckdienliche Bearbeitung des Geistes anderer Menschen mit dem Ziel der Gewinnung von Vorteilen für den

Verkünder enthalten können. Denn der Verkünder dann auf diese Weise mittels des gesäten Glaubens nach seinem Auskeimen zum Anwerben der Macht über andern zur Bewältigung ihrer Denkweise und dadurch zum Anwerben von Geld, einer politischen, religiösen, gesellschaftlichen Macht ausnützt.

Es ist weiter notwendig nämlich keine Schlüsse dort machen, wo wir genug von erforderlichen (sachverständigen) Kenntnissen (Informationen), der Erfahrungen nicht haben, wo wir genug der für gegebenen Bereich erforderlichen Fähigkeiten nicht haben.

Eben im Gebiet des Yogas und der geistigen Lehren existieren viele bewusst oder auch dank der Unkenntnis verbreitete Unwahrheiten und unbegründete Behauptungen, verkündete von nicht genügend auf dem Gebiete ausgebildeten und erfahrungslosen Menschen, von hochtrabenden Einzelpersonen, spielenden sich wissentlich an „Gebildete" Sachverständige, aber in Wirklichkeit sind das die Scharlatane, wenn auch sie mit Diplomen irgendwelcher „geistigen Schulen" ausgestattet sind.

Als ein Beispiel hier kann auch die eigene Erfahrung des Verfassers dieses Buches werden. Er war anwesend an einer Erläuterung der Übung des Hatha Yogas von einem Turnlehrer mit einer Grundschule. Er hat diesen Instrukteur an unrichtige Interpretation der Kraftwirkung an den Körper und besonders an die Wirbelsäule und an die wirklichen Änderungen der Form der Wirbelsäule und ihre Gelastung bei der Turnübung einer gewissen Position des Körpers aufmerksam gemacht. Es ging hier eindeutig um ein Problem der Statik und Elastizitätslehre (die Lehre um die externen Kräfte und um die inneren Spannungszustände verursachten in den Körpern bei der Belastung von den Kräften) und um die Deformation des Gelenkmechanismus (um die Kinematik).

Der Instrukteur verteidigte seine Meinung dadurch, dass das der und der indische Yogi und noch ein anderer Autor eines Artikels über Asanasübungen sagen. Dass es sich hier handelt, bei dem menschlichen Skelett um einen Gelenkhebelmechanismus, um ein kinematisches System, dem sicher der Buchautor, der Hochschullehrer der Mechanik, besser verstehen muss, der Instrukteur abgestoßen hat und bei seinen Ansichten ist er geblieben. Der Autor für ihn, als eine bekannte Person, nicht genug „exotisch" war. Er hatte keinen orangenfarbigen Schleier oder einen Turban, damit ihm er glauben könnte, damit er überhaupt diese Angelegenheit sich überlegen und eine Korrektur machen wollte, dass er sich irrt und darum die Stellung ändern soll. Ehe er verbreitet weiter eine Ketzerei und aufsteigt als Übungsleiter - Fachmann, in Wirklichkeit ist es jedoch umgekehrt, er verkündet eine Ketzerei in dem Gebiete gut wissenschaftlich beherrschten, aber ihm infolge nicht ausreichender Schulung und wegen der Eitelkeit seines Egos auf diesem Gebiete unzugänglich. Er hat nicht sich um eine Konsultation versucht, trotzdem er mit dem Verfasser dieses Buchs an diesem Seminar in demselben Zimmer wohnte. Weitere die 3 Jahrzehnte lehrte er diese Unwahrheit, dass bei dieser Position die Wirbelsäule frei, entlastet ist, obzwar si als eine Konsole in der Wirklichkeit mit einer internen Druckkraft ungefähr mit 150 kg belastet ist!

Um einen falschen Abschluss zu vermeiden, ist es da notwendig nochmals darüber aufmerksam zu machen, dass die geistige Erkenntnis keine intellektuelle Disziplin ist, und deshalb für sie kein Diplom, weder auch aus der Hochschule, noch als Mitgliedschaft in einer Akademie der Wissenschaften gilt. Umso weniger dann ein Zeugnis oder Ausweis aus irgendwelcher Schulung gilt!

Diese können ausschließlich in den Disziplinen gelten, die an einer Arbeit des Intellektes, also des Speichers und der Deduktion aus deren Informationen gegründet sind. An den wissenschaftlichen Unterlagen. Sie müssen durch ein fachliches Studium, nachweisliche fachliche Prüfungen und anknüpfend durch bekannte Fachkenntnisse des bezüglich gegebenen Gebietes begründet werden.

Der Intellekt dient denen, die höhere Gesetzlichkeiten kennen, erst nach dieser Erfassung, als Hilfsmittel für die Zusammensetzung der Modelle, der Ebenbilde für die anderen Menschen, die diese direkte Kenntnisnahme bisher nicht gewonnen haben. Das ist eine Transformierung in eine intellektuelle, den Zuhörern zugängliche, aber begrenzte, niedrigere Ebene, und deshalb hat sie dringend Nachteile und Begrenzungen. Sie hat das Ziel, ein Überliefern ungefähren Informationen dem Empfänger auf einer für ihn zugänglichen Ebene zu ermöglichen.

Der Mensch, der zu höherer Erkenntnis schon ein bisschen zugegangen ist, kann jedoch den Intellekt besser zum Einsatz bringen, als ein unaufgeklärter Mensch. Sein entwickelter Intellekt und die breiten Sachkenntnisse können beim Anstreben um ein Hinuntersteigen in die Ebene der Auffassung deren, denen eine Aufklärung abgegeben werden soll, beträchtlich helfen. Sein Intellekt ist ein Intellekt falls nicht erleuchtet, nunmehr wenigstens „hintergrunderleuchtet", begründet von einer höheren Erkennung und seine Bemühung deshalb erfolgreicher sein kann.

Jedoch Vorsicht! Der Intellekt kann relativ richtig nur das bearbeiten, wozu er im gegebenen materialen modellhaften Gebiete ausgestattet ist. Und das noch nur nach der Art, an welche er gewohnt, geübt und angepasst ist!

Dies betreffe auch den erleuchteten Menschen. Nichtbeachtung dieser Umstände kann zu schlechten Abschlüssen und Ergebnissen hinführen. Vergessen wir nicht an die Abstufung aller Erkenntnisebenen! **Ein Begreifen der höheren Ebene aus einer niedrigeren Entwicklungsebene ist unmöglich!** Das Begreifen einer höheren Ebene ist möglich alleinig mittels des Emporsteigens in diese Ebene der Entwicklung auf der Basis des Bestrebens und der Entwicklung von neuen Eigenschaften, Fähigkeiten, Informationen und Erfahrungen. Das betreffe alle Entwicklung, die intellektuelle (berufsmäßige) und auch die geistige.

Keinesfalls helfen auf dem Weg zur Kenntnisnahme manche förmlichen mechanischen Beschreibungen. Solche „Kenntnisse" können nur zu Tölpelei der leichtgläubigen Menschen, für ein Theater, für betrügerisches Anwerben irgendwelcher Vorteile, beispielsweise des höheren Lohnes, einer höheren funktionellen Einreihung, als entspricht den wirklichen Kenntnissen und Fähigkeit, dienen.

Hier ist möglich nur diesen Rat bieten: Am geistigen Wege ist es notwendig die Menschen demnach zu bewerten, was sie tun, und nicht demnach, was sie sagen, was sie proklamieren. Das braucht die Geduld, die Vorsicht, die Erfahrungen und die Zeit. Es ist notwendig verifizierbare Anleitungen für die Gewinnung eigener Erfahrung, nicht mehr solche leeren Lehrsätze, die nur einen Glauben fordern zu bekommen.

Die Anweisungen müssen eine Möglichkeit der weiteren Entwicklung zum besseren, höheren Begreifen geben. Sie müssen abklären, wie man weiter arbeiten soll, was man ändern soll, wie die höheren Fähigkeiten zu erreichen, nicht nur bloß verschiedene statische Lehren (Gebote, Verbote, Definitionen, die Drohungen, unberechtigte

Zusagen usw.), die führen nur zum Glauben, in das Gedächtnis einlegen zu zwingen.

Eine Fähigkeit zu sagen, was ist in irgendeinem Buch an bestimmter Seite geschrieben, muss nicht die Erfassung des inneren Informationsinhaltes bedeuten. Das kann nur Äußerung eines guten fotografischen Gedächtnisses sein. Es muss nicht deshalb weder die Äußerung einer hohen Intelligenz, umso weniger der Kenntnisnahme der inneren Bedeutung der wissenschaftlichen Behauptung oder des geistigen Sinnes des Textes in dem Buche sein.

6. Die Modelle

Was ist ein Modell.

Die Lehrer gebrauchten und oftmals weiter nutzen bei einer Darlegung verschiedener Beziehungen und Erscheinungen die Parabeln. Das ermöglicht, aufgrund schon bereits aufgefasster Beziehungen in einem Gebiete, ein Erleichtern vom Begreifen ähnlicher Beziehungen in den neuen Korrelationen, komplizierteren, ausdehnenden die bisherigen Modelle um neue Eigenschaften und Möglichkeiten. Das ist manchmal ein sehr wirksamer Helfer. Dazu sich nähert das bewusste Benützen der Modelle für eine Äußerung von annähernder Funktion der Objekte, Erscheinungen in der Wissenschaft und auch am geistigen Wege. Weil beides die wesentliche Zielrichtung dieses Buchs ist, werden wir sich in diesem Kapitel mit den Modellen mehr beschäftigen.

In der physikalischen Ebene dürfen wir demgemäß, wovon wir Nachdenken, worüber wir forschen, was wir beobachteten, von verschiedenen Ebenen sprechen. Wir können so über die Physik einer Bewegung der kosmischen Körper, von atomarer Physik, von Physik der Partikeln, von der physikalischen oder organischen Chemie usw. sprechen. Das ist das Sortieren gemäß der Zartheit, Art der beobachteten Objekte.

Gemäß der Einstellung, der Kenntnisebene, dem Vorstellungsvermögen und der gebrauchten Berechnungsmethodik können wir in der Physik um eine Berechnung auf der ersten Ebene der klassischen newtonschen Mechanik sprechen (Mechanik einer Bewegung der Körper mit der gleich bleibenden Masse, mit der kleinen Geschwindigkeit der Bewegung des Körpers und Partikeln, unvergleichbaren mit der Lichtgeschwindigkeit). In der höheren Stufe von der Einstein spezielleren Relativitätstheorie (die Masse und Maße sind geschwindigkeitsabhängig). Und in der dritten Ebene von der von Einsteins allgemeineren Relativitätstheorie (ermöglicht wechselweise Rückäußerung des Einflusses der kosmischen Körper an sich, der Energie, der Gravitation, der Eigenschaften der Masse, weitere Vereinigung bisher verschiedener Modellen, beschreibenden die physikalischen Ereignisse).

Die Komplexität der Lebenserscheinungen teilen wir nach den verschiedenen Bedürfnissen, Maßen und im gewissen Bereich wir sich somit vereinfachen unsere Beschreibungen der Erscheinungen. **Eine vereinfachte Beschreibung der Erscheinung nennen wir das Modell.**

Das Vereinfachen hat verschiedene Gründe und Zwecken:

A. Aus Grund der Beobachtung:

a) Bewusstes Vermindern der Anzahl der beobachteten Parameter, um die Erscheinung überhaupt betrachten zu können. Unsere Möglichkeiten (die Mittel des Betrachtens) und die Umstände uns begrenzen. Wir können nur etwas. Gleichzeitig jedoch wir wissen, dass es mehr von Parametern gibt, aber die übrigen eine kleinere Bedeutung für die Aufgabe haben, oder sie in anderes Gebiet gehören.

b) Unbewusstes Vermindern der Anzahl der beobachteten Parameter können die unzulängliche Aufmerksamkeit, eine Mangelhaftigkeit der sinnlichen Wahrnehmung (Sehfehler, unzureichende, ungeeignete Belichtung), ungenügende mentale Ausstattung (ein schwaches Gedächtnis, emotionale Voreingenommenheit, langsame Wahrnehmung, eine Bildungslosigkeit für die gegebene Erscheinung) u. ä verursachen.

B. Aus Grund der Beschreibung:

a) Bewusstes Vermindern der Anzahl und der Qualität der beschreibenden Parameter sich ausführt deshalb, dass:

1. Wir kennen nicht alle Parameter.

2. Die Einwirkung einiger Parameter ist nach unserer Meinung **klein, und somit vernachlässigbar. Deshalb** auswählen wir nur die Parameter, die einen wichtigsten, beherrschenden Einfluss haben, die zum nächsten die Erscheinung in der Hinsicht zum verfolgten Ziel beschreiben.

3. Es sind vorhanden nur **eingeschränkte darstellende Mittel** (die Möglichkeiten der mathematischen, grafischen Bearbeitung), und deshalb wir bewusst nur die Parameter, die uns ermöglichen das Modell mittels der gegebenen Mittel darzustellen, auswählen.

4. Es ist das Ziel der gewesenen Abbildung, **das Begreifen** eines komplizierten Problems für die weniger fundierte Geistern (Intellekts) **zugänglich zu machen**, und deshalb wir bewusst eine einfachere Beschreibung mit den wichtigsten, üblich bekannten und besser annehmbaren Parametern wählen.

5. Wir wollen die Abbildung **zu einem Ziel, zu einer Ebene** der Berechnung (instruktiv, vorläufig, genau), dem Bedarf einer Aufklärung der Funktion zu irgendeinem **Kenntnisstand** (in der Schule gemäß ihren Stufen) **anpassen**. Die Modelle anpassen **wir** auch **zu den Möglichkeiten** einer elektronischen Datenverarbeitungstechnik (die Steigerung der Geschwindigkeit, der Fähigkeiten der Funktionen des Rechners und der Kapazitäten der Speicherung ermöglicht immer kompliziertere Modelle mit komplizierteren Berechnungen und mit sich steigender Anzahl von Parametern) zusammenzustellen. Darum sich unsere Modelle auch abhängig von der Entwicklung der elektronischen Datenverarbeitung und Bildtechnik, von dem erzielten Niveau des abstrakten Denkens und auch von den sich ausdehnenden Möglichkeiten der experimentalen Untersuchungen, abwickeln.

6. Wir wollen lügen. Es geht um **eine bewusst gezielte Mangelhaftigkeit des Modells**, habende zu Ziel, mittels Hilfe einer unbestimmten, bewusst mangelnden Beschreibung eine Täuschung den Empfänger mittels verschiedener inkorrekten Informationen zu erreichen. Das sind oft verschiedene Werbebilder über die verkauften Produkte des komplizierteren Charakters. Sie arbeiten mit irreführender Reklame, mit lügenhaften Argumenten dieser Leute, die eine Mystifikation der Anhänger verschiedener religiösen und politischen Bewegungen vorbereiten. Das falsch oder zweideutig Bezeichnete kann ein Kunde, der Opponent oder im Gegenteil ein Anhänger anders begreifen, als was es ihm dann bei einer Reklamation anders aufgeklärt werden wird. Das missbrauchen, besonders im Konkurrenzkampf, die großen Firmen. Dasselbe sich betrifft der Informationen in der Politik und Religion. Unter nebelige Behauptungen und Zusagen kann man zusätzlich verschiedene Aufklärungen ein-

schmuggeln und so die Verantwortung, das Bestrafen eines Betrugs oder die Reklamation der Ware vermeiden.

Die Modelle in der Wissenschaft

Die Modelle werden benutzt mit einer Bewusstheit in der Wissenschaft. Aus der gegebenen Erscheinung, des Objekts, abwählt man die wichtigsten Parameter der Äußerung und wird ein vereinfachtes, fiktives Objekt gebildet, dem man sagt, das Modell. Es beschreibt Haupteigenschaften, die wichtigsten, die am meisten zutreffenden für die beobachtete Äußerung (der Funktionsreichtum, die Gestalt etc.), und die sekundären Erklärungen (Parametern), die sich bezeigen im kleinen Maß, deren Umgang ermöglicht mentale und technische Verarbeitbarkeit (die Berechnungen, die Abbildung, die Konstruktion), die ist es nicht möglich zu feststellen (messen, abbilden), aussetzen.

Um sich die Berechnungen für die praktische Anwendung zu präzisieren, um die Unregelmäßigkeiten mit der Wirklichkeit zu überdecken. Um das Begreifen der Problematik zu verbreiten, wird ein eventuelles weiteres ergänzendes Modell angewendet. Der beschreibt das weitere, im ersten Modell nicht geäußerte Benehmen, die Eigenschaften desselben Objekts und wird separat wieder gemäß den für ihn zugänglichen Möglichkeiten gelöst. Die Ergebnisse der Berechnungen beider Modelle, der theoretischen Überlegung sich dann gemeinsam benutzen (addieren – verkoppeln, zusammenrechnen) bei der Konstruktion und der Fertigung des Objektes, bei einer Prozesssteuerung. Funktionell sich diese Modelle so durchdringen und bilden ein treffendes Bild der Realität, als es bei der selbstständigen Tätigkeit eines jeden Teilmodells aus den beiden ist. Wir können uns an einen solchen Vorgang zuschauen, als an eine Lösung in zwei gleichlaufenden (parallel laufenden transzendentalen) Ebenen.

Als ein Beispiel können wir, obwohl aus der Mechanik, die Berechnung der Biegespannung und der Schubspannung zeigen. Gemäß einer Arbeitshypothese (Navierhypothese – die Voraussetzung der Beanspruchung des Durchschnitts nur vom Biegemoment mit einem linearen Spannungsverlauf im Durchschnitt) löst man selbstständig das Beeinflussen vom Biegen und gemäß der anderen Arbeitshypothese wieder das Beeinflussen von einer Schubkraft. Die Ergebnisse wir nehmen wie gleichzeitig arbeitende. Ähnlich ist es auch in vielen anderen technischen und naturwissenschaftlichen Bereichen. Die Berechnungen werden so in einem Sinne schichtenweise durchgeführt. Sie werden als einsam arbeitend berechnet, aber als gleichzeitig arbeitend aufgenommen (die sogenannte Superposition der Ergebnisse). Das vereinfacht, beziehungsweise sogar ermöglicht eine mathematische Behandlung von den anders komplizierten und komplex unlösbaren Problemen fokgede Benutzung bei der Herstellung.

In einer Unkenntnis bilden wir alle ununterbrochen in unserem alltäglichen Leben in unserem persönlichen Teilen des Geistes die vereinfachten Modelle aller Erscheinungen vorbei sich.

Gemäß dem Niveau unserer Wahrnehmung, der Bildung, unserer Konzentration und der Aufnahmebreite der Aufmerksamkeit, unserer Fähigkeiten den Gegenstand, das Geschehen zu begreifen, zu abstrahieren, zu beschreiben, in das zu hineinlegen, aus dem Gedächtnis herauszunehmen und einem neuen Menschen zu bekannt geben, sich unsere Modelle unterscheiden und abwickeln. Sie unterscheiden sich nicht nur darin, welche Mitteln wir, wie die übergebende Seite für das Benutzen, beeinflusste durch unsere Bildung, Informiertheit über den Gegenstand und die Erfahrungen haben, sondern auch in dem, für wen die Information bestimmt werden und was für ein Begreifen wir gemäß der Bildung des Empfängers abwarten zu können.

Aus dem angeführten ist sichtbar, dass die Modelle sehr individuell sind, ganz abhängig von den Beobachtern, von ihrer Kenntnissen und Fähigkeiten der Beschreibung der Erscheinungen und immer drücken nur einen Teil der Verhaltung der Erscheinung aus. Sie sind keine treue und vollständige Beschreibung aller Eigenschaften des Objektes, der vollen Funktionsfähigkeit des Vorganges. Doch werden sie ein Teil unserer inneren, ganz individuellen Wahrnehmung des Lebens und bilden unsere innere Realität.

Zum Beispiel können wir beispielsweise einen Blick auf einen Elefanten nehmen. Anders ist die Aussicht aus der Vogelperspektive, als aus der Sicht eines Vogels, sitzenden am Elefantenrücken, andere ist aus der Sicht niedrig vom Land, vorne, von hinten, unter dem Elefanten landauf usw. Falls jemand den Elefanten nicht gesehen hat, und hat er deshalb im Gedächtnis keine räumliche Vorstellung über die Form eines Elefanten aufbewahrt, er wird seine optische Wahrnehmung in jedem aus den aufgeführten Anblicken so anders beschreiben und in das Gedächtnis einlegen, und zwar so wesentlich, dass ein Leser, benützende alle diese Beschreibungen, aus diesen aufgeführten Anblicken gar nicht erkennt, dass es sich um ein einziges Objekt handelt.

Die Modelle in der Philosophie und Religion

Die Philosophie und die Religion behandeln um abstrakte, psychologische, philosophische, mentale Begriffe und deshalb ist die ganze mitgeteilte Konstruktion ganz persönlich modellhaft. Der mitteilende Mensch bestrebt sich den Inhalt dem Geiste mit einer anderen Ausstattungsstufe anzunähern, einer mehr materiellen und deshalb hier ganz selbstverständlich zu den Zusammenstößen, zu den Fehlern und zu großen Deformationen auf beiden Seiten kommt. Die Erlebnisse der Menschen, die in abstraktere Ebenen der Kenntnisnahme durch einen Einfluss der Entwicklung von neuem Wahrnehmungsvermögen der feinen Informationen durchgedrungen sind, kann man beim Versuch um eine Mitteilung einem materiell und primitiv denkenden Menschen manchmal mit den Angleichungen auf vielerlei Weise anbieten, aber andermal das überhaupt auf keine Weise nicht möglich ist. Dadurch entstehen viele wissenschaftliche Modelle, religiöse und philosophische Lehren. Dabei können zwei Lehrer gleiche intuitive Information über etwas erkennen (die Erfahrung erlebt) und sie müssen die geistigen Vorgänge und dieselbe Bestrebung, sie dem Begreifen der Zuhörer zu annähern. Darum verwenden sie ein Gleichnis. Aber diese, obgleich inhaltlich ähnliche Gleichnisse, werden von den Zuhörern innerlich verschiedentlich begriffen. Das wird nicht nur von den verschiedenen internen Filtern der Zuhörer, sondern auch von den verschiedenen Formen der Beschreibung von den Informatoren verursacht. Bei dogmatischer Umsetzung auf diese Weise entstehen Missverständnisse, andere Erfassung und die Konflikte, die in der Geschichte der Menschheit auf dem Gewissen Millionen von Toten und viele vernichtete Werte haben.

Gemäß der Handlungsweise und Mitteilung ist es möglich, einen von den Unterschieden zwischen den Dogmatikern und Analytikern zu bemerken.

Der Dogmatiker

Er dauert zäh an seinem Modell. Er trägt überhaupt kein Bedenken nicht nur über seine Prägnanz und gesamte Gültigkeit, sondern auch über die Richtigkeit seiner Erfassung und Vorstellungen. Andere Modelle lässt er nicht zu, um eine Verbreitung des eigenen Modells meistens überhaupt nicht strebt, er überlegt sich seine Begrenzungen überhaupt nicht und sein Modell drängen den anderen Menschen auf. Seine Modelle sind bewegungslos, fest, statisch, einfach oder aukompliziert nach der Ausstattung seiner Persönlichkeit. Irgendwelche Gegenargumente schlägt er aus und gemäß seiner Macht sie gegebenenfalls direkt mittels einer Liquidierung der Opponenten bekämpft.

Der Analytiker

Er weißt um eine Unvollständigkeit und Unzulänglichkeit seiner Modelle und sucht ihre Fortpflanzung, Ergänzung. Er anbiedert sie den andern Menschen nicht, aber nebeneinanderstellt sie, und sucht heraus, eventuell kombiniert, und solchermaßen verbreitet, damit sie besser mit gesamtem Charakter seiner Gedankenwelt einklinken, und ihn in der Richtung zu größerer Prägnanz und Einheit ergänzen. Er ist zum empfingen von Änderungen eröffnet, und hat auf diese Weise die Voraussetzungen für ein gleichbleibendes Wachstum seiner Kenntnisse und Fähigkeiten.

Das anführte Beispiel des Elefanten ist aber zu sehr einfach. Es handelt „nur" um visuelle Wahrnehmungen und ihre Beschreibung. Je mehr sind die Objekte der Beobachtung komplizierter, je mehr wir sich bemühen sie zu beschreiben, umso mehr Parametern sie charakterisieren. Dadurch entstehen weit größere Möglichkeit verschiedener Kombinationen der Abweichungen, die Nachteile und allgemeine Verschiedenheit der Ergebnisse der Beobachtung und ihrer Beschreibung. Falls wir eingliedern in den Modellen noch die Informationen von weiteren Sinnen (Gehörsinn, Tastsinn, Geruchssinn), wird sich weiter die Anzahl der Beschreibungsparameter der Verhaltung und der Eigenschaften des modellierten Objekts vergrößern. Dadurch gleichzeitig wächst die Menge der Unterschiede zwischen den Modellen verschiedener Menschen.

Eine Beobachtung, Beschreibung, Erfassung und Weiterverarbeitung der gesellschaftlichen Erscheinungen ist so kompliziert, dass die Folgerungen des Missverständnisses und der Intoleranz zu den aufgeführten Verschiedenheiten der Einstellung in der Menschengeschichte Hunderte Millionen der Menschenleben und immense Schäden in allen Lebensbereich kosteten. Bis heute hervorrufen sie die Missverständnisse, Kriege, Ermordungen und das Verbrechen aller Art. Auch die Kriminalistik kennt, wie sich die Beschreibungen der gleichen Begebenheit, einer Sache von, verschieden Menschen untereinander unterscheiden.

**Je mehr die Objekte von der groben physikalischen Ebene
entfernt sind, um so schwerer ihre Modelle in dem Geist der
Menschen mitteilbar,** mehr anfällig von der Persönlichkeit des beschreibenden Menschen sind. Umso mehr sie sich unterscheiden, und
können sich auch von einer treuen Beschreibung der Eigenschaften
der „Realität" entfernen. So binden sich die Begriffe, angewandte in
der Philosophie, Ökonomik, Religion und in den geistigen Lehren, im
Geist der Menschen an solche Menge der möglichen Kombinationen
der Modelle, an eine große Anzahl oft sehr starken Filtern (Vorurteilen), das ihr gegenseitiges Begreifen nur in enger Fraktion von Menschen möglich ist. Sie müssen sich doch untereinander in der Ausstattung mit den Vorstellungen, Begriffen, Modellen, in der Terminologie, in ihren Beschreibungen und Formen einer Mitteilung nähern. Sie
müssen doch auch mit den nötigen Fähigkeiten für diese Zwecke (das
Vorstellungsvermögen, die Logik, die Abstraktion, die Bemühung um
eine Objektivität, mit der sprachlichen Ausstattung, mit der gesamten
Intelligenz, dem Gedächtnis) ausgestattet werden. Eine fruchtbare
Kommunikation zwischen diesen Gruppen und den anderen ist ohne
vorige gegenseitige Definition von den Begriffen und der Verständigungsbestrebungen praktisch unmöglich, weil die Menschen sich
vorstellen unter denselben Worten und Wortverbindungen sehr unterschiedliche Sachen und Vorgänge. Ihre innere „Realität, die beschreibt die Welt" entscheidet über ihre Handlung, und ist sehr unterschiedlich.

Die Erfahrungen zeigen, dass oft nach der Realisation eines
Vertrages man das erkennt, dass **über eine formale Konsonanz bei
der Unterhandlung des Vertrages, ist in der Wirklichkeit die Vorstellung von der Realisation bei den einzelnen Seiten unterschiedlich,** und zwar manchmal sehr beträchtlich, bis wesentlich! Sogar
auch eine Bemühung um eine gemeinsame Definition von Begriffen
ist in einigen Fällen praktisch unmöglich. Das ist dank der großen
Menge von verschiedener psychologischen Filtern, denen durchgehen
selbst die Beobachtung, Bewertung und Einsortierung der Erscheinungen bei allen beteiligten und dadurch es entsteht die Unfähigkeit
einer Seite annehmen einen Kompromiss, annehmbaren für die beide
Seiten.

Seine Rolle hier spielen auch vor allem der Egoismus und die absichtsvolle Täuschung an einer von den handelnden Seiten, mit dem Ziel eines Erreichens des eigenen Gewinnes auf Kosten der Gegenseite. Die Begriffe der gewissen Meinungsgruppe werden von der anderen Meinungsgruppe so entfernt, dass es ihr erscheint, als durchaus nicht annehmbar, sinnlos, unwahr, beherrschbar, fantastisch, illusorisch, unmöglich, unwirklich usw.

Die Handlung mancher Menschen kennt nur die Umsetzung ihrer Meinung und des hinter ihr versteckten Gewinnes, nicht etwas anderes. Der Begriff „ein Einverständnis" bei ihnen mit den Begriffen „eine absolute Bewältigung der Gegenseite", mit einer Tölpelei und einem Anwerben einseitiger Vorteile, eines Gewinnes, verschmelzen. Als Mitteln dienen hier Verpflichtungen und Zusagen, die nur für das Erzielen eigenen Zielen ausgesprochen werden und nicht ernstlich gedacht sind. Die schummelnde Seite, die die Verträge stört, abzwingt die Zweite ehrliche Seite gleichzeitig zur einseitigen Füllung des Vertrags.

Ein großes geschichtliches Beispiel sind die Resultate der Konferenz in Jalta um die Einflusssphären der Weltmächte zu Ende des Zweiten Weltkrieges. Während die Amerikaner und Engländer für den Begriff der Einfluss übliche europäische Vorstellungen der Beeinflussung mittels eines Verhandelns, mittels einer Zusammenarbeit, des Meinungsaustauschs und Austausch der Erfahrungen hatten, dagegen die Russen seine Vorstellung „Beeinflussen" realisierten ganz anders. Mittels der strengen militärischen und wirtschaftlichen Okkupation, durch absolute Unterordnung mittels Einführung ihrer Diktatur mit Ermordungen ideologischer Opponenten, nur der Leute, die anders dachten, als erlaubte ihre stalinsche marxistische Ideologie und die russischen Beamten der Macht und ihre Genossen bei uns. Mittels der politischen Umstürze von den ärgsten Kalibern mit der strengsten nachfolgenden Diktatur in allen „beeinflussten" Staaten, mit ihrer vollständigen wirtschaftlichen Bewältigung, dem Aussaugen und mit der dauerhaften militärischen Okkupation.

Hier ging es allerdings bei der Unterschrift der Verträge um Zusammentreffen zweier Gedankenwelten mit ganz verschiedener Einstellung zum Leben, zur Politik und Auffassung der Regierung, zur Beachtung der Verträge, Wertung des menschlichen Lebens, zum Begriffe der Freiheit, Moralität, des Lügens und der Wahrheit, der übernommenen Philosophie und Verantwortung usw. Es ging um ein Missverständnis **der idealistischen Unkenntnis, einer Machtlosigkeit in der gegebenen Situation** des Krieges und eine Illusion von der Seite der Engländer und der Amerikaner und **um den wissentlichen Betrug** ohne irgendwelche Schranke und Begrenzung von der Seite der Russen.

Also es ist so passiert, dass die Tschechoslowakei, von derselben Ignoranz vorgeworfene in München von den Großmächten als ein überflüssiges Opfer des Friedens dem Diktator in einer falschen Vorstellung, dass man so die Forderungen des Diktators, wollenden erobern die ganze Welt, anhält, wurde nach dem Kriege wieder von den Großmächten vorgeworfen in gleicher Weise kontraktlich dem weiteren Diktator Stalin.

Wieder wurde an lange Jahrzehnte von uns ohne uns entschlossen, und zwar mit tragischen, in der Zukunft nicht behebbaren dauerhaften Folgerungen in allen Lebensbereichen an führ unabsehbare Zeit. Durch die Verkettung der Ereignisse so ein irreversibler Prozess entstand, in dem die Tschechoslowakei, vor dem Krieg das entwickelte, wenn auch kleines, demokratisches Land mit ziemlich europäischem Leben, mit dem technischen, kulturellen und wissenschaftlichen Niveau, mit der hoch entwickelten eigenen Industrie in allen Tätigkeitsgebieten, wurde unlängst und ist bisher akzeptiert im Westeuropa als ein geringwertiges, zurückbleibendes Land. Sie wurde schwer beschädigt von den zwei Okkupationen mit Liquidierung der Intelligenz und mit dem wirtschaftlichen Aussaugen in der Wirklichkeit wegen der Verschuldung der Westmächte, die diese Okkupationen mit Ihren Entscheidungen unter dem Einfluss gar nicht in den Sinn kommender Pazifisten verursachten und mit den Verträgen mit den Aggressoren bestätigt haben. Dabei spielt jetzt gerade eine Hauptrolle das Deutschland, wegen dem der ganze Verfall unserer Länder entstanden ist. Erst wegen der deutschen Okkupation mit der ersten Liquidierung der tschechischen Intelligenz und Verblutung der Ökonomik, dann wegen des nachfolgenden Kriegs, beendeten mit der russischen kommunistischen Okkupation mit neuem Aussaugen und Liquidierung der Intelligenz, der Kultur, der gesunden Moral, gegen die philosophischen und humanitären Werten und Ökonomik. Ohne den Krieg und der beiden Okkupationen konnte Tschechoslowakei als entwickelte Demokratie, wenn auch kleine, aber mit Qualität auf der statistischen Ebene des Lebensniveaus und der Demokratie der damals führenden europäischen Staaten Frankreich und England sein.

Die riesige Entwicklung der Wissenschaft, der Technik und die Möglichkeiten der Verbreitung von Informationen veranlassen, dass sich voneinander die Menschen in anwesender Menschheit mehr entfernen, als das jederzeit früher war. Dieser Unterschied sich immer vergrößert und schon jetzt ist, und weiter in der Zukunft eine Quelle vieler schwieriger Problemen der gesamten Menschheit sein wird. Der gegenwärtige Terrorismus ist dies eine Mustervorbild. Ein gegenseitiges Verständnis der Menschen vielmehr eine Utopie, als Wirklichkeit wird. Es fehlen nämlich zwei Grundvoraussetzungen: allgemeine Grundausbildung und allseitige Willigkeit, an dem Glauben in gültige ethische Gesetze als naturhafte, von der Natur gegebene und nicht vom Menschen ausgedachte, gegründete. Als die Gesetze von den Propheten im Leben entdeckten, und nicht von ihnen künstlich geschaffenen. Sie wurden definiert und zwar in Übereinstimmung mit der gegebenen Epoche und dem Territorium, nach den Möglichkeiten der Mitteilung ausgeschrieben und durch die persönlichen Eigenschaften des Propheten und seiner Nachfolgern begrenzt, aber sie aus allgemein anerkanntem Grund für ein einzig mögliches Zusammenleben der Leute ausgehen. Die Beschreibungen und Definitionen sind botmäßig der Zeit und der Umgebung ausgehend, aber die Gesetzlichkeit ewig ist. Doch jeder vernünftige Mensch muss anerkennen, dass die Vorschrift „mache nicht den andern das, was du nicht willst, um sie machten dir!" durchaus logisch ist und die universelle Bedeutung hat. Eine andere Handlung muss dringend zu den Kollisionen, zur Kampfhandlung und zum Leiden führen.

Die Verschiedenheit einer Bewertung der Erscheinungen vergrößert sich mit ihrem Annähern der Privatheit des Menschen. Sie ist von den Vorurteilen, anwesenden Bedürfnissen, momentaner Stimmung bei der Annahme einer Wahrnehmung, von den vergangenen Erfahrungen und anwesenden Möglichkeiten, von der ethischen, moralischen und sozialen Erziehung abhängig. So ist etwas für jemanden zum Gegenstand des großen Interesses und Gefühls der Bedürfnisse (er ist beispielsweise ein Sammler derselben Sachen, ein Bekenner dieser Unterhaltung), während für den andern ist das eine unbekannte, uninteressante, sogar zwecklose, bis schädliche Sache.

Jemandem sich die Erscheinung gefällt, dem anderen nicht oder sie ist für ihn ganz abscheuerregend. So bewegt sich unser Denken zwischen den Paaren antagonistischer Bewertungen. Aus den Lagen zwischen diesen beiden Grenzen sich die Einzelwesen bilden seine innere Welt, die Wertskalen und Filtern und sie steuern gemäß ihnen seine Verhaltung. Hierüber, wie relativ und oft unbegründet deren Auffassung ist, sich keine Gedanken meistens nicht zulassen.

Für eine Anschaulichkeit bemerken wir einige Erscheinungen als die Modelle für unsere Überlegungen über die Modelle, verwendbaren nicht nur bei einer Erkennung, sondern auch bei einer Bemühung um eine Aufklärung der Grade der Erkenntnisse in der Wissenschaft sowie am geistigen Wege.

Der Weg

Das Wort Weg (auch der Pfad) man seit Langem für den Prozess der geistigen Kenntnisnahme, für die Bemühungen um sie, und für die Ergebnisse von diesen Bemühungen, verwendet. Eine Ähnlichkeit mit dem Reisen ist hier sichtlich.

Bezüglich des physischen Reisens ist dieses mit vielen Einzelteilen charakterisiert, die bei einem Übertragen auch für den Weg der wissenschaftlichen, geistigen und geistlichen Entwicklung gelten. Versuchen wir also wenigstens die hauptsächlichen zu durchnehmen.

Das Ziel der Reise – eine Stelle, wohin wir sich verschieben wollen– wissenschaftliche oder geistige Erkennung, die wir erreichen wollen.

Der Reisezweck – warum wir die Reise unternehmen wollen: Wegen der Unterhaltung, Neugierde, Belehrung, für den Umgebungswechsel vorübergehend oder dauerhaft – die Eigenschaftsänderung, Fähigkeiten zu gewinnen, das Erzielen eines höheren Wissens, einen Zugang zu einer höheren Informationsdatenbasis zu erwerben.

Der Transportmittel – die Art der Ortsveränderung – die Schule, die geistlichen Lehren, Ihre Methoden und Lehren.

Di Trasse des Weges – wodurch werden wir sich beim Ortswechsel bewegen – welche Schule zu studieren, welchen geistigen Weg zu folgen, was für eine Methodik und Hilfsmittel für eine Steigerung der Konzentration, der Unterscheidung und der Wahrnehmung zu verwenden. Hier es ist notwendig eine Erklärung zugeben, dass das

Endziel an dem geistigen Wege und auch die abschließende Methodik sind nur ein, einzig. Der Begriff das Weg sich hier betrifft nur die Hilfsmittel. Das ist in den Tabellen weiter im Buch dargestellt und es wird mehr in den Aufsätzen über Meditation aufgeklärt sen. Die Missverständnisse über diesen Tatsachen führten und führen bisher zu großen Verbrechen in der Menschengeschichte. Man mordete und bekämpfte sich und man mordet und kämpft sich immer für formale, unwesentliche Träume und nicht für höchste Wahrheit. Die ist es nicht möglich mit Gewalt weder übergeben, noch gewinnen.

Der Wegführer – wer uns über den Weg vorwärts und unterwegs instruieren wird, wer hat uns ein Anregen, eine Anleitung oder Bücher, Karten gegeben – der geistige Freund, Lehrer -- am Anfang sind das die Bücher, die Vorträge für das Wechseln unserer Anschauungen und Filtern, später eine Übermittlung und Hilfe bei der Meditation.

Die Geschwindigkeit – wie schnell wir auf der Reise gehen wollen und können – wie schnell wir sich beim Bestreben zur Kenntnisnahme entwickeln werden.

Die Sicherung – welche Mittel wir für den Weg haben, wie haben wir ihre Gewinnung sichergestellt, wovon werden wir die Informationen nutzen.

Die Fähigkeiten – welche sind unsere Fähigkeiten, um den Weg bewältigen zu können, wo und wie sollen wir aus dem Standpunkt des unseren anwesenden Zustandes (des Anhaltspunkts) anfangen.

Die Orientation – wie haben wir eine richtige Orientierung gesichert, wo und wann wir beginnen werden, in welche Richtung wir austreten werden – womit sich zu richten, um sich nicht zu verirren, und erstarren in dem geistigen Entwickeln nicht, um wir unseren richtigen Beginnpunkt und die nachfolgende Methodik des Hinstrebens zu finden.

Die äußerlichen Bedingungen – welche sind die Umstände des Reisens: notwendige Dokumente, Konnexionen, Adressen, Bewilligungen Anschaffungen, das Wechseln – die Mittel, die uns das Gehen am Pfad der Kenntnisnahme und das Wegbringen von zwecklosen Belastungen und Hindernissen aus unserer Umgebung und auch aus der inneren Umwelt (die Orientierung der Interessen) ermöglichen.

Die wegweisenden Punkte – was wir bei dem Weg folgen müssen, welche sind die wegweisenden Punkte, damit wir sich nicht verirren, unnötig Kräfte und Zeit nicht verlieren – am geistigen Wege die Vorbilder deren, die mit Erfolg vor uns gingen, die unseren von Zeit zu Zeit bemerkbare erzielte Ergebnisse, die Erlebnisse einer Intuition, das Begreifen des inneren Gehaltes der bisher unbegriffenen alten Lehren.

Die Versorgung – was wir auf der Reise sammeln werden, was wir erfassen sollen, was wir umgekehrt aufgeben müssen, um beim Reisen überlastet nicht zu werden, unnötig zerstreut zu werden, nutzlos Zeit nicht zu verlieren und unsere Kräfte nicht zu erschöpfen – ähnlich am geistigen Wege dürfen wir nicht sich interessieren um das, was uns auf dem Wege überflüssig Zeit und Kräfte für unsere Meditation und Studium nimmt. Das ist auch ein Lesen von geistlosen intellektuellen Schriften, weil die Summe unserer Zeit und Kräfte gegeben sind und unaufhaltsam sich die Aufrechnung nähert.

Für ein Modellieren der geistigen Entwicklung und des Strebens am besten passen die alten klassischen Methoden des Reisens: das Zufußgehen und das Reiten. Sie haben manche charakteristische gemeinsame Punkte, die wir sich besprechen zu versuchen.

Für touristisches Reisen entscheiden wir sich nach einer Information über die Möglichkeiten an diesen Weg zu gehen, von einer Existenz eines für uns interessanten Zielpunktes oder nachdem wir an sie wegen eines Einklanges der Umstände, bei zufälligem Zusammentreffen mit jemandem anstoßen, wer uns Informationen gibt– für den geistigen Weg ist entscheidend ein gegebener innerer Drang nach der Erkenntnis, nach der Wahrheitserkennung, nach Gott und ein Aufeinandertreffen mit den Menschen und den Büchern dergleichen Zielrichtung.

Wir haben für sie ein Impuls – meist von jemandem, wer uns von diesen Möglichkeiten etwas gesagt hat oder unsere Neugierigkeit oder eine Sucht nach neuer Erkenntnis, einen inneren Zug.

Informator uns gibt einige Basisinformationen, die einerseits unsere Interesse unterstützen, und andrerseits uns helfen, sich weiter zu entscheiden.

Wir müssen sich auf den Weg mit weiteren Informationen und Mitteln ausrüsten. Also die Bücher kaufen, die Vorträge oder jemanden, wer uns weitere Informationen geben kann, besuchen.

Die Einführung auf den Weg zur Weisheit

Wir müssen sich bei der Reise mit dem Gehen bemühen, die Reisegepäcke tragen. – am geistigen Wege uns können unnütze Unart, die Vorurteile, eine Faulheit, der Mangeln an dem Glauben in den Sinn unseres Bestrebens, hemmende emotionale und intellektuelle Bindungen, falscher Glauben, belasten.

Bei den beiden Reisen begegnen uns die Hindernisse, die wir durch ein Ausgeben der Energie überwältigen müssen.

Bei einem physischen Weg begegnen wir die Leute von verschiedenen Charakteren. Einige sind bereit und können uns zu helfen, die anderen uns irreführen, überfallen und sogar berauben, betrügen oder töten können, aber hauptsächlich an uns Geld verdienen. – Auch beim Suchen der Erkenntnis wir unterwegs wissentliche Betrügerei und dünkelhafte Menschen, auftretende wie wissende Spezialisten, antreffen. Dabei sie selbst wissen keine weder grundlegenden Schritte, erforderlichen für den richtigen Weg, weil sie die Gesetzlichkeiten des Bestrebens am geistigen Wege überhaupt nicht kennen und deshalb auch nicht begriffen haben. Sie haben nur etwas durchgelesen oder sie sich denken, dass ihnen vom „Lehrer" etwas übergegeben wurde und sie sind deshalb die „Ausersehenen", eingeweiht, aber in der Wirklichkeit das sind die dilettantischen Plappermaule.

Unterwegs haben wir verschiedene Erlebnisse, angenehme und auch ungemütliche, bis überraschende. Beim physischen Reisen wissen wir nicht, was uns hinter der Biegung, der nächsten Kurve des Gebirgssteges erwartet und wir sehen nicht, wie weit noch das Ziel ist. An dem touristischen Wege können wir sich Fotografie und Karten beschaffen – am geistigen Wege ist es das nicht so und weder nicht möglich, den Schülern nach vorn die Erlebnisse zu mitteilen, damit es zu ersetzen einer Fantasie und eines nachfolgenden Sturzes in Trugwahrnehmung oder bezihungsweise zu einem Spiel als ein sachkundiger Lehrer nicht käme. Erst nach dem Begreifen der Erlebnisse nach einer Zeit können wir die Richtigkeit des Weges, beschriebenen in den alten Schriften, oder angezeigten im Erlebnis oder vom Lehrer erkennen. Ein stufenweises Begreifen de Erlebnisses kann manche Jahre dauern,

Bei der physischen Reise müssen wir den Durst durch das Trinken von Quellbrunnen, die wir aussuchen müssen, überwältigen. – Geistig ist das die Unterstützung von denjenigen, die vor uns erfolgreich gegangen sind und übergeben uns ihre Erfahrungen in den Büchern und auch mit ihren persönlich übergebenen Erfahrungen sie uns stärken zum Glauben und zur Arbeit. Das Finden der Quellbrunnen ist die intuitive Erkenntnis, erhaltene durch Einfluss der Begnadigung nach dem rechtlichen Hinstreben.

Bei einem physischen Weg müssen wir unterwegs um unser Pferd sorgen, um es sich nicht verletzt, unterschreitet, füttern ihm, tränken es, um es uns in das Ziel zutrüge – am geistigen Wege ist das Pferd die unsere ganze Persönlichkeit. Wir müssen für sie mit dazugehöriger Lebensart sorgen und wir dürfen nicht sie überlasten, zu viel Kräfte und Zeit durch verschiedene Entbehrlichkeiten oder sogar schädliche Lebensart nicht ausgeben.

Die schönsten Erlebnisse sind in den Bergen, der Weg ist jedoch anstrengend und stellenweise sogar sehr. Er kann auch gefährlicher, als ein wenig anspruchsvoller Weg sein. Aber er kann uns größere Erlebnisse geben und manchmal zeitlich kürzer sein – am geistigen Wege ist ein Suchen eines sogenannten schnellen Weges irreführend. Es verstärkt eher das Ego und es führt dadurch also zum Widerspiel des Bestrebens. Die Wegschaffung der Hindernisse bei der Kenntnisnahme ist nicht einfach und schnell, weil sie in uns tief eingewurzelt sind und wir den Gewohnheiten und Vorurteilen unterliegen. Und das Befreien sich von ihnen verlangt viele Zeit und Mühe, viele Energie zum Umschmelzen.

Wir müssen sich bemühen, durch den Weg derart zu gehen, dass wir die Beziehungen zwischen verschiedenen Anforderungen des Weges berücksichtigen und unseren wirklichen Fähigkeiten ihnen entgegenzukommen zu können. An einer zu steilen Abkürzung können wir in einen Abgrund umstürzen, an einem zu langen Umweg wird nicht genug Zeit bis zur Tagende sein – am geistigen Wege bis zum Ende des Lebens oder der Geistesfähigkeiten vor dem Erreichen des Alters mit seinen negativen Folgerungen (die Senilität, die Krankheiten).

Auch das Tempo des Fortschreitens müssen wir richtig wählen. Ein zu langsames Schlendern uns verspätet, durch eine übermäßige Eile können wir sich abhetzen oder purzeln und abrutschen – auch am geistigen Wege gilt der Grundsatz einer Proportionalität der Anstrengung, wie es in diesem Buch im Kapitel um Ausbildung eingeführt ist.

Im Ziele einer touristischen Tour uns jedoch eine Schönheit wartet, die größer ist, als wir sich sie vorstellen konnten, weil eine Rundschau aus einem Berggipfel etwas ganz anderes Erlebnis, als ein Zuhören einer bloßen Erzählung oder ein Lesen einer Reisebeschreibung mit Fotografien, ist. – Das Erlebnis der Wahrheit ist etwas ganz anderes, als eine religiöse Illusion und ein grundloser blinder Glaube. Es ist unvorstellbar und unwiderlegbar. Es kann nicht mittels ein Willen, mittels eine Affirmation ausruft werden, oder von jemandem anderen bekommt werden.

Wenn wir glücklich die touristischen Zielpunkte erreichen wollen, müssen wir viele Bedingungen erfüllen. Wir dürfen nicht sich zu viel ohne Nöte einstellen, wir dürfen nicht in eine Kneipe einsinken, und dort sich betrinken, unseres Geld vergeuden und kostbare Zeit verlieren, die wir zur Verfügung für die Beendigung des Weges mithaben, anders wir an die Weiterreise weder Zeit, noch Geld nicht haben werden – am geistigen Wege ist dieses Gasthaus und das Betrinken ein Widmen sich den weltlichen Tätigkeiten, die uns vom Wege abführen und unsere geistig-geistliche Entwicklung bremsen, bis anhalten oder uns sogar zurück zum Fehlgehen führen. Es ist nötig, aus unseren Tätigkeiten die Entbehrlichkeiten entfernen, damit es genug Zeit und Energie für das geistlich-geistige Hinstreben (das Studium, die Übung der Konzentrationskraft, der Achtsamkeit und der Meditation) wäre.

Beim Reiten dürfen wir nicht unser Pferd mit den Zwecklosigkeiten überlasten, anders es sich zusammenstürzt und eingeht und wir können nicht den Zielpunkt erreichen. Wir dürfen nicht ihm auch übertriebene Freiheit geben, damit es uns nicht entflöhe oder nicht gestohlen würde – am geistigen Wege müssen wir auch sich so benehmen, damit wir durch ihn gesund im Leben schreiten könnten, unser Pferd ist die ganze unsere äußerliche Personalität.

Auf der Reise treffen wir verschiedene Menschen. Einige werden uns für viel Geld wertlose funkelnde Klunker anbieten, die anderen billig oder gratis die innerlich reichen Werten. Es ist nur an uns, was wir auswählen und mit wem wir sich befreunden. Demnach werden wir entweder reicher zum erfolgreichen Ende des Reisens, oder wir werden verelendet vor dem Schluss des Reisens, mit dem überlasteten Pferd, den Zielpunkt nicht erreichen können.

In diesem Buch wird für den Prozess des Suchens einer Kenntnisnahme das Wort „Weg" gebraucht, weil sein Ziel ist, eine relativ einfache Einleitung zum Anfang des wirklichen Bestrebens zu geben. Die Analogie zwischen der physischen Wanderung zu Fuß in den Bergen zum Gipfel und dem Suchen der Erkenntnisse ist wirklich sehr zutreffend.

Bei einem Bergwandern gehen wir anfangs auf den bequemen, breiten Wegen. Später ändern sie sich in enge, weniger markante Pfade, steile und zickzackförmige, fordernde größere Aufmerksamkeit, Vorsicht und Müher. Sie geben jedoch uns eine Belohnung mit größerem Reichtum von Erlebnissen über. Je näher zum Gipfel, umso weniger Raum ist bei dem Suchen der Pfade, umso größer ist jedoch die Rundschau, Originalität der Natur und umso näher ist das Ziel – der Gipfel. Am Ende sich schon die Stege heruntergehen und die letzten Schritte sind für alle Wandelnde ziemlich gleich – es ist der Aufstieg auf den Gipfel.

Bei dem Wege zur Erkenntnis, sei es intellektuell oder geistig, ist am Anfang ein müheloses Lesen von Büchern und ein Zuhören der Vorträge. Das ist der breite anfängliche grundlegende Weg (informative Fahrstraße). Er ist zugänglich für alle, die an ihn antreten wollen oder nach ihm in einem komfortablen Verkehrsmittel kommen. Das ist als eine Aussichtsterrasse auf einem bequemen touristischen Wege, gar bei einem Parkplatz.

Eine weitere Etappe, die mittlere, ein wirkliches Studium des Gehaltes der Mitteilung ist bereits schwieriger und die Teilnehmerzahl, die sich darum überhaupt um es versuchen, sich schnell verkleinert. Die übrigen sind zufrieden mit den äußeren, inhaltsleeren beschreibenden Ansichten, Ihrer Meinung nach, mit einer Kenntnis. Sie haben nicht genug Bildungstrieb für ein Erzielen des nächsten höheren Grades der Entwicklung der Erkenntnisse und des Fleißes. Das ist die vorherrschende Mehrheit der Population. Das ist die Analogie der Fußgänger mit touristischem Herumziehen durch Waldweg in einem Mittelgebirge.

Eine weitere Etappe, die höhere Bildung und das höhere Bestreben schon enthält bei dem intellektuellen Entwickeln beispielsweise eine Schulung an einer Hochschule, bei dem geistigen Entwickeln verschiedene Übungen der Aufmerksamkeit, der Konzentration,

Linderung des wilden Wirbelns der Gedanken. Das ist Analogie der Bergwanderung an den Pfaden und Stegen.

Der Spitzensport

Der Spitzensport uns kann auch als ein Modell für ein Begreifen bestimmter Umstände oder Gesetzlichkeiten unseres Hinstrebens für eine Erkenntnis dienen. Über die Methodik der Ausbildung von Muskeln wird in dem Kapitel „Methodik der Ausbildung" abhandelt. Hier bemerken wir nur ganzheitliche Bedingungen. Bis wohin jemand will ein Spitzensportler zu werden, an den sportgerechten Sportwettkämpfen mit einem Ziel der Europameister, Weltmeister, Olympionike zu werden, muss er sehr anspruchsvolle systematische Ausbildung unternehmen. Er widmet dazu viele Zeit und vieles Vermögen, wenn auch er ein Amateur ist. Es ist das ein wichtiger Teil des Lebens. Er muss diszipliniert sein und bestimmte Lebensweise und Trainingsplan streng befolgen. Er muss die Faulheit und oft auch Schmerz überwinden. Bei manchen Sporten riskiert er eine Verletzung, bei einigen auch das Leben. Er weiß, dass er neue Fähigkeiten gewinnen muss, oder die bisherigen an höchstes Niveau aufrollen, anders wird er nicht siegen.

Er muss fleißig unter den Instruktionen von seinem Trainer arbeiten, der die erforderlichen Gesetzlichkeiten kennt und auch die Erfahrungen aus der Zeit, wann er selbst als ein Sportler kämpfte, hat, der weiß, wie produktiv für die Sicherung der besten Entwicklung der Kenntnisse, der Eigenschaften und Fähigkeiten seines Pfleglings, zu trainieren. Er weiß, dass jeder Sportler sich selbst ändern muss, dass andere Menschen anstatt seiner springen, laufen usw. nicht können. Das alles ist allgemein bekannt und erkannt als selbstverständlich auch von den Menschen, die sind nicht nur Rennsportler, aber sporteln nicht obwohl überhaupt auch für eine Erholung.

Um ein Mensch verschiedene Arbeiten machen zu könnte, z. B. studieren und die Vorgänge usw. begreifen, muss er mittels des Investieren der eigenen Anstrengung in allen Bereichen des menschlichen Bestrebens gewisse Kräfte und Fähigkeiten entwickeln, damit er die Kräfte beherrschen könnte. Das ist ein von den Grundgesetzen des Lebens und der guten Entwicklung der Gesellschaft. Dazu er auch gewisse Erfahrungen braucht, ohne die er eine Spitzenleistung nicht abgeben könnt.

Im Gebiete der exoterischen, formellen Religionen jedoch wird das bisher allgemeinen anders begriffen. Die Leute glauben, dass die Verantwortung für ihre Akte die anderen Menschen übernehmen und dass sie ihnen ein Verzeihen ihrer Schulden auch einrichten, können. Der Glaube, dass über die ewige Erlösung nur primitiver oberflächlicher, mit Erfassung der Gesetze unbegründeter Glaube, anstelle eines notwendigen Umbauen des Lebens, der Akte, der Fähigkeiten und der Eigenschaften, angeworbenen mit Anstrengung im Bestreben beim Leben nach dem Gesetz der Liebe zu Gott, entscheidet. Sie glauben, dass eine einzige Tat, oftmals nur ein Wort, die Berge schlechter oder sogar verbrecherischer Akte wegwischen kann. Sie werden nicht bewusst, dass die Akte, die sie früher verübten, als eine Folge die langfristigen Leiden der beschädigten Menschen hatten und umso auch weiter eine langfristige Einstrahlung der Energie dieser Erlebnisse des Leidens arbeitet müssen. Sie arbeiten die lange Zeit im Leiden der beschädigten Leute und auch der Tieren, ja sogar wirklich länger, weil das Prinzip der Erhaltung der Energie immer gilt. Diese von den beschädigten Menschen ausgesendete Energie des Leidens ist eine absolut sichere Verpflichtung, eine Fessel, die sich zum Urheber als die Reaktion rückkehrt. Sie kann nicht mittels eines Eingriffes eines fernstehenden Menschen zerstört oder verändert werden. Sie kann wieder, gemäß den dazugehörigen Gesetzen, nur von dem Aussender umformt werden.

Die Leute glauben nicht und zur Kenntnis nicht nehmen, dass **wir ineinander eingelegte Aufgabe zum Entwickeln zur Erkenntnis und zur schöpferischen Tätigkeit an höherer Ebene haben.** Sie glauben nicht, dass wie die Naturgesetze unsere physikalische Arbeit sofort mit dazugehörigen Folgerungen bewerten, sowie auch genauso alle unsere andere Tätigkeit bewertet wird. Also auch die Gedanken, Gemüter und Akte. Das alles sind die Akten der Energie und darum auch verschiedene Ausstrahlungen wirken.

Es ist sehr einfältig diese Tatsachen zu vernachlässigen, und es bringt das Leiden. Der Glauben, dass es egal ist, wie wir handeln und denken, ist töricht und schädlich geradeso, wie das Umsteigen der bekannten Gesetze der Physik. Bei unseren Taten jedoch das oft länger dauert, bevor sich die notwendigen Folgerungen fertigmachen. Während bei den physikalischen Vorgängen das Ergebnis sofort sichtlich ist und wir ihn meist an einen jemanden andern schieben nicht können, bei einer karmischen Auswirkung es schon möglich ist, einen Schuldigen anderswo zu suchen. Das aber hilft nicht. Das ist reine leere Fantasie. Das Gesetz der Aktion und Reaktion doch arbeitet immer und ununterbrochen.

Eine Unkenntnis in dieser Richtung hat die Folge, dass die Menschen die erstehenden Umstände mit ihren vorigen Akten nicht verknüpfen und die Ereignisse, ungemütliche und auch angenehme, einem Zufall oder den anderen Menschen, zuschreiben.

Sogar sie sich daraus deduzieren sein Atheismus und Nihilismus. Weil nach ihrem Glauben die Welt anders aussehen zu sollte, und bis wohin ist solche, wie sie ist (ihnen gefällt es nicht, wie sie die anderen Menschen machen), dann kann kein gerechter Gott sein (er handeln nicht gemäß ihren Vorstellungen und „schwenkt nicht" sofort mit den Leuten, deren Handlung sich ihnen nicht gefällt). Sie sind überzeugt, dass sie richtige Ordnung herstellen mögen und sie auch versuchten oft in der Menschengeschichte das mithilfe der Diktaturen und Kriegen mit tragischen Folgen der Millionen Tote und Vernichtung gigantischer Gehalt, die ehrliche, bescheidene und arbeitswillige Leute, achtsame der ewigen Gesetze, von ihren langfristigen strebsam mit Arbeit und Opfern schufen, vorführten.

Bis wohin sich werden Leute auf diese Weise unverantwortlich benehmen, wird das Leiden des Menschentums kein Ende haben. Die ausgelieferte Energie des Bösen wird immer weiteres Leiden zeugen, weil es zu den Urhebern zurückkommen wird, und weitere Bedingungen für eine Entladung der Schulden laut des Gesetzes der Aktion und Reaktion – des Gesetzes des Rückstoßes – des Karmagesetzes – des Gesetzes der Anlässe und Folgen und des Gesetzes um Erhaltung der Energie, bilden wird. Die Leute, die ein Böse ausstreuten, werden zurückkehren, um die Früchte ihrer Taten ernten zu könnten und müssten. Diejenigen, die massakrierten, werden wiederholt ebendarum auch leiden und sterben müssen.

Weil wir im mentalen Gebiete nur die Energie, die wir selbst senden, zu beherrschen lehren müssen, wir können am besten das Leiden in der Welt dadurch verringern zu helfen, dass wir sich selbst gemäß den geistigen Gesetzen zu leben lernen, und so positiv auf eigene unmittelbare Umgebung zu wirken. Es ist unser einziger Wirkungsweg, wie wir die Welt zum Besseren ändern können. Keine Revolution hat es niemals eingerichtet und weder einrichten wird, bis wohin sie Verhaltensänderungen der Menschen im Sinne dargestellten Gesetze bedeuten nicht wird. Eine Revolution mit der physischen Gewalt immer die Verbrecher dazu anspricht, dass sie die Gelegenheiten zu ergreiffen versuchen, und meistens sie auch die Macht gewinnen.

Das Gleichnis mit dem Sport können wir noch mit folgender Bemerkung ergänzen. Bis wohin soll der Hochspringer die Latte überwinden, muss er über ihren richtigen Abstoß und ausführlich den ganzen Körper kontrollieren. Es genügt nicht, wenn über die Latte der Kopf und der Rumpf übergehen. Falls wird die Latte von der Ferse niedergeworfen haben, war erfolglos der ganze Sprung. So ist es auch mit dem geistigen Bestreben. Bis, wohin es wurde, nicht mit der Erkenntnis und mit der Beseitigung des Ego und seiner Schulden beendet, müssen wir sich nochmals in einer neuen Inkarnation bemühen, denn wir das Leiden und die Schulden abzahlen müssen.

Ähnlich ist es mit einem professionellen Fußballspieler. Bevor, als er überhaupt an einen Spielplatz schreiten kann, muss er mittels des Trainierens geeignete Eigenschaften und Fähigkeiten entwickeln. Wenn er ein Tor geben will, muss er seinem Ziele – dem Zug an das Tor – alle Teile der Schritte, des Dribbelns, der Vorlage, der Achtsamkeit zu seiner Umgebung und zu seiner Tätigkeit, unterstellen. Anders wird er obsiegen. Es genügt eine Kleinigkeit und es ist nach der Schanze. Dann muss er an eine weitere neue Schanze zu warten und sich nochmals bemühen zu beginnen, diesmal fehlerlos. Er muss sich mit einer großen Geduld und dem großen Anstreben ausrüsten. Anders er ein erfolgreicher Sportler niemals werden wird.

Ähnlich gilt es für den geistigen Weg. Das Anstreben, die Geduld, die Wahrhaftigkeit und die Folgerichtigkeit sind durchaus nötig. Nichts können wir mit einem Trick oder mit einer Simulation gewinnen.

Die Schule

Ein Modell der Schule und der Schulbildung kann uns zum besseren Begreifen des Lebens und zur Verbesserung der Beziehungen zwischen verschiedenen Schichten der Leute oder sogar zwischen Nationen und Kulturen, dienen. In dem Annäherungsvorgang der Problematik der geistigen Erkennung dann das Modell der Schule besonders eine große Prägnanz hat, und somit für sinnige Menschen auch, besonders am Anfang, eine große Belehrung gibt. An dem Hinstreben in der geistigen Erkennung dann in der Verbindung mit anderen Erkenntnissen über Selbsterziehung (siehe das Kapitel von den Lehrern), es ganz andere Einblicke gibt, als die üblichen, bisherigen, weitverbreiteten sind.

Das Leben selbst ist für die meisten Leute eine große Schule. Die Natur nicht nur mit ihren Geschenken, sondern auch mit den Anforderungen und mit der Wirksamkeit, manchmal sehr hart und bedrohend, als sind die Wechsel der Jahreszeit oder die Naturkatastrophen, zwingt den Menschen die Erfahrungen sich zu merken, die Gesetzlichkeit zu deduzieren und nachfolgend die Erkenntnisse, die Beistellungen und die Mittel zum Schutz, zur Rettung oder für angenehme und nützliche Entwicklung zu ausgestalten. Sie zwingt auch die Mittel gegen die Einwirkung des Bösen mancher Menschen und ihren Gesellschaften (die Kriege, das Verbrechen) erzeugen. Diese zusammengefassten Erkenntnisse dann die fähigen Menschen der jungen sich entwickelnden Generation in der Form einer Erziehung, Bildung und Schulung übergaben.

In allen Nationen auftraten immer die Menschen, die die übrigen mit ihren Fähigkeiten von dem Betrachten, dem Suchen der Zusammenhänge und Gesetzlichkeiten, dem Deduzieren, dem Bilden der befruchtenden Verschlüsse und nachfolgenden Vorsorgen übersteigen. Dank ihrer Interesse und Fleiß versammelten sie das Wissen und die Behändigkeit. Sie sind die Gestalter des örtlichen Typs der Kultur und der Zivilisation geworden, eventuell sie einen umfangreichen Einfluss, bis weltweitenm hatten. Sie sind in die Geschichte als Riesen, an die man erinnert, eingegangen.

Mit der wachsenden Verbindung der Welt durch die Informationen mittels der entwickelten Technologien hat eine Vorhand das euro-amerikanische Schulsystem gewonnen und weiter dehnt sich in die sonstigen Erdteile bei einer gleichzeitigen Koppelung mit den lokalen kulturellen Traditionen. Sein Grundriss sind die Abstufung der Bildung und Ausbildung gemäß dem Alter, der Begabung, den Fähigkeiten, den bisher erzielten Stufen der Entwicklung der Persönlichkeiten der Menschen und die Normativität der Bildung in dem Grundteil in der sog. Grundausbildung. Weiter ist das die parallel laufende Zielrichtung der Bildung der Spezialisten nach dem schmalen Gehalt – der Fachlichkeit.

In den modernen, wirtschaftlich hoch entwickelten Ländern, ist eine Grundbildung verpflichtet geworden. Der Grundinhalt der Bildung soll allgemeine Studierfähigkeit, die Kenntnisse und Fähigkeiten einer gegenseitigen verständlichen Kommunikation mittels der Aneignung der Normen eines Wechselverkehrs der Menschen der gegebenen Region und auch der ganzen Welt, die Entwicklung der grundlegenden Potenzialitäten der Logik und des Gedächtnisses, das Entwickeln einer Potenzialität des Orientierens in der organisierten Gesellschaft und der Fähigkeit mit Bewusstheit sich in sie Gestaltungsweise einschalten zu sichern. Der Mensch soll gesund und hinsichtlich zur nächsten Umgebung und zu der ganzen Gesellschaft leben, sich um sich selbst in üblichen Sachen des Lebens zu kümmern und verantwortlich neue Generation erziehen zu lehren, zu wissen.

Weiter ist eine sehr wichtige Aufgabe des grundlegenden Unterrichtswesens das Entwickeln der fundamentalen körperlichen und geistigen Fähigkeiten und Fertigkeiten, notwendigen für den Lebensunterhalt und die Einordnung sich in die Gesellschaft. Weitere Grade des Ausbildens sollen ermöglichen den fleißigen und fähigen Einzelpersonen eine höhere allgemeine auch fachmännische Bildung mittels des Systems der Mittel- und Hochschulen und anderen anschließenden Weisen der Bildung für diejenigen begabtesten und fleißigsten Spitzenfachleuten.

Während der Jahrhunderte sich entwickelten die verschiedenen Schulsysteme, die einerseits als Grundlage der Bildung akzeptiert sind und - andererseits wie ein Aufbau für diejenigen, die mehr zu wissen und können wollen oder benötigen, und dazu den Willen, das Fleiß, die Intelligenz und die Fähigkeiten haben. Ähnlich, wie sich schulmäßig die Bildung der Fähigkeiten des wachsenden Kinds entwickelt, abwickeln sich die durchschnittlichen Fähigkeiten der Menschen auf der Erde mit der Entwicklung der ganzen Gesellschaft.

Früher war eine Bildung das Privilegium für enge Grüppchen der Menschen. Dank der Entwicklung der Ökonomik und der Technik der Informationstechnologien wird eine Bildung das Eigentum zugänglicher der breiten Öffentlichkeit. Dauernd jedoch gilt eine grundlegende Wahrheit: das alles kann voll nur die Einzelperson nutzen, die es will, und strebt sich.

Für die übrigen, die „toten Geistern", ist die Schule eine unangenehme Belastung und ein Ballast, denen sie missachten. Und falls sie im Leben eine politische oder ökonomische Macht erzielen, bemühen sie sich die erzieherische ausbildende Wirkung der Schulen gemäß ihren individuellen primitiven Vorstellungen zu beschneiden. Doch finanziell reich können sie auch so, ohne eine Bildung, obwohl durch das Verbrechen oder mittels einer Mitgliedschaft in den herrschenden Gruppen der Diktaturen (also andere Form vom Verbrechen) werden und sie hassen die gebildeten Menschen. In einer modernen humanistischen Gesellschaft können sie sogar ohne Arbeit aus einer sozialen Unterstützung oder aus dem Verbrechen ganze Generationen dieser Menschengruppen leben. Und es ist paradox, dass für diese Lebensweise, anstelle einer Dankbarkeit, hassen sie die, die auf sie arbeiten, die der Arbeit viele Zeit und Energie widmen, und ihnen die Resultate Ihres Bestrebens (aus Steuern) und aufgewandter Mühe die Unterstützung anbieten. Sie stören durch ihr Verhandeln die Demokratie und streben nach verschiedenen Diktaturen mit tragischen Folgen bei denen sie ihre Ernährer sogar im blinden Hass und Neid töten.

Zu einem Motor der Bildung und Selbsterziehung muss ein Drang nach der Erkenntnis, die Arbeitsamkeit und die Bewusstheit einer Zusammengehörigkeit mit den anderen Gliedern der Gesellschaft und die gemeinsame Verantwortung werden. Anders von einer „Bildung" nur ein Flitterglanz wird, aus dem wird nur ein Kapital herausgeschlagen, anstelle einer schöpferischen Arbeit für die Entwicklung der Gesellschaft. Man sättigt dadurch nur eine Eitelkeit und Überordnungsgefühl derselben Pseudogebildeten, die haben zwar irgendeine Fachbildung (ein Zeugnis), aber ihre soziale und menschliche philosophische Verständigung ist klein oder kein. Sie Verlangen nur einen hohen Lohn und gesellschaftliche Vorteile, aber als ein Bestandteil der Menschheit mit einer kollektiven Verantwortung fühlen sie sich nicht. Deshalb sie auch die Bildung fingieren und Betrügereien mit den Zeugnissen und Dekreten machen. Sie erkennen keine Bildung.

Es gibt viele Leute, die richtige Ausbildung verachten, sich zu bemühen etwas zu erlernen faul sind, aber sie wollen schweres Geld und eine große Mach haben, eingebrachte wie immer, auch durch verschiedene Betrügen mit den Dokumenten über eine Bildung ohne Mühe, ohne Fleiß, Disziplin und Verantwortung, die es beim wirklichen Studium notwendig zu anwenden ist. Diese Leute den Unterschied zwischen dem Denken eines wirklich gebildeten Menschen und dem pseudogebildeten oder sogar ungebildeten Betrüger weder begreifen noch verstehen können. Sie vergleichen nur partikulare und primitive, von ihnen gesehene Effekte, während von den höheren und anspruchsvollen weder noch meist wissen nicht wollen und deshalb auch nicht können.

Alle frei gelegten Kenntnisse und Früchte der Kultur jedoch sind von der Menschheit allgemein nicht so benützt, wie sie benützt werden könnten und wie es von Nutzen wäre. Die Ursachen können verschieden sein. Sie sind die äußeren und die inneren.

Eine von den äußeren Ursachen ist die mangelhaft zugängliche Bildung. Der Großteil der Menschheit lebt in solchen Bedingungen, in denen ist nicht für alle talentierten Glieder der Gesellschaft eine gleich zugängliche Bildung, entsprechende ihren Fähigkeiten, zugänglich. Es ist beeinflusst einerseits von den politischen und wirtschaftlichen Verhältnissen und andererseits von den kulturellen und religiösen Traditionen der betreffenden Landschaften, übelwollenden eine allgemeine Bildung aller Mitglieder der Gesellschaft darum, dass die Macht die Regierungen halten, die wenig fähig, aber derzeit gesellschaftlich mächtig sind.

Als eine Bildung ansieht man oft eine „Kenntnis" irgendwelcher dogmatischen Normen ohne Bezug zum Nutzen für die gesamte Gesellschaft und zu den wirklichen wissenschaftlichen oder geistigen Erkenntnissen. Solche Bildung soll in dieser Umgebung nur zum Erzielen einer gesellschaftlichen Stellung, zur Erhaltung der Macht und des Gelds helfen, keineswegs zur Wertschöpfung für die Gesellschaft. Eine solche „Bildung" dann ermöglicht verschiedenes Verbrechen zu verüben, wird eine Bremse der gesunden Entwicklung der Menschheit und die Ursache eines Leidens und der Schäden für die gesamte Gesellschaft. Das verursacht der Entwicklung der Gesellschaft anstelle einer Prosperität große Schaden und an der Arbeit der Gesellschaft parasitiert. Ein Muster für solche Handlung war die Rechtsordnung und das Schulwesen der kommunistischen, nazistischen und anderen Diktaturen und dogmatischer Systeme, wann über die Aufnahme auf die Schulen entscheiden nicht die Begabung und die Fähigkeiten, sondern, gegebenenfalls vor allem, die Zugehörigkeit zu einer diktierenden Gruppe.

Die inneren Ursachen sind von den einzelnen Personen abhängig. Gegen manchen von ihnen kann man nur schwer kämpfen, weil sie von den Grundfähigkeiten, den Unfähigkeiten und der Eigenschaften der Leute gegeben sind. Falls jemand einer einfacheren Begründung oder nicht genügend mental entwickelt ist, falls er kein Interesse hat oder er kann nicht studieren so, damit er sein Gesichtskreis verbreitet, weil er keine erforderlichen elementaren Fähigkeiten hat, kann man damit wenig zu tun. In dieser Richtung sind ein Unglück für die gegebene Gesellschaft die scheinbar demokratischen Systeme (gemäß der Werbungen, die sie sich selbst tun und gemäß dem, wie sie scheinen demokratisch durch Versprechungen über die bereitete Änderung für die Mehrheit der Menschen), die verkennen Unterschied zwischen den Fähigkeiten und persönlichen Voraussetzungen der einzelnen Menschen, unterdrücken natürliche Entwicklung der Begabung mit diktatorischen Methoden und einschränken eine Entwicklung der Begabung den Leuten aus einer bestimmten gesellschaftlichen Gruppe. So war das in allen kommunistischen Staaten des zwanzigsten Jahrhunderts und in ähnlichen Diktaturen der Vergangenheit und auch des Beiseins. (Das kommunistische von Makarenko: „Es sind keine schlechten Schüler, sind nur die schlechten Lehrer")

Im Hintergrund dieser Umständen immer, anstelle einer fingierten Demokratisierung, nur die Sucht der Unfähigen nach dem Verhalten der Macht und der Neid, waren. Deshalb sie beseitigten die fähigeren Menschen aus der Konkurrenz, damit sie mit ihnen und ihrer Komplizen vergleichen nicht würden. Sie setzen solche selektive Kriterien auf, damit die Menschen, zwar weniger fähigere oder ganz unfähige, aber treue Lakaien der gegebenen Diktatur, herrschen könnten. Das Ergebnis war immer der Verfall der ganzen Gesellschaft in allen Richtungen und massenhafte Kriminalität der Einzelwesen und der Institutionen des gesamten Staates unter dem Deckmantel der Gesetzlichkeit.

Die kleine Ausnutzung der Früchte der menschlichen Entdeckungen und Bekanntheiten oder jenseits ihr Missbrauch, hat oft zur Folge die unzureichende mangelhafte Informiertheit und die aus ihr dahin gehende Vorurteile, haftenden an einem Irrtum und Dogma, angeworbenen im Kindesalter oder an einer Unterschätzung der Gültigkeit der Gesetze des Lebens. Viele Menschen sind über einigen

Fachrichtungen überzeugt, dass sie für sie unzugänglich sind, dass sie für diese keine Voraussetzungen haben, weil sie sich bisher mit einer Heimlichkeit, mit einem Verstecken oder mit der Täuschung oder einer unsachgemäßen Einstellung der Informatoren trafen. Für die Menschen von diesen Gruppen ist oft eine Überraschung, wenn sie sich mit den neuen Informationen über die Sache, die ihnen die Problematik aus anderer Ansicht erweisen, ohne ein Dogma und unaufrichtige Vernebelung, also ihnen die Möglichkeit des Begreifens und der Fortbildung zu öffnen, treffen.

Gerade auf dem Gebiet der höheren geistigen und geistlichen Entwicklung gilt das vorwiegend. Deshalb versucht der Verfasser in diesem Buche zu hinweisen, dass man kann, auch auf diesem Gebiete die fortschreitenden Methoden, bisher gebrauchten in anderen Bereichen des menschlichen Bestrebens, benutzen. Ist das als in der Schule. Einmal begriffene kleine Problematik, hierarchisch niedrige, eröffnet die Möglichkeiten zum Begreifen einer größerer Problematik, hierarchisch höheren, komplexen, allgemeineren. Es ist nicht nur dadurch, dass schon einige Informationen übergeben wurden. Das Wesentlichere ist das, dass **dank dem Anstreben, der verwandten Mühe und dadurch eingelegter Energie sich dem Studierenden entwickelten neue Fähigkeiten und Eigenschaften.** Sie geben von diesem Zeitpunkt des Begreifens eine ständig neue Ausgangsbasis für alle Fälle des weiteren Hinstrebens und höhere Möglichkeiten für irgendeine Arbeit, die gegebenen Fähigkeiten fordernde und entwickelnde.

Stein nach Stein (Informationen), Mörtel zu Mörtel (Begreifen und das Entwickeln von neuen Fähigkeiten), so baut man das Gebäude der Erkennung. Vom einfacheren, oberflächlicheren, speziellen, durch weitere Bemühung um ein Begreifen zum komplizierteren, tieferen, allgemeineren. Es ist notwendig zu wollen und sich zu bemühen, aber auf ordentliche Weise. Ohne die Investitionen ist es ganz unmöglich, zu einem Fortschritt in der menschlichen Tätigkeit zu kommen.

Auch in der Lotterie ist es notwendig, sich am Anfang ein Los zu kaufen. Nach der Losziehung müssen wir sich die Gewinnliste anlesen. Und dann, im Falle eines Gewinnes, müssen wir sich um seine Aufhebung und Bewertung kümmern. Anders werden wir das Geld verlieren.

Gleich ist es mit den Gelegenheiten, die wir in unserem Leben begegnen und mit den Aufgaben, vor die uns das Leben stellt. Es ist an uns, wie wir sie aus verschiedenen Standpunkten (die Ethik, die Nützlichkeit, die Zugänglichkeit oder die Schädlichkeit für uns und unsere Umgebung, die Perspektivität etc.) bewerten, ob wir sie anfassen und mit der Aufwendung der Energie, der sich abwickelnden Kunst und Geduld wir weiter fortschreiten werden, und oder ob wir sie für wirkliche oder angebliche Mangelhaftigkeit, Nutzlosigkeit oder aus einfacher Faulheit oder Voreingenommenheit verwerfen. Das Nähere ist im Kapitel über die Ausbildung und das Lernen besprochen.

Das Modell der Schule hat für unsere Überlegungen seine Bedeutung nicht nur im Bereich des Begreifens der Notwendigkeit einer Hierarchie, in den Folgen der Bildung, sondern auch im psychologischen Gebiet des Zugriffs zu den anderen Leuten von verschieden Ebenen oder der Arten des Wissens. Ein reifer gebildeter Schüler der oberen Schulklassen, sich ausdehnt nicht über die Schüler der niedrigeren Klassen, weil er weiß, dass das, was er schon kennt, sie werden sich lernen später, sobald sie in der niederen Klasse heranreifen werden und schreiten ab in die höhere mit einer neuen Lernfüllung und Methodik. Und manche es werden besser verstehen als er.

Andererseits soll er nicht, weder verachten die Weiterbildung, dass diese nichts wert ist, wenn er darüber ohne Kenntnisnahme mit ihrer Gehalt, mit den Zielen und Methoden auch nicht verstehen nicht kann, um das Recht das beurteilen zu haben. Er kann auch nichts wissen, was er im zukünftigen Leben dazu brauchen wird, um das, was ist vor ihn gestellt, beherrschen in gegebenen Situationen möglichst gut wird. Und vor allem kann er nicht neue Fähigkeiten, durch die Ausbildung erworbenen begreifen und bewerten, bis wohin er selbst durch diese Ausbildung nicht durchgegangen ist. Nur ein notorischer Tölpel, Faulenzer und Gernegroß verachtet das Bilden und auch die Bildung mit den Worten, dass er es brauchen nicht wird, dass die Schule Überflüssigkeiten lehrt. Beim Ausharren an dieser Dummheit selbstverständlich er weder nicht ahnen wird, dass, wenn es hätte es gekonnt, könnte er die Arbeit besser machen.

Ebenso aburteilt nicht ein verständiger Mensch die Lehrgegenstände, die ihn unterhalten nicht, als unnützlich und belastend. Wenn ein Absolvent einer Gewerbeschule erklärt die Hochschulbildung für überflüssig, weil er „in den Sack steckt" einen Ingenieur, er gibt sich selbst das Zeugnis eines dünkelhaften Menschen und eines Ignorantes. Er weist nichts von dem Inhalt mancher Gegenstände, aus denen musste der zukünftige Ingenieur die Prüfungen machen. Diese Gegenstände ihm geben nicht nur das Wissen in der Form der Daten, die er auswendig lernen soll, sondern, und es **ist das wichtigste, zwingen ihn zum Nachdenken und zur Bildung der Fähigkeiten einer Bildlichkeit, Abstraktion, Logik, des Begreifens der Zusammenhänge und Bedingtheit. Das Begreifen einer allgemeineren Gesetzlichkeit und der Wechselbeziehungen.** Sie geben ihm auch praktische Erfahrungen und die Geschicklichkeit, erworben an den Seminaren.

Weiter ihm eine Kampffähigkeit, die Geduld und den Mut liefern, weil er ungefähr fünfzigmal zum Examen aus verschiedenen Gegenständen zu gehen und das zu beweisen muss, was er sich beigebracht hat, wie er es begriffen hat und wie er sich weiter entwickelte. Erst das aus ihm einen Menschen tun wird, der bekriegen kann und auf der Basis des Begreifens der Gesetze und Funktionalität bilden kann. Er arbeitet nicht nur schablonenmäßig, als ist es her an der Mittelschulebene der fachlichen Schulung zum Benutzen der Handbücher und Beschreibungen der Formeln oder heutzutage nur zum Klicken des Druckknopfes der Rechnermaus oder der Tastatur.

Das Begreifen von Prinzipien und Gesetzlichkeiten dient zu den Problemlösungen besser, als bloße praktische Erfahrungen, weil es ermöglicht, verschiedene Folgerungen unserer Taten im breiten Zusammenhang und Bedingungen vorauszusehen. Er stützt sich nicht nur um Erfahrungen von Fehlschlägen bis Malheuren für eine Unkenntnis der Prinzipien.

In eine falsche Ebene des „Begreifens" einer Bedeutung der wirklichen Bildung gehören die Vorschläge der „humanistisch" gerichteten Menschen, die an den Schulen die Ausbildung und speziell die Prüfungen aus der Mathematik und der Physik zu abstellen wollen, weil „sie sie nie brauchen". Sie akzeptieren nicht, dass daran seine Schuld, ihre innere Faulheit und große Einbildung auf eigene „humanistische" Orientierung, eine Unfähigkeit seine Logik zu erziehen, die Begriffsbildung und das Begreifen der Naturgesetze zu begreifen, hat. Sie Verkennen das Wissen und die Fähigkeiten anderer Menschen und überschätzen die ihren. Doch jeder verwendet nur diejenigen Eigenschaften, Fähigkeiten, Vorstellungen und den Glauben, die er wirklich hat. Die Situationen, an die er durch die Erziehung, das Wissen oder die Erfahrungen nicht vorbereitet ist, kann er richtig oder überhaupt nicht beherrschen. Und an die Unkenntnis der Natur- und Gesellschaft-Gestze zählt er nach und mit ihm auch oft die Umgebung. Die Unkenntnis rechtfertigt nicht und zahlt man für sie immer. Auch mit dem eigenen Leben oder mit den Leben der Mitfahrer. Beispielsweise die Unkenntnis des Gesetzes über die Reibung und die Autofahrt. Hier die humanistische Arroganz hilft nicht.

Die Gesetzlichkeiten, die sie missachten, arbeiten vorbei ihnen immer und ununterbrochen. Falls sie keine Kenntnisse der Mathematik oder Physik haben, sie verkennen nicht, dass man ein Problem mit den Kenntnissen und Fähigkeiten besser auflösen kann, die kann das Studium Mathematik und Physik geben. Durch die Erklärung zum Nichtlehren der Mathematik und Physik darum, dass sie die Mathematik nicht brauchen, geben sie sich so selbst ein Zeugnis nicht nur über einem Niveau ihrer Bildung, sondern auch über das Niveau ihrer Arbeit und über Geringschätzung der höheren oder einfach anderen Bildung, als sie selbst haben. Solche Leute in höheren Funktionen sind für die Umgebung unangenehme, bis gefährliche Partner und eine Bremse der gesunden Entwicklung der Umgebung und der Gesellschaft. Sie untergraben Initiative der Untergeordneten, weil sie falsche Qualifizierung der Partner und ihrer Bildung machen. Die Ungebildeten können nur schlechte Schätzung der Bildung der Anderen machen.

Die Physik uns fortwährend umgibt. Wenn die Menschen wirklich wüssten, wenigstens die Grundkenntnisse über die Reibung und die zentrifugale oder Trägheitskraft, könnten sich vermindern viele Autohavarien in den Wegbiegungen oder viele Anstöße der gegen sich vorausfahrenden Fahrzeuge. Auch diese Menschen können nicht über einen Gipfel der Steigung mit Bahnkurve zu schnell fahren, da sie dann könnten wissen, dass in dem oberen vertikalen Bogen der Steigung ihnen die Adhäsion zwischen den Rädern des Fahrzeugs und der Fahrstraße (ein Gefühl, dass der Berg uns aufwärts auswirft – Wirkung der Trägheitskraft) durch den Einfluss der gesenkten Adhäsion sich verkleinert, entweder der Bremsweg verlängert, wenn wir nach dem Ausfahren an den Berg ein Hindernis sehen, und wenn wir brauchen bremsen, oder im waagrechten Bogen die Adhäsion für die Übertragung der Zentrifugalkraft fehlt. Es kommt dann entweder zum

Verlassen der Fahrstraße oder zum Hineinfahren in die Gegenrichtung mit katastrophalen Folgerungen für alle Teilnehmer, ordentlich fahrende in der Gegenrichtung. Und das sich in der Gegenwart betrifft jeden Menschen, der lenkt irgendein Fahrzeug, sei es der Kraftwagen oder ein Motorrad oder Fahrrad!

Beide angegebenen Unfälle sind sehr häufig. Die Berichte über diese Havarien sind fast täglich zu anmerken im Fernsehen. Meistens stammen sie gerade aus dem Verachten der Naturgesetze von den dünkelhaften Menschen, die sich denken, dass für die Lenkung eines Kraftwagens ihnen genügt, denn sie sind bei Geld, um einen leistungsfähigen, starken Kraftwagen zu kaufen und, drehen mit dem Lenkrad zu wissen, an die Bremse und Gaspedal zu treten. Die tragischen Folgen dieses Primitivismus sind an alltäglicher Ordnung mit den Folgen der schwierigen Verletzungen, Verkrüpplungen und gar des Todes, oft der unschuldigen Menschen, die richtig fuhren oder in Ordnung auf dem Gehsteig gingen. Das größte Beispiel dieser erweiterten Dummheiten sind alljährlich die sich wiederholenden Unfälle bei der Entstehung des Glatteises am Winterbeginn oder bei einem Regenfall. Zugleich jedes größere Kind weiß das, dass wenn es zu frieren beginnt, so wird das Wasser ein glattes Eis.

Die klügste Handlung eines Schulkindes ist solche, dass es die Aufgaben seines Jahrganges löst, strebt sich um das, nicht nur das Wissen zu abgewinnen, aber vor allem die Fähigkeiten, die ihm eine Lösung der Aufgaben, die vor ihn stellt, steigert und über die künftigen Jahrgänge sich sorgt nicht, weil er weiß, dass **darauf inzwischen nicht hat, aber dass ihn die Pädagogen systematisch zur Weiterentwicklung führen, bis wohin er allerdings abhorchen und sich bemühen, an sich selbst arbeiten wird.**

Das gilt auch in vollem Umfang am geistigen Wege. Hier ist es nicht möglich zu überholen genauso, wie es nicht in der Schule zu machen geht. Anders sind die Ergebnisse schlecht und in ihren Folgen schädlich. Und ein Qualifizieren auf diesem Gebiet ohne die zuständige vergangene dazugehörige Bildung und ohne die praktischen Erfahrungen ist durchaus abwegig. Trotzdem sich das gestatten ziemlich große Menge von Leuten. Auf diesem Gebiete sich die Menschen fühlen berechtigt seine Gerichte ohne eine irgendwelche Begrenzung zu vortragen. Oft sie sich beziehen zum sogenannten gesunden Bauerverstand, ohne dass sie ihn sachlich definieren könnten. Für den gesunden einzigartigen Verstand nämlich halten sie den ihren eigenen.

Die aufgeführten Überlegungen arbeiten mit den statistischen Vorstellungen davon, dass es sich um durchschnittliche, übliche Studienfälle handelt. Es ist natürlich möglich, dass unter gewissen Umständen absolvieren die Hochschule auch nur mechanisch, ohne das Nachdenken die memorierenden Typen der Menschen, die haben nicht die angesprochenen Eigenschaften, und deshalb in Wirklichkeit sie aus dem Begriff des richtigen Absolventen des gegebenen Fachbereiches im gegebenen Fachbereich üblichen ausscheren, trotzdem sie ein Titel haben.

Sie gewannen oft gegebenenfalls die Zeugnisse auf andere Weise, als ist das Studium mit den Prüfungen (beispielsweise die Diktaturen hinführen arrangieren, dass ihre Exponenten erhalten die Titel gratis oder über bewusste Vorlegung eines fremden Werkes). Die solche „Absolventen" dann unrechtmäßig als Fachmänner aufsteigen, trotzdem sie eine wirklich hochwertige fachkundige schöpferische Arbeit zu machen unfähig sind, weil sie nicht die Gesetzlichkeiten des Fachbereiches kennen und sie sich beim Studium die erforderlichen Eigenschaften entwickelt nicht haben, weder haben sie nicht die von den Schulen vermittelten Erfahrungen.

. Diese Erscheinung gilt für alle Schulen ohne Unterschied. Es ist nicht ein Absolvent wie jeder Absolvent und das Absolutorium und der Titel müssen nicht über die wahren Fähigkeiten und eine Behändigkeit viel aussagen. Das Zeugnis und der Titel geben nur eine statistische Hoffnung auf. Die Wahrheit später erst das Leben und die Praxis zeigt.

Es ist durchaus paradox, dass die Menschen, deren Logik, Vorstellungsvermögen und System des Denkens sind an so niedrigem Niveau, dass sie weder den Dreisatz für die Ähnlichkeit von zwei Dreiecken zusammenstellen nicht kennen und doch sie sprechen, qualifizieren und kritisieren auf den abstrakten Gebieten, als die Religion, das Yoga, die praktische Psychologie, die internationale Politik, die Welt Ökologie usw. sind.

Sie auftreten wie ein Schüler z. B. der dritten Klasse der Volksschule, der hört etwas über die Differenzialrechnung und ausruft, dass das irgendeine hochtrabende Gerede von den Professoren der Mathematik ist. Er schon doch kennt die Mathematik, weil er addieren, abziehen, multiplizieren und dividieren kann. Mehr benötigt er nicht. Wenn er aber weiter rechtlich studieren wird, bis er erkennt und verstehen wird, was sind die Potenz, die Gleichungen und ihre Wurzeln, ihr System, die Kurve und ihre Tangente und Krümmung, die Funktion und ihr Zuwachs, das Maximum und Minimum, die Differenz, der Grenzwert, das Differenzial, die Derivation, das Integral, dann wird er verstehen, dass die Differenzialrechnung das Grundinstrument bei der Lösung der Aufgaben der exakten Naturwissenschaften ist und er kann dieselben Potenzialitäten selbst an einer hohen Ebene und immer benutzen.

Genau dasselbe oder vielleicht noch mehr, gilt von der geistigen und geistigen Bildung. Auch dort aufsteigen als Fachmänner die Menschen, die sich etwas durchgelesen haben und etwas glauben, machten sich ihre Vorstellungen, denen sie glauben ohne dass Begriffen des inneren Kernes und der äußeren Bedingtheit, ohne beispielsweise die Kriterien der geistigen Ethik und Liebe zu Wahrheit zu erfüllen. Si haben keine Erfahrungen und Erlebnisse ihrer wirklichen Verschiebung in der Kenntnisnahme. Trotzdem geben sie eine Schulung, für die sich oft nicht unbedeutendes Geld kassieren und verleiten die suchenden Menschen an blinde Wege des unsinnigen Bestrebens oder nur förmlicher Verhaltung. Wenn sie mit ihrer Tätigkeit nur an dem intellektuellen Niveau geblieben sind, wenn sie in den richtigen Meditationen genug von Zeit nicht verlebten, nicht die Veränderungen der persönlichen Fähigkeiten und der Eigenschaften nicht erzielt haben, wenn sie die Abstufung jeder Entwicklung missverstanden und sie nicht die Intuition zum Begreifen der Lehre bekamen, können sie nicht gute Lehrer am höheren Wege der geistigen Kenntnisnahme werden. Es ist eine Frage, ob sie überhaupt etwas, was man als einen Lehrer schätzen kann, sein können.

Wenn sie allgemeine Anleitungen ohne Rücksicht auf den jetzigen Zustand des Schülers geben und sind nicht wirklich in der Entwicklung vor dem Schüler, dann sind sie die Scharlatans und ihre Anleitungen können fehlerhaft, bis schädlich sein. Zu einer Schade reicht das, dass sie dem Schüler niedrigere Rate gaben, als entspricht seinem anwesenden Stand der Entwicklung oder umgekehrt höhere, die er infolge des Mangels an der vorläufigen Vorbereitung bewältigen nicht kann. Dann können sie ihm sehr dadurch schaden, dass er keine Ergebnisse hat und er erstarrt und später verliert eine Hoffnung und Lust zur Arbeit in einer Vermutung, dass der Weg eine Täuschung ist, dass es eine vergebliche Bemühung ist.

Ohne eine Meisterung des Geistes und dazugehöriger Änderungen in der Persönlichkeit, ohne die Entwicklung der vollen Aufmerksamkeit ist ihr Begreifen auf diesem Gebiet sehr weit von dem wahrhaftigen, weil es mit der Intuition – Begreifen des Kernes, nicht begründet ist. Sie Bewegen sich fortwährend nur in der Ebene der Modelle – begrenzten, oberflächlichen, unvollständig beschreibenden Vorstellungen des Intellekts, der Eitelkeit des Egos und des grundlosen Glaubens. Sie durchgehen nicht jene Neugestaltung, den Erlebnis der Wirklichkeit, wenn sie stufenweise erkennen, dass alles anders ist, als sie früher gedacht haben. Und wirklich alles, aber im tiefen Wesen und nicht im Anstrich der Oberfläche.

Jeder muss die Gesetzlichkeit selbst als ein Erlebnis begreifen. Er kann sie mittels eines dumpfen Memorierens verschiedener Beschreibungen von anderen Menschen nicht anlernen. Die Erkenntnis sich lässt weder mittels einer Autosuggestion über eine eigene Perfektion und Reifestand nicht erzielen. Anders spielt er eine Komödie voran nur für sich und dann für die anderen. Und das Theater kann zwar die Vorgänge des Lebens formal beschreiben, darstellen, aber das ist nicht doch ein Erlebnis der Wirklichkeit! Es ist das nur eine Abbildung, immer unvollständig und von vielen persönlichen Deformationen aller Teilnehmer beeinflusst. Nicht nur der Autoren, Schauspielern, Regisseure, aber auch der allen Zuschauer.

Eine Schulbildung und das geistige Bestreben sind sich in manchem näher, als sich die Leute üblich denken, aber in einer anderen Rücksicht, auch sehr entfernt. Auch bei der Schulbildung arbeitet man nebenbei des Intellektes (der Logik, des Vorstellungsvermögen, des Gedächtnis) auch mit dem Glauben. Die Schüler den Lehrern glauben, dass das, was sie ihnen übergeben, wahrhaftig ist, und deshalb sie es von ihren annehmen. Sie glauben, dass wenn sie instruktionsmäßig handeln werden, werden ihre Fähigkeiten vom Jahrgang zu Jahrgang auswachsen. Nicht alles kann man direkt beweisen. Ohne den Glauben ist weder dieses Gebiet nicht zugänglich. Der Glaube und die Arbeit sind so zu Basis des Wachstums auch im Bereich der intellektuellen Ausbildung. Aber falls die Schüler nur auf der Ebene des Glaubens bleiben, wird hier eine Fehlentwicklung entstehen.

Nach dem Empfang der Informationen es liegt weiter an den

Schülern, wie sie das Gehörte und Gesehene weiter verarbeiten, zusammenfügen und wie sie es mittels einer weiteren Überlegung und des Fortpflanzens der Informationen erweitern werden. Wie sie werden in der Praxis das erhaltene Wissen und die Fähigkeiten nicht nur gebrauchen, sondern auch verbreiten und zusammenfügen. Im intellektuellen Gebiete werden die persönliche Verantwortung des Einzelnen und die Bedingtheit des Bestrebens natürlich akzeptiert. Es wird anerkannt als eine Selbstverständlichkeit auch die Abstufung der Bildung von Jahrgang zum Jahrgang. Kein normaler Schüler aus dem niedrigeren Jahrgang kann der sich versuchen, einen Lehrer im höheren Jahrgang zu machen.

Im religiösen und geistigen Gebiete ist es meist anders. Dort man glaubt in Wirkung der anderen, fremden Menschen ohne das eigene Hinstreben und ohne die eigene Verantwortung. Dort man oft nachdenkt nicht über einer Erkenntnis der Gesetzlichkeiten, Bedingtheit und Zusammenfügigheit, aber dauert man an einem blinden Glauben. Viele diese Menschen, die die Bücher über dem Yoga oder über der esoterischen Religion gelesen haben, fühlen sich zum Lehrer und veranstalten verschiedene Lehrgänge und Vorträge, ohne einige Erfahrungen mit Arbeit mit Geist, mit Meditation zu durchgehen, ohne sie selbst die praktischen richtigen Anleitungen zu meditativen Techniken zu kennen gelernt haben. Und ohne sich der Verantwortung für seine Wirkung bewusst zu sein. Es geht ihnen nur um ihre Finanzvorteile und eitle Überzeugung über eine Größe der eigenen Erkenntnis und um eine Spielerei an einen Lehrer ohne die wirklichen Fähigkeiten und Kenntnissen zum Lehren zu haben. Und dabei wird das geistige Leben als ein Bestandteil des Lebens prinzipiell von den gleichen Gesetzen, wie die grobe Natur, beherrscht!

Im ganzen Leben herrscht nämlich eine große Einheit, für uns aber im Stadium der Unwissenheit auswirkende jedoch bei einer äußeren Beobachtung wie eine Zweiheit. Deshalb wird die Nichtbeachtung auf dem geistigen Wege genauso gestraft, wie die die Nichtbeachtung der physikalischen Gesetze. Zum Nachteil nicht nur der falschen Lehrer, aber auch deren, die diese im blinden Glauben folgen. Nur es dauert einige Zeit, als die Folgen kommen. Bis sie schon kommen, so verkennen das die Leute nicht, und sie murren an das Schicksal oder an die bösen Menschen vorbei sich oder sogar an Gott, der auf sie nach ihrer Meinung vergessen hat. In der Wirklichkeit jedoch sie an Gott und seine Gesetze bei der Durchführung ihrer Unechtheiten ununterbrochen vergaßen. Weil sie im tiefsten Wesen für ihre Tätigkeit die göttliche Kraft missbrauchen, verkennen sie das und handeln demgemäß. Sie gestatten ein Missbrauch der göttlichen schöpferischen Energie und deshalb sie der Bestrafung entgegen schreiten. Das Prinzip der Aktion und Reaktion ihretwillen zu gelten aufgesteckt nicht wird.

Die Religion

Bei der Behandlung der Modelle ist es nicht möglich, ein aus den wichtigsten und ältesten Gebieten des menschlichen Denkens und der Kultur – die Religion, zu übergehen. Das religiöse Glauben, die Ansichten und Erkenntnisse unterliegen den ähnlichen, bis gleichen Gesetzen, wie alles andere in der menschlichen Tätigkeit am geistigen Gebiete. Sie unterscheiden sich jedoch von ihnen wesentlich darin, dass hier, bedingungsweise, kann das Tätigkeitsfeld bis **hinter die geistige Tätigkeit** (die Gehirnaktivität: der Intellekt, das Gefühl, die Vorstellungsfähigkeit, das Gedächtnis, die Logik) in das Gebiet, das man als geistig nennt, wo man zum Anheuern der Informationen mittels einer Intuition kommt.

Das ist das Gebiet einer unmittelbaren Erkennung, greifenden hinter die Erfahrungen des materiellen Lebens und hinter die beschreibenden Gebilde des Geistes am materiellen Niveau. Dieses Gebiet ist für die Religion, Mystik, den Yoga und lebendige

versuchen nicht werden. Philosophie durchaus wesentlich. Das ist ein Gebiet eines neuen höheren Informationsfeldes, in dem einige Einzelpersonen neue Ansichten oder Methoden, neue Aufklärung, bisher scheinbar begriffenen Gesetzlichkeiten und Zusammenhängen, bekommen. Und auch ist es das Gebiet, wo sich die suchenden an neue Energiequellen, führenden zur geistigen Entwicklung, anhängen. Modern gesagt: Sie anhängen sich an eine höhere Datenzentrale, in die ein Zugang bloß denen ermöglicht ist, die dazu die verlangten Bedingungen erfüllen. In den Rechnerdatenbasen muss man auch das Stichwort haben.

Die Abstufung von den Modellen im religiösen Denken ist abhängig von den Fähigkeiten des Begreifens und von der Stufe des Entwickelns in der Schaffung der abstrakten Modelle der höheren Wirklichkeit, als sind die bisherigen, animalischen und materialistischen, also ausgehenden nur aus einer oberflächlichen Wahrnehmung der groben Natur. Ähnlich ist es her in der üblichen intellektuellen Schule, wobei sich eine Fähigkeit des abstrakten Denkens entwickelt.

Die Modelle sich fortwährend, wenn auch oft unbewusst, gemäß der Entwicklung der geistigen und geistlichen Fähigkeiten des Menschen und seiner neuen Erfahrungen entwickeln. Er muss sich zum Schöpfen seiner Modelle für die neuen Erfahrungen so bemühen, dass sie diese abklären weden müssen, und in ihnen die Richtlinien für die künftige Zielrichtung der Aufmerksamkeit und Tätigkeit geben. Sie sind von der kulturellen Umgebung des Landes, vom Volk und der Familie, in der der Einzelne erzogen wurde, abhängig. Weiter an dem Alter, den persönlichen Eigenschaften, der Art und Ausbildungsqualität, den bisherigen Fähigkeiten und Interessen des Einzelnen, an den Lehrern, die beeinflussten und weiter beeinflussen sein Entwickeln. Hievon stammt die Diversität in jeder Entwickelungsphase der Welt und des Einzelnen.

Das Prinzip der Existenz des Gesetzes, des Lebens, der Liebe und die Methodik der Tätigkeit für eine Weiterentwicklung der Potenzialitäten ist deshalb nötig, den Leuten stufenweise in Modellen zugänglich gemäß ihrer anwesenden Ausstattung mit den Fähigkeiten, der Bekanntheit, der Erfahrungen und den Auswahlfiltern, zu auftragen. Wie ist es her in der Schule mit anderen Kenntnissen und Ansichten. Der Kindergarten, die Volksschule, die mittlere, hohe Schule, die wissenschaftliche Tätigkeit (die Anstalt), die persönlichen Erfahrungen und ihr Austausch mit den Menschen der gleichen Ebene.

Am meisten gilt eben in der Religion und Philosophie, dass die Menschen, reifen gemäß dem Kriterium des physischen Alters, mit seinem geistigen, philosophischen und geistlichen Entwickeln bildhaft in dem Modell des Kindergartens oder der Volksschule zu halten bleiben. In den primitiveren Modellen oder überhaupt in ihrer Abwesenheit. Das ist entweder dadurch, dass sie sich innerlich mehr zu erkennen nicht bemühen, weiter in die Tiefe, in das Prinzip, in das Begreifen zu gehen und sie begnügen sich mit verschiedenen Beschreibungen des bloßen äußeren Glaubens oder mit einem Nihilismus, denen sie für eine Äußerung ihrer Bildung halten, gegebenenfalls damit, dass ihnen es von den Umständen nicht gegeben wurde, weiter im Leben sich zu entfalten. Es wurde ihnen nicht gestattet das, was ihnen die Schule nur als einen Grund geben konnte, zu erweitern. Nicht nur die Kenntnisse, sondern auch, was ist wichtiger, die Fähig-

Die Einführung auf den Weg zur Weisheit

keiten. Ihr Ausgangspunkt für eine weitere Tätigkeit ist dadurch ziemlich niedrig gestellt. Eine Hoffnung auf Weiterentwicklung ist klein und mit dem wachsenden physischen Alter noch am meisten sie noch sinkt. Anstelle des schöpferischen Menschen sich von ihnen entwikkeln, aufzüchten und pflanzen bloße, oft primitive Konsumenten dessen, was die anderen schufen. Und meistens auch unproduktive Kritiker über alles und alle vorbei und Anhänger verschiedener politischer und religiöser Bewegungen, versprechende die besseren Umstände ohne eine Arbeit an sich selbst. .

Und bis wohin doch sie eine eigene Mangelhaftigkeit seiner Kenntnisnahme spüren und, wie weit handeln suchen, sie oft sich gestatten einen weitverbreiteten grundsätzlichen Fehler. Anstelle damit sie eine tiefere Erfassung der Prinzipien der bisherigen von ihnen übernommenen Religion studieren zu beginnen und den Formalismus verließen, obwohl auch mittels eines Studiums über eine andere Religion zum Vergleichen und zum Gewinnen der Möglichkeit einer Verbreitung und Verallgemeinerung der Anschauung, einnehmen sie wieder sein beschränktes und dogmatisches Niveau in einer anderen Richtung der formalen Konfession mittels der Aufnahme eines anderen Ersatzbildes einer niedrigeren modellhaften Form. Anstelle eines Einsteigens der Bildung und des Bestrebens um das Erreichen einer höheren Stufe ihrer geistigen und geistlichen Entwicklung, übernehmen sie wieder die oberflächlichen formalen, anfänglichen behilflichen und primitiven Modelle.

Das sind die Wechsel der bloßen religiösen Formen (eine formale Konversion), die wir vorbei sich sehen. Diese Menschen bleiben, bildlich gesprochen, in der gleichen Unterrichtsstufe, aber in einer anderen Klasse mit anderer Bezeichnung, Uniform der Schüler und Tätigkeit oder, was ist schlechter, mit einer anderen Art einer Faulenzerei mit gleichzeitiger Überzeugung über ihrer Perfektion in erneutem Schnitt der Uniform und dadurch mit ihrer Ausnahme und einer Überordnung in ihrem neuen Glauben.

In dieser neuen Form bleiben die Dogmatiker ebensolche, wie sie bisher in der nächstvorangehenden Form waren. Sie werden fanatische Gesinnungsgenossen der neu ausgenommenen Formen der Religionen und sie gehen oft gegen ihren ehemaligen Glaubensgenossen. Sie Haben erfüllt und weiter füllen die Geschichte mit vielen Kriegen, vielem Verbrechen, mit Hunderten Millionen von Toten und vielseitiger Vernichtung der Menschenleben, der Werte und aller Kulturen.

Diese Leute durchsetzen ihre haftend bleibenden, persönlichen, primitiven, begrenzenden und egoistischen Vorstellungen und Formen des Glaubens als die absolut richtigen und allgemein übergeordnet gültigen und sie zwingen die anderen Leute, auch zum Preis einer Gewalt und eines Völkermords, zum übernehmen ihrer Form des Glaubens. Meist haben sie daraus einen gewissen persönlichen egoistischen Nutzen. Doch in der europäischen Vergangenheit ging es nicht recht oft bei den Prozessen der Ketzergerichte und beim Nachjagen der Orden, beispielsweise der Tempelritter, weder so um ein Abzwingen zu Verhaltensänderungen in der religiösen Form, als um die Liquidierung der Personen und die Übernahme ihres Vermögens oder ihrer Wegschaffung aus dem Wege für das Gewinnen der erträumten politischen und gesellschaftlichen Macht.

Es ist wichtig auch sich klar zu werden den **grundsätzlichen Unterschied unter den Menschen ohne Religionsbekenntnis und den philosophischen Materialisten oder Nihilisten.** In allgemeiner Kenntnis wird diese Frage bei uns äußerst schlecht Begriffen und beide Begriffe werden vermischt oder ausgetauscht. Sogar so, dass in den amtlichen Fragebogen für die statistischen Forschungen schlecht belegte Fragen und daraus dann fließende ganz unrichtige Verschlüsse über der Anzahl der „nicht glaubenden" Bürger in unserer Gesellschaft sind. Doch die Menschen mit einer entwickelten geistigen Erkenntnis nämlich haben erkannt, dass alle großen Religionslehren und Buddhismus die gemeinsamen grundsätzlichen Kenntnisse haben, weil ihre Gründer zur gleichen Erkenntnis gekommen sind. Nur die allgemeine Meinung ist irrtümlich, weil die Leute die äußeren Förmlichkeiten der Anhänger ohne eine Bewertung der inneren Essenz und des Hauptzieles, die die Modelle nur unterschiedlich beschreiben, vergleichen. Und es ist traurig und üblich, dass sie verhindern das Emporsteigen der Einzelpersonen an eine höhere Stufe gerade die Dogmatiker aus den niedrigeren Stufen.

Es ist nötig sich tief verständigen, dass die Erklärung zu keiner Konfession einer Religion nicht eine Äußerung des materialistischen Atheismus und Nihilismus sein muss. Doch der Mensch, der offensichtlich zeigt keine Zugehörigkeit zu irgendeiner religiösen Gesellschaft oder einer Form des Glaubens, geistig hoch entwickelt sei kann. Das Niveau seiner geistigen Verständigung kann an einer Stufe, die alltägliche Menschen überhaupt erkennen und begreifen nicht können. Sie kritisieren ihn nur nach externer Äußerung der Persönlichkeit, zum Vergleichen benützen sie nur die eigenen oberflächlichen Maßstabe, gemäß der Kleidung, des Anteils an irgendwelchen Zeremonien, des Erfüllens prunkhafter Formalitäten und des Aussprechens verschiedener Phrasen laut den Normen der gegebenen Erklärung.

Zwischen dem Glauben, ausgehenden nur aus den angenommenen formalen Dogmen, externen Formen der Äußerung irgendwelcher religiöser Erklärung und der höheren geistigen Erkenntnis ist riesiger, ja sogar wesentlicher, grundsätzlicher Unterschied. Dieser Unterschied ist für die Angehörigen des formalen Glaubens unbegreiflich und auch ungreifbar und für sie auch unübergebbar so lange, als sie sich von der Förmlichkeit der Einstellung nicht entlasten und so lange, als sie nicht zu suchen beginnen, innerlich um Hilfe zu bitten und solange sie dieses Suchen der Erkenntnis an die Front seiner Wertliste nicht stellen. Und auch so lange, als sie nicht den Weg zur richtigen Meditation finden und sich um sie systematisch

Die Menschen, die sich mit dieser Frage mehr befassen beginnen, stellen fest, dass es zwei grundlegende Stufen der Religionslehre gibt: die exoterische und die osoterische.

Die exoterische Religion

ist eine äußere Religionslehre – formale, gegründete an materialistischen Vorstellungen, einem verbalen und formalen Erfassen des Gesetzes (die Zeremonien, die Kleidung, die Feste, die Wallfahrten, die Versammlungen, die Anbetung zu den Skulpturen, zu den Würdenträgern, äußere gesellschaftliche Kundungen des Glaubens etc.) unter Anwendung einfacher Modelle, ausreichenden den Menschen am Anfang der geistig – geistlichen Entwicklung. Sie ist oft von der fanatischen Überzeugung über eine Einzigartigkeit und Richtigkeit eben dieser aufgenommenen Formen und über die vollkommene Inkonvenienz und Ungültigkeit aller sonstigen Formen eines Bekennens, begleitet.

Falls wir unsere modellhafte Darstellung der Schule verwenden, kann man etwa sagen, dass die exoterische Religion ein Kindergarten, allgemeine schule und die niedrigere Stufe der Mittelschule ist, wobei sich die Basisinformationen unterrichten, die Grundbegriffe einführen und die grundlegenden Eigenschaften und die Fähigkeiten fürs Leben und die für die Anfänge des zukünftigen inneren Lebens und des Erfassens der höheren Gesetzlichkeiten üben.

Die Vorstellungen vom Gott oder von den Göttern sind am Anfang animistisch (sie haben Form verschiedener mythologischer Tiere). Auch werden verschiedene Personifikationen der Naturkräfte (die Feen, die Erdgeister u.ä.). Die Modelle sind im Grunde materialistisch, sehr vereinfacht, wenn auch über sich sie etwas anderes behaupten. Später werden die animistischen Vorstellungen von den anthropomorphen (die Form der Menschen) ersetzt. Verschiedene Eigenschaften der Äußerung der schöpferischen Kraft und der Intelligenz (Aspekte des Gottes) werden mittels der verschiedenen Götter und Göttinnen (Gott der Brände, des Meeres, der Ernte, des Krieges etc.) dargestellt. In der höchsten Form tritt der Glaube in den einzigen Gott (der Monotheismus) über. Am Anfang beruhen die Vorstellungen im materiellen Teil des Menschen, in seiner Form, in der Rasse und der Art seines Lebens und von ihnen sie bilden die Modelle für den ihren Glauben. Der Gott wird als ein Mensch dargestellt, mit menschlichen Eigenschaften, guten oder bösen, einschließlich menschlichen Untugenden, als sind die Hastigkeit, die Verstimmtheit oder die Rachedurst.

Auch die Vorstellungen vom postmortalen Leben haben diese Formen. Die postmortalen „Genüsse" sind in den Vorstellungen der Gläubigen also gleich oder sehr ähnlich denen, welche sie bekennen während des physischen Lebens. Es sind das meist die Sachen während des irdischen Lebens für sie sehnsuchtsvollen, aber unerreichten. Was sich am meisten die Menschen für das Erdenleben schätzen, wonach sie umsonst sehnen oder was sie am meisten den anderen Leuten beneiden, das sie sich vorstellen, dass sie in unbeschränktem Maß, ohne eine Rücksicht auf ihre Verbrechen und Untugenden im Erdenleben, im „Paradies" haben werden. Sie kümmern sich darum selbst in ihrem Leben gesetzmäßig nicht, aber sie sollen sich darum, beziehungsweise, anstatt ihren, die Priester kümmern.

Manche religiöse Symbolik und Zeremonien jedoch enthalten bildlich ausgedrückte Eigenschaften oder Gesetzlichkeiten, die für das geistige Leben gelten und die Gläubige für ein tieferes und abstraktes Erfassen bereiten, oder zum Leben führen, das zum Entwickeln hinauf zielt. Beispielsweise viele Hände einer Gottheit bedeuten die göttliche Allmacht, das Gebet zum verschluckten Gott oder zum geweihten Nahrungsmittel soll zur Introversion führen und andeuten, dass der Gott in unserem Wesen lebt. Die Zeremonien darstellen wünschenswerte geistige Zustände u. ä. Beispielsweise die Zehn Gebote vorschreiben universal gültige Bedingungen nicht nur für das ertragbare Zusammenleben der Menschen, sondern auch für die Erfüllung der Grundbedingungen für die Möglichkeit des Antretens zur geistigen Entwicklung und Befreiung.

Die Menschen auf dieser Stufe des Bekennens sich interessieren mehr um die Historie der Personen der Heiligen und Propheten, um die Schilderung ihres Lebens, um ihre Nachbildung und Verehrung, anstelle um die innere Bedeutung ihrer Lehre und Taten. Für sie ist leichter die Zugehörigkeit zu der Form mittels des Neigens den Skulpturen zu offenbaren, sich geeignete Kleidung zu kaufen, anstelle, damit sie sich bemühten, die innerliche und äußere Handlung zu ändern, und gemäß dem inneren, geistigen Gehalt der Lehre ihrer Religion, leben zu lernen. Anstelle des fleißigen Arbeitens an sich selbst zur Beschränkung ihres materialistischen Dranges, der Habgier und der Erotik, eher sie wollen beeinflussen und ändern die Zweiten und sie versuchen sie zu steuern, obwohl gerade mithilfe des religiösen Glaubens, und deren Dogmen, oft auch mit einer Gewalt.

Ein unteilbarer Teil der äußeren – exoterischen Religion sind die Vorschriften, welche die Gründer in die Lehren deshalb eingesetzt haben, damit sie auf diese Weise zum besseren materiellen, intellektuellen und politischen Leben der Gesellschaft beitragen. Sie beschränken so die Möglichkeiten der Zusammenstöße, und nicht zuletzt, sie stellten sicher die Regierung der herrschenden Schicht. Die Lehren deshalb auch die Vorschriften enthalten, die korrigierenden hygienischen und gastronomischen Angewohnheiten und kodifizierene die zwischenmenschlichen Beziehungen. So sich beispielsweise alle drei Religionen, gegründeten an dem „Alten Testament" und seinen Propheten, unterscheiden untereinander in dem Anstellen der Männer und der Frauen in der Gesellschaft, in den Opferzeremonien, in den hygienischen Vorschriften, in Nichtvorhandensein oder Vorhandensein des Priesterstandes und ihrer Kompetenzen, sowohl gesellschaftlichen, als auch geistigen und geistlichen. Die Differenzen sind auch im Bekennen der Propheten und in der Art der Gottesdienste oder der Gebete der Einzelnen, in vorgeschriebenem Ankleiden u.ä.

Dabei alle diese drei Religionen erkennen Moses und andere Propheten des Alten Testaments als die Propheten und seine Zehn Gebote als eine Äußerung der Grundgesetze, festgesetzten vom alleinigen Gott, gemeinsamen für alle Menschen.

Trotzdem die Zehn Gebote beinhalten unter andrem das Gebot „töten nicht", die Angehörigen aller dieser drei Religionslehren sich zusammen in der Vergangenheit schlachteten, nicht nur für was auch immer, aber ja sogar wegen des religiösen Glaubens und sie töten sich so dauernd auch in Gegenwart. Sie verüben dadurch schreckliches Verbrechen, wenn sie die Menschen töten und ihnen die Berufung zu erfüllen verhindern dessen, das sie sich in das Leben gerade im Rahmen der Gesetze holen, das der von allen anerkennte Gott hergestellt hat. Diese Berufung, das wichtigste Ziel, ist die Entwicklung der Menschenerkennung stufenweise, bis zur geistlgen Erkenntnis, zur Erkenntnis der Gesetze des geistigen Lebens und zum bewussten Zusammenfließen mit dem höchsten Willen und der höchsten Macht. Zur Freistellung von der Notwendigkeit, wiederholt im Leiden, das sie sich selbst mit ihrem Nichtwissen durch das Verstoßen der Gesetze zubereitet haben, in den Leiden zu leben.

Niemals ist in ihrer Macht das Leben widerrechtlich abgenommene zurückzugeben, und trotzdem massakrieren sie für einen persönlichen fantasieförmigen Glauben, für ihre Selbstsucht, Habgier, Gehässigkeit und Neid, zynisch überdeckten mit einem formellen Bekennen verschiedener Vorschriften. Sie hervorrufen dadurch nicht nur das Leiden den geschlachteten Opfern, sondern auch allen Menschen, denen sich ihr Verbrechen direkt oder auch indirekt berührt, den Verwandten, Kindern, der Gesellschaft und den Fortschritt, aber schließlich auch mit ihrer Albernheit auch sie leiden bei dem nachfolgenden Zahlen dieser Schulden in folgender Fortsetzung des Lebens nach einer erneuten Inkarnation.

Das Traurigste darauf ist, dass sehr oft auf diese Weise, im Namen Gottes, die Menschen, die besser erfüllten die Gebote des Gottes, als ihre Richter und Mörder, getötet wurden. Doch diese Leute wussten nichts von dem geistigen Weg, sie weder wollten nichts wissen, und trotzdem bestimmten sie, wer ist ein „Ketzer" oder „Atheist", wie man dem Gott dienen soll usw.

Die Einführung auf den Weg zur Weisheit

Alle echten Lehrer, Propheten und Gründer der Religionslehren, nicht nur von oben genannten drei Religionen, aber auch der anderen, haben in seinem Leben die gleiche Erkenntnis des einzigen Gottes (Monotheismus) entdeckt und realisiert, aber dem Gott sie haben selbstverständlich andere Namen gegeben, weil sie mit anderen Sprachen sprachen, und sie übergaben den einfacher aufgerüsteten Geistern in den Ländern mit einer anderen Tradition und Kultur andere Modelle, Symbole, Vorschriften und Zeremonien.

So beispielsweise für den Namen des weiblichen Prinzips des Gottes wurden in der Geschichte viele Namen der Göttinnen: Isis, Aphrodite, Venus, Kali, Maria usw., gebraucht.

Sie konnten nichts anderes machen. Falls sie wollten etwas von ihrem Erkenntnis zum Zweck einer Erhebung der Menschheit weitergeben, sie mussten die gebrauchten Modelle des Denkens der überwiegenden Masse von Leuten verständlich machen. Dabei ihren näheren Schülern, den ausgewählten, aufnahmefähigeren, sie andere Modelle gaben, treffendere Modelle einer höheren Ordnung, servierende die höhere Lehre, oftmals verborgene deshalb, damit sie bis zu dem Tod von Fanatikern eines niedrigeren Begreifens und des primitiven Charakters und Ansichten verfolgt würden dafür, dass sie etwas „anderes" verkünden und dass sie „irgendeine" Übung üben.

Die Erfahrungen aus der Geschichte und die Kenntnisse der Gesetze des menschlichen Lebens der Gesellschaft zeigen, dass jederzeit falsche Propheten oder ihre Nachfolger in seinem Fanatismus ihre Lehre mit Gewalt verbreiteten. Immer folgten die Deformation der Lehre, falsches Ausnutzen und ein Verfall. Anstatt mehr Glück, verursachte das den Leuten mehr Leiden, Kriege, Morden, geistige Dumpfheit und eine Plünderei. Die Gewalttätigen Methoden zuziehen unter die Leute die Radaumacher, die im Charakter etwas ganz divergentes sind, als es für die richtige Lehre und vor allem für die Befolgung der geistigen Lehren gesetzlich notwendig ist.

Hier gilt ein Lehrsatz: Wer wirklich zur Erkenntnis zugegangen ist, der hat die Gottes Liebe und Rechtmäßigkeit kennengelernt und er wird nicht den Leuten mit Gewalt etwas einpauken wollen. Das ist unfehlbar das Kennzeichen der Wahrhaftigkeit der Erkenntnis. Etwas anderes ist der Abwehr gegen die Aggressoren.

Die ökonomischen und gesellschaftlichen Gesetze fortwährend arbeiten. Für eine gewaltsame Ausbreitung einer Lehre ist es nötig, das Heer zu haben. Das braucht viele Menschen, viel Geld, Lebensmittel, Waffen, Transportmittel. Im eigenen Land dienen als die Quelle die Steuern und dann folgt eine Verarmung der schöpferisch arbeitenden Leute, schaffenden die erforderlichen Werte. Im fremden Land bildet die Quelle die Beraubung, das Ausplündern, das Morden der begüterter Menschen und auch der ideologischen Gegner. Ganze Stämme und Völker wurden bei solchen religiösen Eroberungen in allen Epochen der menschlichen Geschichte abgeschlachtet, und fast auf allen Plätzen der Erde. Es sind so ganze Kulturen zugrunde gegangen, und sie wurden nicht von irgendeiner höheren, allgemein qualitativeren Kultur ersetzt.

Und das geschieht immer während. Dabei **handelt es sich nur um bildhafte individuelle Formen, abhängige nur an dem Glauben und dem Vorstellungsvermögen der Menschen, nein an gekannten Tatsachen.** Doch die, die die Wirklichkeit erkannt haben, immer verkündeten die gegenseitige Liebe und Toleranz. Sie wussten, dass eine Erkenntnis sich jeder selbst im sich selbst erkämpfen muss und nicht an den anderen. Und zwar durch die Weglegung der Aberglauben, der Habgier, Faulheit, des Fanatismus, Formalismus, Materialismus und durch die harte, geduldige, opferbereite Arbeit in der Gesellschaft für ihre gute Entwicklung und in seinem Inneren für seine Eigenschaften und Fähigkeiten für eine ständige Einhaltung minimal eines grundlegenden wahrhaftigen Kodex, als sind beispielsweise gerade die „Zehn Gebote".

Dabei fast alle mit auf oben beschriebener Weise **missbrauchten Religionslehren waren und sind weiter eine Quelle der Belehrung und Inspiration** für manche wunderbare Werke des Geistes und auch der Hände. Sie enthalten in ihren Lehren die verborgenen **Möglichkeiten der geistigen Erkenntnis.** Sie sind ausdrucksvolle Äußerungen der Kulturen in der Malerkunst, dem Bauwesen und der Philosophie. Es entstanden viele herrliche kultische Bauwerke, die literarischen Werke und viele echte geistige Schulen, Schüler und Lehrer.

Es ist jedoch die Schade, dass dank dem Wahnsinn, dem Hasse, Habgier und Fanatismus, sich die Angehörigen unterschiedlicher Religionen vernichten untereinander diese Bauten und dass sie zusammen versuchen ihre eigene Form der Bilder des Bekennens zu durchsetzen und oft sie sich dafür massakrieren, anstatt einer gemeinsamen geeigneten toleranten Kommunikation und des gemeinsamen Weges zum einzigen, so den allen gemeinsamen Gott, dem sie nur verschiedene Namen geben, zu suchen.

Sogar war und ist die Toleranz einiger Bekenntnisse von den militanten Fanatikern einer anderen aggressiven Erklärung zu aggressiver Verbreitung ihrer Religion in anderes Gebiet unter dem falschen Deckmantel der Demokratie missbraucht. Vom Anfang sich so es geschieht unauffällig durch eine langsame Infiltration und dann folgendes fanatisches militantes Durchsetzen seiner dogmatischen Formen unter dem Deckmantel beispielsweise des gegenwärtigen „Multikulturalismus". Und dann, sobald erhält diese aggressive Gruppe ausreichende Macht, werden von dieser gastierenden Gruppe die Gastgeber bekämpft. Somit werden barmherzig angenommene Gäste letztendlich die Unterdrücker oder sogar Mörder der einheimischen großmütigen Gastgeber. Berichte über solche Handlung sind beispielsweise auch im Alten Testament und es geschieht dasselbe auch in der Gegenwart nicht nur mit irgendeiner Religion, sondern auch mittels kleiner, aber planmäßig wachsender Gruppen der Immigranten in demokratischem Staaten, die planmäßig ausrufen eine falsche Demokratie und den Multikulturalismus und mittels ihren verantwortungslos nicht informiert, oder bestechtn heimischen Anhänger.

Die Lehre wird in der exoterischen Religion statisch vermittelt, als ein Komplex von fertigen Ansichten, des Glaubens und der Formen (eine Vorstellung von der Schöpfung der „fertigen" Welt). Davon sich führen große Wortwechsel. Es arbeitet das Gedächtnis und Intellekt. Es formen sich Schablonen. Für das Durchsetzen der eigenen „unfehlbaren" Meinung man kämpft manchmal auch mithilfe der Gehirnwäsche, oder auch mittels Gewalt und Mord. Die angeführten Fanatiker bilden nichts, weder etwas bilden nicht wissen und wollen. Doch wirklich zu einem Motor ihrer Tätigkeit sind nur bloße Neid, Gehässigkeit, Habgier und unaufrichtige Illusion, dass mittels eines Verbrechens der Vernichtung fremder Leben in vergänglicher Habgier und Hasse, man zum ewigen Behagen,– für sie Bereicherung, kommen kann. Mit der Vernichtung fremder Werte sich ihr Neid und Gehässigkeit befriedigen. Die ermordeten Opfer können nicht in der Entwicklung, ihnen vom Gott zugewiesenen, fortsetzen. Für die Mörder ist auf diese Weise in die Zukunft ein schrecklicher karmischer Einschlag vorbereitet, anstelle des von ihnen erwarteten ewigen Behagens. Das Gesetz der Wirkung und Gegenwirkung ist unauflösbar. Wer veranlasst das Leiden anderer Leuten, wird dasselbe Leiden selbst ernten. Es ist kein Ausweichen. Die Gesetze sind und werden in der Tätigkeit immer sein. Die Mörder müssen dasselbe Leiden durchgehen, das si in vorigen Leben den anderen verursacht haben. Und darüber muss sich kümmern kein Gott. Die Mörder tragen in sich ihre Schulden, also im neuen Leben sie selbst den Weg zur Strafe bilden, ihren Schicksal suchen und auch finden.

Den Gott doch kann nicht jemand lieb haben, wer von ihm nichts weiß, wer verführt Verbrechen, wer sich nach Erkenntnis der göttlichen Gesetze nicht bestrebt. Wer sich bemüht nicht, demgemäß **schöpferisch zu leben**, um die Energie des Gottes, aus der er lebt, **konstruktiv zur Erkenntnis und zum Helfen den anderen, zugute, zur positiven Entwicklung der menschlichen Gesellschaft** zu benützen. Die konstruktive, unpersönliche Arbeit wirkt als eine wirksame Induktion, auflösende eine Verstärkung der erforderlichen befruchtenden Potenzialitäten nicht nur in aktiven Einzelpersonen, sondern auch in deren Umgebung (die Ausstrahlung, die Induktion).

Die Erfahrungen von der Zeit der kommunistischen Diktatur bei uns deuten auf eine große Gottesliebe und Großzügigkeit und bestätigen das, was wird an einigen Stellen in diesem Buch aufgeschrieben, dass jeder, wer wirklich die Wahrheit sucht, die Hilfe bekommt. Auch die Wissenschaftler, ausgehenden am Anfang seiner wissenschaftlichen Tätigkeit aus dem philosophischen Materialismus, deren Hauptmotor jedoch die Erkenntnis „warum" und „wie" sich was geschieht, war, worden von wunderbaren Umständen zu echter Erkenntnis herführt. Und dabei suchten sie nicht aus den religiösen Gründen den Gott, aber sie suchten aus der wissenschaftlichen Neugierde eine Erkenntnis der Wahrheit. Es zeiget sich fortwährend an, dass der, wer wirklich die Wahrheit des höheren Niveau sucht, sie auch wirklich herausfindet. Doch der Gott ist die lebendige Wahrheit, ihre wesentliche Substanz und. Darum sind sie zu ihm gelangen. Schon Heiliger August, als er zur Erkenntnis zugegangen ist, hat erklärt: „ Gott, das ganze Leben bin ich Dich außerhalb sich gesucht, und währenddessen du bist in mir".

Dagegen die geschichtlichen Erfahrungen aus dem zwanzigsten Jahrhundert hinweisen, dass eine Totalität, die Herrschaft der ungebildeten Materialisten zur Rückständigkeit und zum Leiden führt. Es kann man sagen auch so, dass das ebenerdige kommunistische Denken und geistiger und politischer Terror mittels der Einführung der dogmatischen Filter in Denken den Zustrom der positiven schöpferischen Energie stoppt und der Effekt eine Rückständigkeit, Leiden und Armut waren.

Die exoterische Religion ist die niedrigere vorbereitende Entwicklungsphase des Menschen auf dem Wege zur geistigen Kenntnisnahme. **Sie ist ein natürliches Entwicklungsstadium.** Am bestimmten Niveau und in richtiger Form kann sie als fruchtende Erziehung zur gegenseitigen Toleranz bis Liebe, zur Disziplin, zum ethischen Benehmen, zur qualitativen Formung der Gesellschaft und auch der Einzelpersonen, zum Suchen von höheren Gesetzlichkeiten und des geistigen Lebens, wirken.

Eine weitere wichtige Einwirkung der Religion ist das Akkumulieren einer Energie der betenden Menschen. Auf diese Weise wurden während der Jahrhunderte die Tempel mit der positiven Energie bei den Zeremonien und Gebeten aufgeladen. Die empfindlichen Menschen sind fähig, diese Energie zu fühlen. Am meisten ist das an großen Pilgerorten zu erkennen, wo sich das manchmal z. b. durch unerwartete Heilung bekundet. Während der Jahrhunderte hinführten die Religionslehren manche Menschen zum Lernen einerseits der Liebe zu Gott und andrerseits dem Gebet der Linderung des wild laufenden Geistes. Diese dann antreten an geistige Wege als die Mystiker. **An dieser Ebene hat ein sich erwachender Priester die Aufgabe des Ratgebers und des ersten geistigen Lehrers.** Seine Bekanntheit der ihm gehörigen Gläubigen kann den Anfang des Suchens neuer Einstellungen anzünden. Aber er darf das nicht ein formaler oberflächlicher geschulter Dogmatiker sein.

Die esoterische Religion

ist die innere Religion, die geistigen Erfahrungen (die Konzentration, richtige Meditation, die Kontemplation, echtes Klosterleben in Demütigkeit und Meditation – echte Mystik, nicht mehr bloß geistloser Mystizismus), und echtes mentales Yoga, (nein eine bloße Leibeserziehung und verschiedene gastronomische und sinnliche Ersatzlehren ausgeführten unter dem Namen des Yogas).

Eine grundlegende Äußerung der esoterischen Religion ist die Abwendung vom Materialismus und die Entwicklung der Intuition (unmittelbare Erkennung ohne eine Deduktion aus etwas früher angenommenen) mithilfe der Säuberung der Anschauungen, des Charakters, des Denkens und Handelns mit der gleichzeitigen Ausführung der echten Meditation, gezielten zur Kenntnisnahme der eigenen Wesenheit und zur Verhinderung der Regierung des zum Gott feindlichen Egos.

Das, was auf diesem Gebiet erkannt wird, ohne eine Hilfe der intellektuellen Tätigkeit, also ohne eine Deduktion, Assoziation und ohne eine Benutzung des Gedächtnisses erkannt wird. Solche Erkenntnis nennt man die Intuition. Zu einer solchen Erkenntnis müssen die Voraussetzungen (einerseits eine Begabung, andrerseits richtige Lebensweise, erhaltene Erfahrungen und vor allem richtige Fähigkeiten) existieren, ein methodisches langzeitiges Hinstreben, (die sog. geistige Praxis) und die Erfüllung von bestimmten weiteren Bedingungen.

Die erste aus den wesentlichsten, durchaus vorbehaltlosen Bedingungen ist eine Beherrschung der bisherigen ungeregelten, chaotischen, assoziativen Tätigkeit des Intellektes – vorher eine Orientierung und später das Erhaschen der unkontrollierten und ungesteuerten Bildung der Gedanken und Vorstellungen bei der gleichzeitigen Erhaltung, oder eher sogar beim Verschärfen der Aufmerksamkeit des Bewusstseins. Erst dann kann die Aufmerksamkeit anderwärts gelenkt werden.

Die zweite aus den wesentlichsten Bedingungen ist ein grundsätzlicher Prioritätenwechsel, nachlassender den Menschen für neues Hinstreben, herabsetzendes die Bildung ungeeigneter bremsenden Gebundenheiten und die Verluste der so wertvollen Zeit und Energie an den Entbehrlichkeiten.

Die dritte wichtige Bedingung ist das Antreten des Weges zur grundsätzlichen Wahrhaftigkeit und zur inneren Verantwortung im Bezug auf die Gültigkeit der Gesetze.

Die vierte Bedingung ist ein Einstimmen sich an die Wellen der Liebe und des Vertrauens zur Weisheit, zum Gott und der Anfang des Lebens in der aktiven Demütigkeit. Dadurch wird es möglich, die Zuleitung der Energie einer Begnadigung des Begreifens und des inneren Erwachens zu erwarten.

Die fünfte Bedingung ist das beständige Studium der guten geistigen Literatur, erhaltende die Schüler auf dem angetretenen Weg – man sagt „im Strom bleiben".

Die Anfänge einer Intuition kann man schon in den Fällen erkennen, um deren die Erwähnung anderorts in diesem Buch ist. Es sind das die Einfälle für originelle Lösungen, die nach einer Ratlosigkeit bei einer Lösung der Aufgabe und nach der Beendung der mentalen Bemühung kommen. Manchmal ist es in der Weile eines bewussten Milderns der geistigen und sinnlichen Tätigkeit (eine Meditation), andersmal beim Aufwecken vom Schlaf, manchmal nach einem „zusammenschütten" des Intellektes, wann er sich schon Räte nicht weiß und sich zu bemühen aufhört (zenbuddhistisches Satori). Es ist das ein Begreifen der Gegenseitigkeit, das oft zu überraschender Erkenntnis und nachfolgender Problemlösung führt.

Alle genannten Tätigkeiten müssen **unbedingt erforderlich parallellaufend und langfristig durchführt zu werden.** Ein Säubern des Charakters ohne ein Studium und der echten Meditation ist nicht möglich. Jedoch bloße Versuche um eine Meditation, ohne eine Säuberung des Charakters, und ohne das Studium geeigneter Literatur werden keine dazugehörigen Ergebnisse haben geradeso wie nur ein Lesen der Bücher ohne das tiefe Nachdenken über den Gehalt und ohne die folgende Meditation, annähernde ein tiefereres Begreifen der inneren Bedeutung des gelesenen Textes und das Erwachen der Intuition.

Das Ändern der Angewohnheiten, Anschauungen und das Entfalten neuer Fähigkeiten ermöglicht uns nur das langfristige und wahre Anstreben. Es helfen keine übergenommenen Anschauungen, mechanisch gelernte (memorierte) Vorschriften und ein bloß begründeter Glauben. Hier ist es notwendig nochmals zu wiederholen, dass die natürlichen Gesetze (Aktion und Reaktion, Impuls und Veränderung der Bewegungsgröße, Transformierung der Energie) immer ununterbrochen gelten. Und deshalb einer Änderung in den Fähigkeiten des Menschen muss sein eigenes Anstrengen um einen Wechsel vorgehen. Nur das zieht die Schöpferkräfte an und erregt dazugehörige Umsätze in den Fähigkeiten und Eigenschaften. Nur das ist die so nötige Investierung der Energie für das Erzielen irgendwelcher Änderungen. Und ohne die großen Investitionen der richtig gerichteten Energie geht es nicht erforderliche Eigenschaften und Fähigkeiten in nichts, weder beispielsweise im Sport oder bei einer intellektuellen Bildung in der Schule, abgewinnen.

Hier ist ein kleines aber nützliches Abschwenken in die gegenwärtige weltspitze der Wissenschaft, in die Ergebnisse der Forschung in der Quantenphysik. Wir bewegen sich in Weltall, im Raumm, vollen der wirbelnden Partikel, die überall vorbei sind. Von dieser gigantischen Energiemenge wahrnehmen unsere Gehirne nur einen sehr geringen Teil. Nur Tausende von vielen Milliarden. Wir wissen nicht, und deshalb auch wir etwas daraus wegen unsere Abgeschlossenheit von der Negationen und unsere Untätigkeit und unser Unwissen, also eine Stumpfheit, benützen nicht können. Wir sind nicht daran gestimmt.

Es ist notwendig zu betonen, dass der moderne Weg zur geistigen Kenntnisnahme auch für die Menschen möglich ist, die verantwortliche Berufe und die Familien haben. Es ist nicht notwendig, in die Einsamkeit eines Klosters oder Aschrams zu weggehen. Es ist allerdings in Bezug auf Störungseinflüsse und die Anforderungen der Umgebung ein schwierigerer Weg, als eine Isolation in der Einsamkeit. Dagegen selbst das Leben in einer Einsamkeit zur Erkenntnis und Befreiung führen nicht muss, falls sich ändert nicht der Inhalt der Gedanken, die Tätigkeit des Geistes und die Grundeinstellung. Ein wirbelnder Geist verhindert die Erkenntnis nicht nur in dem üblichen alltäglichen Leben, sondern auch im Kloster, Aschram oder in einer Einsiedelei. Und oft erweckt eine Eitelkeit des Zuhörens zu einem Orden.

Die esoterische Religion ist eine Disziplin, Lebensweise, Lebensart – das Leben für die Erkenntnis, den Gott, in Wahrheit und Liebe. Das solche Leben, gerichtete, zielbewusste, schöpferische, entflammte, alltägliche, wirkliche, nicht nur am Sonntag oder am Samstag und in den Festtagen. Das Leben in der Bewusstheit einer Zugehörigkeit mit anderen Leuten, als Brüdern und Schwestern, also in Anspruchslosigkeit, mit richtiger Toleranz, mit einem Pflichtbewusstsein und mit der Verantwortung zu sich genauso wie zu den anderen („liebe deinen Mitmenschen, wie sich selbst", also weder mehr, noch minder).

Das Leben in der Bewusstheit, dass wir alle nicht nur die Möglichkeit, sondern auch die Entwicklungspflicht zum Anrücken des Weges der geistigen Erkennung haben, für die wir selbst verantwortlich sind und die uns als der hauptsächliche Inhalt, Zweck und Ziel unseres Bestrebens („vorerst suchen Sie das Himmelreich, alles sonstige wird ihnen gegeben werden") festgelegt ist. Diese Möglichkeit wird uns in den Religionslehren, in ihren esoterischer Substanz und in den echten geistigen Büchern, abwickelnden die Fähigkeiten und Vorbedingungen für die Erkenntnis des esoterischen Kernes der Religionen, angeboten. In unserem Zusammentreffen mit den Brüdern und Schwestern, die uns helfen können, bis wohin sie in der Entwicklung vor uns sind oder denen wir helfen dürfen, solange sie das brauchen.

Das hängt nur von uns ab, ob wir die Gelegenheiten benutzen und die Zeit, unsere Interesse und unser Bestreben investieren. Wir müssen sich selbst mithilfe der geeigneten Lehrmeister der Lehre in dem Meer der unfruchtbaren Informationen die richtigen zu herausfinden, auswählen und benutzen versuchen. **Es ist gültig die alte Behauptung, dass die Wahrheit sich denjenigen findet, wer sie sucht. Das bestätigt das, was die Quantenphysik sagt. Die Realität ist vorbei uns immer. Es ist nur nötig, sich an sie einstimmen.**

Die Lehre ist in der esoterischen Religionslehre dynamisch vermittelt, als die Anleitungen für praktische Tätigkeit, bei der mittels des Einflusses der Verbindung der Intuition und des Intellektes zur Entwicklung des höheren Verstehens kommt und so sich auch die Anleitungen gemäß dem erzielten Niveau des Erlebnisses und des Begreifens entwickeln. Ein Symbol dafür ist die Jakobs Leiter. Es ist notwendig, Stufe nach Stufe zu steigen. Die Diskussion wird durch die Akte ersetzt, das Übergeben der Anweisungen wird durch die schöpferische und umformende Tätigkeit an der inneren Ebene des Schülers ersetzt.

Anstelle der Diskussion eintritt in der esoterischen Religionslehre eine echte Meditation mit einer Stillung jeder Bildung der Gedanken, Gefühle und sinnlicher Wahrnehmung und dadurch mit einem Wachstum der Aufmerksamkeit, richtig gerichteten an das Bewusstsein von sich selbst und die Entwicklung der unterscheidender Fähigkeit mit nachfolgendem Erwachen der Intuition. Die ausschließliche Regierung des Intellektes und der Gefühle wird abschwächt und durch eine neue Kenngröße im Menschenleben – durch die Intuition (Einsicht) ergänzt. Das ist wirklich ein revolutionärer Schritt im Leben jedes Menschen, der schrittweise ändert den Menschen aus den tierischen – animalischen an den weisen – klugen Menschen.

Es beginnt eine qualitative Verschiebung, bedingte von der vorherigen Bestrebung, von der Kumulation der eingelegten Energien, ermöglichender ihre Transformation in eine neue Form. Das ermöglicht eine stufenweise und grundsätzliche Lebenswende.

Die Verbindung der Intuition mit dem Intellekt ermöglicht die Entdeckung des inneren Sinnes und dadurch die tiefere Erfassung und wahrheitsgetreue Erläuterung jeder Lehre. Vom groben materiellen äußerlichen Inhalt der Vorstellungen und Modelle übergeht man über die psychologische Erfassung zu der geistigen Erfassung. Hier zeigt sich eine fiktive Grenze zwischen dem Denken und dem Handeln der Dogmatiker und der Analytiker. Diese Grenze ist für die Dogmatiker absolut unüberschreitbar. Sie denken sich nämlich, dass nur ihre Interpretation der Bedeutung die richtige ist und dass alle sonstigen Erläuterungen nicht einfach nur andere sind, sondern sie sind gemäß ihnen schlecht und es ist notwendig sie bekämpfen. Oft bei gleichzeitigem Appellieren an den Gott, seine Liebe und die Wahrheit. Die untererleuchtetere Einstellung (die Einsicht) ist den Dogmatikern geschlossen und sie zueignen sich ihn so lange nicht, bis wohin sie an den Dogmen haften werden. Wenn sie eine kanonische oder politische Macht haben, dann sind sie fähig, die Menschen, die erleuchteter sind, als sind sie selbst, verfolgen, bis vernichteten. Das so aufweist die Geschichte, beispielsweise bei der Liquidation der Quietisten von der Kirche, oder der geistig eifernden Menschen von den Kommunisten und von den Nationalsozialisten, oder die Terroristen verschiedener Richtungen,

Die innere Bedeutung der Äußerungen

Weil wir hier zu einem Gebiet, nicht nur empfindlichen, sondern auch grundsätzlich wichtigem gelangen sind, widmen wir ihm ein bisschen mehr Aufmerksamkeit und Zeit. Deshalb, im Geiste dieses Buches, durchgehen wir an den Exempeln anschaulich, um was es sic handelt. Erwähnt werden zwei Beispiele einer Meinungsverschiedenheit über etwas und das Begreifen des Inhaltes.

Erstes Beispiel:

„Die Glückseligen Armen".

Die drei Ebenen der Kriterien der Armut.

a) Das materielle Kriterium

Diese Erklärung wird von den materialistisch denkenden Gläubigen als die Armut an finanziellen und materiellen Gütern begriffen. Wenn das eine Wahrheit würde, dann die Erde voll von glückseligen Menschen wäre, weil die Majorität der Weltpopulation arm ist. Hierbei ist das Maß, wer reich und wer arm ist, ganz individuell und objektiv undefinierbar. Man kann es nur relativ in der gegebenen Gesellschaft mittels irgendeiner Zahl des Wertes des Vermögens gemäß den Kriterien der gegebenen Gesellschaften definieren. Das kann also kein wirkliches beurteilendes Element für das Entwickeln auf dem Weg des geistigen Erwachens sein. Das Verbrechen ausführen die Reichen sowie die Armen gemäß ihren Eigenschaften und hauptsächlich ihren Möglichkeiten.

b) Das mentale Kriterium

Dieses Kriterium sich nähert schon mehr dazu, was man gemäß den Gesetzen, die wir in diesem Buch durchnehmen, als ein schätzendes Kriterium anerkennen kann. Die Größe der Belastung des Geistes mit den Sorgen um das Eigentum ist jedoch durch die Anzahl (Größe) verschiedener Type des Eigentums nicht messbar. Auch ein sehr armer Mensch kann hohe und berechtigte Sorgen bei der Beschaffung der Mittel der Nahrung haben und dabei kann er darauf wenige, was er hat, stolz sein, weil die anderen noch weniger haben. Diese kleinen Werte kann er zusammenscharren auch mittels eines Tuns vom Verbrechen. Dieser Zustand ist ganz normal in den Gebieten mit der kleineren wirtschaftlichen und technischen Entwicklung. Die Menschen dort leben im Elend, aber an die Waffen für die Stammkriege das Geld ist und sie Aufschießen teuere Munition nur zum Vergnügen und zum Vorführen der Macht. Das ist in den armen Ländern ganz üblich.

Die geistige Sorge um ein kleines Vermögen kann mehr bündeln und belasten, als eine Sorge um Milliarden von US-Dollars. Den Milliardären verwalten nämlich ihr Vermögen die anderen Menschen, die für diese Sorgen gut bezahlt sind. Die mentale Belastung von den Sorgen um Eigentum ist nicht so abhängig an seiner Größe, aber an der gedanklichen Gebundenheit vom Einfluss der Eigenschaften der Einzelperson, an den Umständen und der Art seines Lebens, an seiner Sehnsucht und Bedürfnis. Am geistigen Wege ist es entscheidend.

Der Stolz auf eine Armut kann die Entwicklung beträchtlich verlangsamen, oder ganz verhindern genauso wie ein Stolz auf eine Reiche. Selbst diese innere Armut jedoch zur Befreiung führt nicht, weil ein Identifizieren mit dem Körper, mit dem Eigentum, die Versklavung vom wirbelnden Geist, von Unarten, vom falschen Glauben, bleibt. Ein großes Ego, das uns vom Gott trennt und die Erkenntnis seiner Gesetze und ihre Einhaltung behindert, ist nicht von einem Bankkonto abhängig. Andererseits jedoch eine Sorglosigkeit zum Eigentum dabei kann sehr einfach in Verantwortungslosigkeit gegen den anvertrauten Menschen, an diesem Eigentum mit der Existenz abhängigen, übergehen. Deshalb auch führt sie nicht zur Erkenntnis und ist das nur eine Äußerung der Flachheit, einer geistigen und geistlichen Unreife, nicht einer Entfesseltheit.

c) Das geistige Kriterium

Als eine Armseligkeit (im Geist) ist nicht in der geistigen Bedeutung eine geistliche Naivität (ein Bildungsmangel oder niederes wildes psychisches Niveau) gemeint. Es ist die völlige Säuberung des Geistes von den überflüssigen und unpassenden gedanklichen Objekten (Vorstellungen, Überlegung, Sinneswahrnehmung, Gefühle, Wünsche, Eitelkeiten, Gewinnsucht, gleichwelche Haftung und Gebundenheit usw.) erst bei der Einübung der speziellen Meditation und später auch während des Tages bei der alltäglichen Tätigkeit gemeint. Das ist der Zustand, wann die mentalen Fähigkeiten gesteuert werden und sie versklaven nicht die Aufmerksamkeit der Bewusstheit durch den ungesteuerten assoziativen, überflüssigen und verdickten Strom der Vorstellungen, Gefühle, Überlegung, Gerede u. ä.

Die gleiche Bedeutung hat die Redewendung „glückselige stille". Dasselbe von Patandzalis „das Behindern von Änderungen des Denkprinzips". Ebenso „lieb haben aus unserem gesamten Herz, unserer gesamten Seele und des gesamten Geistes" kann nur der, wer hat nicht andere Gemüter und Gedanken, als die Liebe zum Gott. So haben das auch manche Heiligen. begriffen und verlebt Solche Liebe ist eine große, mächtige Kraft auf dem Wege zur Erkenntnis und zur Befreiung und sie eröffnet den Menschen für die Ankunft einer Begnadigung (Einbindung in einen neuen höheren energetischen Bereich, in eine neue Datenbasis).

Zweites Vorbild des Unterschiedes des Begreifens

Es erwähnt sich folgende Szene von den Zusammenkünften beim Lehrer zum Zweck der Meditation:

Der erste Schüler: „Ich meine, dass ich begriffen habe, was meinte Jesus von Nazareth mit den Worten Ich und Vater wir sind eins". Das ist praktisch dasselbe, was lehrte Ramana Maharshi.

Der zweite Schüler ohne ein Schwanken: „Du willst überarbeiten die Bibel". Beispiel des üblichen Dogmatismus. Der zweite Schüler war fest überzeugt, dass nur er es richtig versteht, und das, was sagt der erste Schüler, ganz schlecht ist, dass die Aussage keinen Wert hat, weil sie sich der Überzeugung, entsprechenden den andern Schülern (Anhänger seiner Kirche), spreizt. Der Antwortende sogar entbehrt irgendeine Höflichkeit zu Anschauungen der anderen Menschen. Wenn er mindestens sägte „das ist deine Meinung", so könnte er ausdrücken, dass er andere Ansicht hat. Aber das ihm trotz seiner Hochschulbildung überhaupt eingefallen hat. Das, dass seine Meinung eine Ansicht von weiteren Leuten der Gemeinschaft seiner Glaubensgruppe ist, überhaupt bedeutet nicht, dass die Meinung der Gruppe wahrhaftigere, höhere oder wenigstens treffendere, sogar erlösungstragendere, als die abgelehnte ausgesprochene Meinung des ersten Schülers, ist.

In der esoterischen Religionslehre eintritt wissentliche Erkennung und das Beheben der Vorurteile, Unarten, der geistigen Steifheit, Faulheit und es beginnt das Suchen der tiefereren Erfassung der Schriften. Das Studium, die Selbsterziehung und die echte Meditation ermöglichen das Fortschreiten vorwärts. Unsere Liebe zum Gott (zur Wahrheit, zum Gesetz) wird als ein Quellchen, das mit der Säuberung des Brünnleins steigern wird. Das wird dann eine schöpferische, unterstützende, altruistische, helfende Liebe sein, anerkennende einerseits die richtigen gleichen Grundrechte aller Menschen, andrerseits ihre unterschiedliche Entwicklungsebenen und dadurch auch Zugänge und Bedürfnisse, damit verbundene.

Beim Vergleich mit dem Modell der Schule ist die esoterische Religionslehre als eine höhere mittlere Schule und die Hochschule mit den Aufbauten, wo man **die Gesetze in einem tiefereren Begrei-**

fen der Bedeutung und der Zusammenhänge erkennt, und wo man die weitere Schulung in der höheren Weisheit und neue Fähigkeiten gewinnt. Wir können hier das Gleichnis benutzen: Das verlorene und wieder gefundene königliche Kind lernt alles, was es verstehen muss, um als ein gültiges Mitglied der königlichen Familie wieder werden zu können. Um es seine Verpflichtungen als des Vertreters des Königs – des Vaters bei der Verwaltung des anvertrauten Teiles des Königreiches füllen könnte. Erst nach der Erfüllung der Bedingungen wird ihm der Zugang in das Palais, das Zusammentreffen mit der Familie und die Übernahme des Anteils an der fürstlichen Funktion gelitten.

Es ist da noch ein, und zwar ein wesentlicher, Unterschied. Das Leben nach den Regeln der esoterischen Religionslehre wird ein Stil des Lebens. Es ist das nicht nur eine gesellschaftliche Form oder ein äußerer Interessenbereich, eine gesellschaftliche Aktion am Wochenende. Das ist auch eine echt private Angelegenheit. Darum niemand das Recht zu irgendeinem Eingreifen und grundsätzlich weder zu den Kontrollfragen hat. Dieses Recht hat nur der geistige Lehrer, der Meister.

Aus dem Modell der Schule auch gilt, dass die Schüler der höheren Jahrgänge den Schülern der niedrigeren Jahrgänge verstehen können, aber umgekehrt das nicht möglich sind. Im Allgemeinen gilt auch das, dass wir nur so einen Schüler und Lehrer erkennen und schätzen können, der von uns nur eine imaginäre Stufe höher als wir ist. Dem mehr höheren können wir nicht verstehen. Wir könnten ihn als einen exzentrischen, einen Sonderling, seine Lehre für sonderbare, überspannte, bis wahnsinnige, werten.

Die Ursache ist einerseits ein Mangel an den Fähigkeiten des Begreifens in der niedrigeren Ebene (die bisherigen inneren Filter das behindern). Andrerseits ein Mangel in der Ausstattungsstufe der geeigneten Begriffe und der expressiven Mittel für das Einvernehmen dem Denken in der höheren Ebene. Diese Fähigkeiten kann man nur während einer richtiger geistigen Lektüre und Praxis, enthaltenden einen Umbau der Persönlichkeit (siehe einerseits das Kapitel „Methodik der Ausbildung" in diesem Buch, andrerseits die Anleitungen in geistiger Literatur) gewinnen. Man muss die Konzentration, die Entwicklung der Aufmerksamkeit und später, an den höheren Stufen, die echte höhere Art der Meditation, führende zur vollen inneren Achtsamkeit und zum Zugriff zu neuen Informationszonen mittels der Intuition, üben.

Dasselbe betrifft die Bücher. Dem Menschen von einer exoterischen Gruppe sich erscheint das bestimmte Buch eines Autors (beispielsweise über die Aufmerksamkeit) als inhaltsgleich, und ihm es mehr gefällt, als das Buch des zweiten Autors, für ihn weniger sympathischen. Deshalb er liest wiederholt das Buch des beliebten Autors und behauptet, dass die Autoren sich überein stimmen. Allerdings das ist wahr nur bei einer Vergleichung mit der Ansicht der niedrigeren Stufe der Übung der Aufmerksamkeit und des gesamten Zugangs und Begreifens. Hierbei diesem Leser gegebenenfalls ganz entgeht, dass das zweite Buch ihn dank seinem mehr psychischen Zugang und feinem anderem Gehalt weiter in höhere Stufen führt und das es ihn näher zum Ziel hinführen könnte, wenn er es anerkannt hätte und bei ihr geblieben hätte. Das sind die Folgen von einer Verstocktheit des Egos, der Unvollkommenheit der Unterscheidung, sein Unterlaufen an den weiteren Bestrebungen. Es fühlt sich nämlich sich bedroht. Die Erfahrungen des Autors mit diesen Menschen sind solche, dass bei ihnen später die Demenz, verursachte durch die Ablehnung der neuen Heranrücken und Gedanken eingetreten ist. Was ist nicht gebraucht, das verkrüppeln.

In seiner vieljährigen Tätigkeit auf diesem Gebiet sich der Buchautor mit solchen Fällen vielmals angetroffen ist. Kritische Beurteilungen über irgendeinem Spitzenbuch Aussprechen die Leute, die eigentlich überhaupt nicht wissen, wovon sie sprechen. Das ist eine Äußerung einer dogmatischen Anwendung von Synonymen ohne keine Erkenntnis und Unterscheidung der näheren Unterschiede des inneren tieferen oder breiteren Gehaltes, gültigen im vorliegenden Fall.

Eine große Hilfe sind die Weisungen in den richtigen Büchern über den Weg zur geistigen Erkenntnis, erklärenden die Methodik, den Anblick an innere Gesetzlichkeiten und den inneren Sinn der Lehre. Die Ausstattung mit den Begriffen, expressiven Mitteln und entsprechende Logik für den gegebenen Bereich kann man wieder nur durch die Beschäftigung mit der richtigen Literatur und mit dem Umgang mit passenden Menschen bei der gleichzeitigen eigenen inneren Arbeit, abgewinnen.

Wesentlich ist die gesamte Lebensweise, der Bezug zur Umgebung, zu den Menschen, zu der Arbeit und zu allem vorbei. Die geistige Entwicklung ist der Weg von Änderungen im Denken, im Wahrnehmen, im Handeln, der Weg der Entwicklung der neuen Fähigkeiten und Eigenschaften. Keineswegs ist die geistige Entwicklung nur an einer Gewinnung irgendeiner intellektueller Kenntnisse, Anschauungen und des Gedächtnisinhaltes, abgefüllten von Mengen oberflächlicher Modele und Mustern zur Nachbildung des Lebens der uns für ein Vorbild gestellten Menschen, gegründet. Es ist nötig in gewisser Weise zu leben, entsprechende Lebensweise physische und auch geistige zu erhalten. Ähnlich ist es her mit der Schulung der formalen Meditation und dann mit dem Leben im neuen Zustand der Aufmerksamkeit, Bewusstheit und Wachsamkeit. Jedenfalls ist nicht die geistige Erkenntnis an einer intellektuellen Disputation gegründet, an Meinungsaustausch oder an einfacher Leerheit des Geistes ohne richtige Zielrichtung der wachsamen Aufmerksamkeit.

Im Sport auch genügt es nicht, verschiedene theoretische Anweisungen nur lesen. **Es ist nötig, die Eigenschaften und Fähigkeiten zu entwickeln und die Erfahrungen bei der praktischen Ausbildung und Tätigkeit** vorher beim Trainieren und dann beim Wettkampf **zu gewinnen.**

Die geistige Erkenntnis entsteht aus einer Reihe von Erlebnissen, oft sehr feinen, in der Weile obwohl nicht wahrgenommenen, kommenden als ein Ergebnis des sensitiven und intellektuellen Zugangs, der systematischen meditativen Tätigkeit, des Studiums, der Einarbeitung des Erlebten ins eigene System des Intellekts, der Gefühle, des Glaubens und der Ansichten. Ist es überhaupt nicht möglich die Erkenntnis gegen eine Bezahlung oder Schenkung von jemandem und auch nicht mittels irgendeines Zeugnisses, zu gewinnen. Sein Grund und der Ursprung sind in höherer Ebene der Wahrnehmung, in der Unterscheidung und im Erfassen, also in der Entwicklung von eigenen Fähigkeiten. Dabei kann einen erheblichen Einfluss eben eine Übertragung der Hilfe vom Lehrer oder von einem fortgeschrittenen Schüler leisten. Nicht nur das Belehren mittels der Texte oder eines Diskurses, sondern auch durch die Intuition während der gemeinsamen Meditation. Auf den höheren Stufen ist eben die Meditation das wichtigste, weil die grundlegenden intellektuellen Informationen schon der Schüler hat und er braucht ihren inneren Sinn mittels der

Intuition, mittels der Erfüllung der Bedingungen für die Anfügung an das höhere Informationsfeld (Raum, Ebene) begreifen.

Der Intellekt hier ist nicht die Quelle der Kenntnisnahme, aber nur der kommunikative, Transformations- und Registrierungsmittel. Es ist nicht günstig ihn weder zu überschätzen, aber auch zu verkennen. Sein Mangeln ist jedenfalls kein Vorteil am geistigen Wege. Das Mangeln der analytischen Fähigkeiten führt immer zur schlechten Unterscheidung, zum Dogmatismus, zum Wachstum von Ego und zur Abweichung vom richtigen Wege in der Richtung zu einem Ersatz, angebotenen von der lärmenden Reklame.

An seinem Lebenswege hat der Autor dieses Buches viele Menschen, die durch Wirkung ihres Dogmatismus und ihres Hochmuts an die Richtigkeit ihrer anwesenden Ansicht stehen geblieben sind, oder sind eben für ihren Intellekt entfallen, mit dem sich ihr Ego gegen die Änderungen, gewünschten beim richtigen Vorgang an dem geistigen Wege, bepanzerte. Einerseits übten sie zum wiederholten Mal ungeeignete niedrigere Übungen, die bedarfswidrig dem Bedürfnis ihres anwesenden, sich entwickelnden Stadiums waren, anderseits weder die empfohlene Literatur vom wahren geistigen Lehrer lesen nicht wollten. Sie haben nur Fehler des Autors und des Buches gesucht, um ohne Veränderung der Meinungen bleiben zu können. Das ganze Buch war nach ihrer Meinung, ein Unsinn. Sie wussten alles besser und anders.

Eine Unterscheidung und ein gesunder, hintergrundbeleuchteter Intellekt, können eben vor Demagogie und Dogmatismus, die verwenden manchmal in Unkenntnis, aber oft auch wissentlich, die betrügerischen „geistigen Lehrer", „Propheten", aber auch die „Gelehrten" und volkstümliche Pseudowissenschaftler, behüten.

Ein solcher gesunder Intellekt jedoch muss richtig ausgestattet und gebraucht werden, er darf nicht dogmatisch sein und er muss kennen, sich selbst selbstkritisch in den Grenzen halten, die seine Brauchbarkeit und die Möglichkeiten beschränken. Er muss dazu und zu denjenigen, die sind in der Entwicklung höher, demütig sein und dabei widerstandsfähig und gesund kritisch dazu und zu denjenigen, die eine Lehre einer niedrigeren Entwicklungsstufe, oder sogar nur ihre persönliche unwahr oder für die gegeben Umstände unrichtige Ansichten, verkünden.

Eine gesunde Bewusstheit der Begrenztheit unserer Kenntnisse und der Möglichkeiten ist nötig. Sie aussondert jedoch nicht das gesunde Selbstbewusstsein, entstehende aus der Verständigung unserer Grenzen und aus ihrem wissentlichen ständigen Verschieben mithilfe unserer Bestrebung. Wir müssen erkennen, wo unsere begründeten Kenntnisse enden, sondern auch wo unsere Kenntnisse näher der Wahrheit, als Kenntnisse des Opponenten, angebotene uns als eine Variante, habende jedoch den Wert eines minderwertigen Ersatzes oder sogar anführende an einen Abweg, sind.

Die geistige Demütigkeit basiert nicht darin, dass wir hineinfallen dem versprechenden „Lehrer" und dass wir etwas übernehmen, was uns beschädigen wird. Es ist nicht jedoch richtig auch der Stolz des Intellektes, der die Lehrsätze des echten Lehrers oder eines vorgeschrittenen Schülers ablehnt, der hat obwohl niedrigere Schulbildung, aber die höhere geistige Verständigung.

So wie kann niemand verständiger aus einem höherem Jahrgang die Mitschüler aus niedrigerem Jahrgange das Begreifen der höherer Gesetze der Mathematik, oder Physik ohne die gehörige systematische schrittweise Vorbereitung lehren, so ist es nicht möglich, weder höhere kirchlicheErkenntnsise den unvorbereiteten Leuten mittels einer schnellen äußerlichen propagandistischen Aktion oder einer Diskussion übergeben. Solch ein Bestreben führt zur Begriffsverwirrung, zum Formalismus und Dogmatismus. Es führt also zurück in ein niedrigeres Niveau des Innenlebens, also zum Verfall anstelle der positiven Entwicklung.

Die Geschichte uns belehrt, dass es immer zum Nachteil der Dinge und vor allem deren höherer Entwicklung war, dass so die suchenden Menschen, bis zur Liquidierung von den Leuten verfolgt wurden, die sich aneignen das Recht seine Ansichten oder Machtgier, mit Gewalt und Demagogie zu durchsetzen. Die Ketzergerichte in der religiösen Geschichte oder der politische und philosophische Dogmatismus während der kommunistischen und nazistischen Diktatur sind dessen die Beispiele.

Um die geistigen Lehrer in der Vergangenheit das Nachjagen, die Liquidierung und Deformation der Lehre von unreifen, habsüchtigen, aber mächtigen Leuten zu vermeiden, verwendeten sie die Gleichnisse. Sie maskierten kompliziert die eigenen Anleitungen und den Schlüssel gaben nur den ausgesuchten Schülern zu erkennen. So war es zum Beispiel nötig zu wissen, wie eine Anleitung zum geistigen Üben aus verschieden zerstreuten Buchstaben und Silben des Buches zusammenzusetzen. Oder sie das innere psychologische Geschehen im Schüler maskierten in der Alchimie mit der Beschreibung der chemischen Vorgänge. Das Erwärmen war eine Meditation, das Elixier der Philosophen die Erkenntnis, Weisheit und Macht u. ä. Trotzdem die dummen Leute, gierige nach einem Reichtum, sich plagten nach den Büchern über einer Herstellung des physischen Goldes, anstelle einer Züchtung der Weisheit, um die diese Bücher schrieben. Und nicht anstehen dabei irgendwelche furchtbare Freveltaten zu durchführen.

Davon, was die richtige geistige Einstellung ist, entschieden, und bisher oft entscheiden, in den religiösen Gemeinden durchaus weltliche und materialistische Menschen, die kein kontemplatives Leben lebten, die meditierten nicht, meditieren nicht kennten und von der Meditation nichts wussten, sogar weder wollten nicht wissen, und deshalb sich um sie auch nicht versuchten. Sie kümmerten sich nur um ihre Chargen, Macht und Pfründe, sinnliche Vergnügungen, sie kannegießerten und mittels der Liquidierung der reichen Leute physisch reich wurden.

Die Menschen ohne irgendwelche moralische und geistige Verständigung vergrämen das Leben den vielen wirklich Heiligen, als ihre Lebensgeschichten zeigen. Es ist nicht zweifel davon, dass auf den brennenden Scheiterhaufen endeten, oder waren meuchlerisch ermordet auch die Mystiker, also die wahren Heiligen. Deshalb waren, wegen des Schutzes, die geistigen Lehren in Gleichnissen (beispielsweise als Alchimie, Freimauerei u. ä.) verheimlicht und verabreicht.

Die Tabellen

Für eine Darstellung der Abstufungen der Kenntnisnahme und der Methodik auf dem Wege nach ihr wurden weiter zwei übersichtliche Tabellen zusammengestellt. Ihren Inhalt ist es nicht richtig dogmatisch zu greifen, aber als einen Versuch um eine systematische Darstellung der Entwicklungsstufen der komplizierten und langfristig wirkenden Ereignisse.

Die Tabelle I

Die erste Tabelle ist ein Versuch um das Sortieren für eine Darstellung, oder eher für ein Sichtbarmachen der Reihenfolge der Ausbildung und des Begreifens sowohl dessen in üblicher öffentlicher Schule (die linke Tabellenspalte), sowie auch von der Abstufung der Entwicklung am geistigen Wege (die rechte Tabellenspalte). Weil in verschiedenen weltlichen schulischen Gebieten kann der Gehalt der Ausbildung verschieden und nicht immer eindeutig stufenartig und systematisch sein, scheint sich dem Verfasser als das passendste gemeinsame Gebiet für eine Darstellung der Abstufung der Kenntnisnahme die Mathematik, in der das bekannte natürliche und anerkannte System und Wechselbeziehungen herrschen. Deshalb wird sie in der Tabelle zum Vergleich in der zweiten (mittleren) Spalte verwendet.

An einer ganz genauen Definition des Jahrganges und des Gehaltes der Gegenstände hier nicht abhänget. An die Tabelle es ist nötig sich so zu anschauen, dass sie die Entwicklung, die Grädigkeit und die Anknüpfung darstellt. Die einzelnen Stufen haben nicht in der Entwicklung des Einzelnen ihre genauen Grenzen und sind nicht für ihre Individualität zeitlich genau definierbar, aber trotzdem sie existieren, sie sind beschreibbar.

Die erste Tabelle auch hat nicht eine historische Bedeutung für die ganze Menschheit, weil die erleuchteten Menschen in allen Zeiten unabhängig davon, was für eine äußerliche Religion und gesellschaftliche Form im gegebenen Gebiete und gegebener Kulturperiode, vorkamen, herrschten. Bis wohin sich versuchten irgendeinen Menschen (Priesterstand und geistige Lehrer) etwas aus der Kenntnisnahme mitteilen, wählten sie verschiedene Gleichnisse, Symbolik und Abbildung (Ägypten, Mesopotamien, Indien, Griechenland, Rom u.a.), zugänglichen dem Denken der Menschen dieser Epochen und geografischen Regionen. Trotzdem ist die Tabelle für eine Darstellung ausreichend instruktiv, nein jedoch allumfassend, und ihr Begreifen eröffnet neue Anblicke an das geistliche und geistige Bestreben und das Leben der Menschen. Der Verfasser glaubt, dass zur gezielten Darstellung der Entwicklung die Tabellen ganz ausreichen. Im Gegenteil, die Verständnislosigkeit der Entwicklungsmöglichkeit, der Nachkommenschaft und des Bedingtseins führen zum Dogmatismus, Irrtum und Misserfolg im Hinstreben, oder in den Grenzsituation sogar zu Verletzung und zum frühzeitigen Tod.

Es ist nötig sich jedoch verständigen, dass den Inhalt der Tabellen jeder gemäß seinen psychologischen Filtern und den intellektuellen Fähigkeiten liest. Der Verfasser ist sich dessen bewusst, dass genauso, wie jemand die Tabellen für den positiven Impuls zum Nachdenken und zur Umwertung seiner Meinungen, der Sortierfiltern und für den Anfang eines neuen Lebens halten wird, sowie auch von den anderen werden die Tabellen als schlecht kennzeichnet und in ihrem Dogmatismus sie sie urteilen ab, weil sein Ego erkennt, dass es gehört in seiner Entwicklung gemäß der Tabelle an eine niedrigere Ebene und sich zu bemühen hinauf, ihm dieses Ego hemmt. Und etwas zu verändern, etwas in sich verzichten und er hat keine Lust an sich für sich zu arbeiten. Es ist leichter, alles zur Dummheit erklären, und weiter im alten Stiefel nach seinem zu leben.

So sagte dem Verfasser eine Frau mit einer Grundbildung in der Zeit des Beendigens dieses Buches, dass er zu wenig intelligent ist, weil er die von ihr erbrachte Lehre einer Sekte, zu welcher sie Anhänger ist, lesen und studieren nicht wollte, mit der sich der Verfasser (ihre Bücher er durchstudierte) schon vor fünfzig Jahren bekannt gemacht hat. Er ist jedoch ihr Anhänger nicht geworden, weil er bereits auch andere Lehren studierte und er mehr und das bessere, als die Sekte nicht nur anbietet, aber sogar auch zu glauben verlangt, suchte.

Auf diese Art und Weise sich maskiert das Ego, dieser dynamische parasitäre, eitle, verselbstständigte partikuläre Gestaltung der Persönlichkeit, strebende mittels der geeigneten Autosuggestionen um das Behindern der geistlichen, geistigen und oft jedoch auch materiellen höheren Erkenntnis und um ein Erhalten ihrer hochmütigen Vormacht mit Illusionen von eigener Größe, von den Schwächen der Umgebung und von der Dummheit sonstiger Menschen, die andere Ansichten und Ausbildung haben. Die Bemühung um eine Erkenntnis ihn nämlich bedroht in seiner Macht.

Als wir an die angedeutete Entwicklung des Einzelnen aus einem breiteren Standpunkte ansehen, gemäß dem Gehalt seiner Interessen, der Denkweise, der Empfindung, den Einstellungen und beurteilenden Maßstäben können wir von etwa drei Entwicklungsstadien der Menschen sprechen. Die exakten Grenzen ist es nicht möglich zu bestimmen.

Tabelle I

Tabelle für die Darstellung der Entwicklungsstufen, Erkennung und Erkenntnisse einer Einzelperson

Schule	Mathematik	Geistig-geistliches Begreifen, die Tätigkeiten und Ergebnisse
Schulgarten	Die Zählung der Finger und Gegenstände, die Gründe des Sortierens.	**Animistische** Religion, die Personifizierung der Naturkräfte, die Approbation höher Gewährsmänner, die Schamanen wie Verbindungsmenschen zwischen dem Gott und der Menschheit, physische und tierische Opfer.
Volksschule	Die Gründe der Arithmetik. Die Addition, Subtraktion, Zerteilung, der Anfang des logischen Denkens, „Wenn" – „also". Das Sortieren, die Mengen.	**Anthropomorphe** Darstellung des Gottes, die Mythologie, die Darstellung verschiedener Aspekte des Gottes mittels einzelner Gottheiten - Polytheismus, ein Zusprechen der menschlichen Eigenschaften der Gottheit, die Anbetung der Gottheit in einer Form menschlicher Vorstellungen, der Priesterstand als die Mittelspersonen zwischen der Gottheit und den Menschen.
Untermittelschule	Die Gründe der Algebra, die Formeln, Gleichungen, Operationen, die Berechnung einfacher Flächen und der Umfänge, die weitere Entwicklung der Logik, Bildhaftigkeit und Begriffsbildung, die Mengen, die Überlegungen um Proportionalität usw.	**Exoterische Religion:** kollektiv, massenhafte Zeremonien, Die Weihung der Statuen, die Glaubenssäatze, die Unterscheidung der Erklärung gemäß externer Formen des Bekennen, das Ankleiden und Gottesdienst, die Uniformität, die Priester wie einzig berechtigte Mittelsmänner mit entscheidender Macht, intellektuelle Gotteslehre, die Priesterhierarchie, unbewusstes Haften an materieller Form, der Glauben in materielle Auferstehung und Form eines postmortalen Lebens. Sportlich und physiologisch aufgefasster intellektueller Yoga, der Missbrauch des Sexes. Der Glauben ist oberflächlich, formell, er ist nicht systematisch, deshalb häufige Konversionen zur anderen Erklärung, oder Richtung, anstelle des Suchens innerer Begreifung oder des Obenansichts, das Überfliegen von Lehrers zu Lehrer, das Suchen der Exotik und des Mystizismus in den anderen Religionslehren anstelle des Suchens der inneren Bedeutung der anfänglichen, vorherigen Religion. Das Vertrauen auf die Tätigkeit anderer Menschen anstatt unsers Bestreben zu unserer Übernahme der eigenen Verantwortung.

Ober-schule	Die Gleichung, kompliziertere Berechnungen der Körper, der Dreisatz, mathematische und trigonometrische Funktionen, ihre grafische Darstellung, der Grenzwert, das Differential, die Ableitung, das Integral. Die Verbreitung der Logik, Bildlichkeit und Begriffsbildung.	**Esoterische Religion, Gründe des richtigen Yogas,** die Besinnung, Selbstbeherrschung, Säuberung des Charakters, der geistliche Lehrer, die Mystik, Liebe zum Gott, wissentliche Übung für erforderliche Fähigkeiten und Eigenschaften, die Kontemplation, die Seminare in kleinen geistlichen Gruppen, der Glauben ist tief und systemisch, nicht mehr jedoch gattungsmäßig fanatisch. Das Glauben in Empfang der Begnadigung auf der Basis der unseren Bemühungen nach Erfüllung des Gewünschten. Unsere Verantwortung. Aufgeschlossenheit für neue Auffassung von allen, Toleranz. Intellektueller Mentalismus, Pantheismus und Monismus.
Hoch-schule	Die Ableitung und das Integral, allgemeine und differenzielle Gleichungen, irreale und konjugierte komplexe Zahlen, mehrdimensionale Räume, Systeme üblicher und differenzieller Gleichungen, analytische Geometrie, transzendentale Beziehungen, die Reihen, die Matrix.	**Innerer Yoga, die Mystik:** Das Entwickeln der Konzentrationskraft, Aufmerksamkeit und Unterscheidungskraft mittels der Konzentration an Objekte, das Einüben des Grundes der richtigen Meditation, das Begreifen der gemeinsamen Essenz aller wesentlichsten Religionslehren, die Toleranz, das Suchen des inneren Sinnes der Schrift, die Mystik, der Yoga, das Anerkennen des inneren Weres verschiedener Religionslehren, der Glauben ist tief, systemisch, übergehend mittels des Einfluss der Intuition in die Erkenntnis, das Erwachen richtiger unpersönlicher Liebe, ganz andere Beziehung zum Lehrer und zu allem ringsum. Erleuchtetes (durch intuitives Verständnis verklärter) Mentalismus, Pantheismus und Monismus.
Wissenschaftliches Institut	Verständnis allgemeiner Gesetzlichkeiten, schöpferische Fähigkeiten, eigene Entdeckungen und ihre Weitergabe, die Fähigkeit höchster Fachmänner - seine Nachfolger zu unterrichten. Die Übergabe der Fackel.	**Fähigkeit der richtigen Meditation** die (Linderung der Tätigkeit des Geistes, der sinnlichen Wahrnehmung, die Selbsterkenntnis). Tiefer Bhakti-Yoga, Jnana Yoga, Atma-vichara, (die Erleuchtung, die Selbsterkenntnis, die Realisation, das Nirwana), **erlebter Pantheismus und Monismus,** richtiger Lehrerstand für die ausgewählten Schüler, gekennzeichneter durch innere Übertragung und Erziehung der Nachfolger. Wirkliche Erkenntnis anstelle des einfachen Glaubens. Das Übergeben der Fackel.

Vorsicht! Die Tabelle hat nicht historische Bedeutung für die ganze Menschheit. Sie betrifft nur Einzelpersonen. Zu jeder Zeit lebten und leben auf Erden die Menschen aller aufgeführten Grade der persönlichen Entwicklung!

Animalisch – tierischer Mensch

Der vorherrschende Inhalt seines Denken, Handeln, Begehrens sind nur materielle Objekte, der Lebensbedarf, sinnliche Belustigung, für Ausbildung sich bemüht nicht, eine Gewalt für seine Umsetzung wendet er an ohne irgendwelcher Hemmung. In moderner Gesellschaft hat auch eine „Bildung" oder Ausbildung, um ihren Lebensunterhalt zu verdienen, eine höhere Bildung er sucht und meist auch leugnet nicht.

Mental – intellektueller Mensch

Er hat Interesse für seine Bildung, er befasst sich außerhalb der materiellen Bedürfnisse auch mit einer Bildung, mit der Kunst, mit-Sport u.a. Seine innere Entwicklung setzt über sein schulisches Wissen fort.

Geistig – kluger, weiser Mensch

In der Vorbereitungsphase sucht er die Erkenntnis über Sinn des Lebens, liest geistiger Literatur und praktisch bestrebt sich um Innere Entwicklung in der Richtung zur höheren Erkenntnis mittels der Meditation. Seine Auffassung des Lebens ist breitere auch tiefere. Nach der Erreichung der Erkenntnis übergibt er seine Erfahrungen und Kenntnisse den Schülern mittels der persönlichen, oder literarischen Wirkung.

Die Tabelle II

In der zweiten Tabelle werden in der ersten Spalte der Entwicklungsstand der Erkennung und der Zustand des Geistes beschrieben. In der zweiten Spalte die Entwicklung der Methodik, die Einstellung der Aufmerksamkeit bei der Übung. In der dritten Spalte die gebrauchten Mittel der Übung, Inhalt der Übung.

Falls der Leser produktiv auf dem geistigen Wege gehen will, muss er richtig die Nachfolge, angedeutete in der rechten Spalte im Zusammenhang mit dem, was im Kapitel über die Bedingungen der ununterbrochenen Entwicklung behandelt wird, begreifen.

Wir dürfen nicht vergessen, dass die Übungen, beschäftigenden den Körper, seine Positionen und Bewegung, von der Sicht der gesamten geistigen Entwicklung nur ein Anfang, ein Hilfsmittel zum Einüben einer Konzentration, wenn auch am Anfang nutzbar und wirksam, sind. Sie helfen den Anfängern zum bewussten Einüben einer Zielrichtung der Aufmerksamkeit, anstatt eines Springens von einer Sache an eine andere. Eine Erstarrung an ihr in einem größeren Bereich, als ist notwendig für eine Verstärkung der Kunst, gezielt die Richtung der Aufmerksamkeit zu lenken, ohne den rechtzeitigen Übergang an weitere höhere und geeignetere mentale Übungen, bedeutet aus der Sicht des geistigen Weges eine absolut sichere Erstarrung auf dem wirklichen geistigen Wege. Doch in dem indischen System des Raja-Yogas bildet die Asanas nur die erste Stufe des achtteiligen Pfades.

Ähnlich ist es mit dem Lesen und Studium der Bücher. Sie sind notwendig und sehr nutzbar, sogar unbedingt, aber sind ebenso nur eine Stützungsmaßnahme, wenn auch bei richtiger Applikation sehr wirksame und unentbehrliche. Die Wirksamkeit aber ruht in den Folgen, die das Lesen hat. Bis wohin jedoch die Informationen, in ihnen erhaltenen, für die bedürftigen Umsatze im Leben verwendet nicht werden, dienen diese nur für Verbreitung des Gedächtnisinhaltes für die Wechselreden und die Anfüllung des Bücherschranks. Sie erfüllen nicht ihre Mission. Das muss nicht jedoch ihre Schuld sein. Das kann eben nur der Zutritt des Lesers (die Härte seines isolierenden Egos) verursachen. Es ist verursacht einerseits vom Mangel an der unterscheidenden Fähigkeit und an der Anstrengung nach der Einübung neuer Eigenschaften und andrerseits von der Faulheit und

Verdunkelung des Ego, das hemmt, die Instruktionen zu erkennen und zu begreifen und dann sie zu realisieren. Die inneren Filter der Informationen durchlassen den Prozess der Erkennung zur dazugehörigen Ebene zur Weiterverarbeitung nicht.

Auf dem Wege uns können in der Entwicklung nach vorn zwei Extreme, anerkennende unseren anwesenden Ausgangsstand, zurücksetzen oder hemmen. Es ist das einerseits ein ungeeignetes Beharren an den Übungen einer niedrigeren Stufe, andrerseits eine Bemühung um allzu schnelles Fortschreiten auf dem Weg mittels des Überspringens der Zwischenstufen. Das Abzielen zur Meditation muss ununterbrochen, systematisch sein. Auch so hat sie viele Stufen des Entwikkelns und des feinen Begreifens der Unterschiede der inneren Haltung. Nicht immer sich uns gelingt, einen kleinen Fortschritt zu tun. Manchmal es uns nicht gelingt weder die schon gewöhnlich erreichte Stillung der Bewegung des Geistes noch die Zielrichtung der Aufmerksamkeit, zu erreichen. Es kann das von der geistigen oder körperlichen Müdigkeit, von einem Erlebnis, das zu viele Steuerung des

Tabelle II — Tabelle für die Darstellung von Entwicklungsstufen und des Benehmens des Geistes und der Aufmerksamkeit

	Zustand des Geistes, seine Ausdrücke	Einstellung der Aufmerksamkeiten bei der Übung	Beispiele der Mittel
1	Der Geist ist unbeständig, er springt ungesteuert von Thema zum Thema, wirbelt, kann nicht sich konzentrieren an ein Thema. Die Ideen folgen aufeinander unsortiert, bunt über Eck, oder sich unabweislich das Gedankenthema wiederholt.	Auf ein Verständigen der Lage des Körpers, seiner Tätigkeit, das Verlangsamen der Bewegung, konzentrierte Betrachtung der Bewegung, wissentliche Wiederholung der Bewegung, gezieltes Beherrschen der körperlichen Aktivitäten. Die Einübung der Bewegungsformeln.	Die Körperkultur mit dem Einüben der Bewegungssysteme. Die Häusliche und schulmäßige Erziehung. Sportliche Tätigkeit. Die Einübung der Eigenschaften und Fähigkeiten im Beruf. Die Gründe des Hatha-Yogas.
2	Die Sinne sich hinführen nicht angekettet zu einem Objekt. Die Aufmerksamkeit sich kennt nicht verständigen zum Lauf des Geistes (die Gefühle, bildhafte Vorstellungen und verbale Formen).	An wissentliches Zielen der Aufmerksamkeiten an Objekte, Betrachtung von Details beim Einüben der Bewegungsformeln. Anfang der speziellen Übungen der Konzentration.	Die Übungen der Asanas bei der Übung des Hatha-Yogas, langsames, bewusstes Gehen. buddhistische Übungen der Aufmerksamkeiten an den Körper, seinen Zustand und Bewegung.
3	Der Geist sich kann an Themen halten, aber nur kurze Zeit. Er überspringt vom Thema zum Thema.	An den Gang des Atems, seine Regulation, Weiterentwicklung der Fähigkeit der Aufmerksamkeiten. Aufmerksamkeit stärker wird. Die Entwicklung der wissentlichen Übung der Konzentration.	Das Prana-yama im Hatha-Yoga, die buddhistische Übung der Beobachtung des Atems und seiner Phasen. Das Lenken des Geistes in den thematisch zugesperrten Kreis.

Die Einführung auf den Weg zur Weisheit

4	Der Geist sich schon kann mit seinen eigenen Tätigkeiten, sinnlichen Eindrücken und emotionalen Bewegungen beschäftigen.	An Beobachtung der Entstehung von Reaktionen an Sinneseindrücke und nachfolgende Entstehung emotionaler Bewegungen.	Buddhistische Betrachtung der Sinneswahrnehmung und der affektiven Bewegungen. Niedrigere Stufe von Atma-Vichara.
5	Der Geist sich kann konzentrieren an ein Objekt der Beobachtung oder an kleinere Gruppe der Objekte, oder an eine Phase der Tätigkeit zu anketten.	An Inhalt des Geistes und ihr Vorhalten. Das Verständigen ihrer Tätigkeit und ihr wissentliches Disziplinieren. Das Verständigen sich der Entwicklung der Gefühle und folgende Reaktionen.	Buddhistische Übungen der Aufmerksamkeit an den Stand und Inhalt des Geistes, bewussteres Verlangsamen einer Bildung der Gedanke (das Beten des Rosenkranzes usw.). Niedrigere Stufe von Atma-vichara.
6	Der Geist sich beginnt beruhigen und unterordnen die Aufmerksamkeit. Anstelle eines ungesteuerten Herrschens, er beginnt gesteuert arbeiten. Anstelle des Chaos ist produktive Tätigkeit.	An Verständigung des Beobachters und der beobachteten Objekte. Anfang des Bewusstwerdens der Überordnung des Bewusstseins. Die Achtsamkeit ist schon stärker geworden und wird eine beachtliche Macht.	Einüben des wissentlichen Beobachters der Objekte. Die Verständigung der Zielrichtung der Aufmerksamkeit des Beobachters. Höhere Stufe von Atma-Vichara.
7	Der Geist ist fähig die Bildung der Objekte zu stoppen.	Die Aufmerksamkeit wird die entscheidende Kraft des Bewusstseins auf dem Weg zur Selbsterkenntnis.	Das Einüben der dauernden Stellung eines von sichselben bewussten Beobachters.
8	Der Geist ist still, projiziert nicht Objekte und Sinneseindrücke.	Die Aufmerksamkeit ist in das Bewusstsein zurückgezogen, erfolgt das Erlebnis des Selbstbewusstwerdens, (Die Erkenntnis, Aufleuchtung, das Königtum Gottes, die Realisation).	Nichts.
	Die Etappen der Entwicklung der Einzelpersonen bei ihrem Bestreben zur Erkenntnis.		

Geistes erruft, zu lange Pause im Bestreben bei den Versuchen um eine Meditation, verursacht werden. Wir müssen geduldig und ausdauernd sein. Eine Begnadigung kommt unerwartet. Bis wohin wir gewisse Ergebnisse warten, können wir an einen Abweg der Autosuggestion gelangen und so einen vollständigen Verfall auf dem Wege erreichen, einer Täuschung, gestalteten von unserem Unterbewusstsein, unterliegen, und diese für geistige Erlebnisse ansehen, obwohl sie in die Sphäre der Fantasie, Psychologie, bis Psychiatrie gehören.

Mit solchen Leuten sich Autor des Buches mehrmals im Leben getroffen hat. Hier ist entscheidend ein wirklicher innerer Zutrit, eine Sauberkeit. Wer ist demütig, sehnt die höheren Wahrheiten zu erkennen und innerlich um Hilfe bittet und ehrlich sich strebt, der sie erhält im solchen Maße, welchen er eben braucht. Er sich doch anschließt an die kosmische Weisheit und ihre Datenbasis! Die ist gerecht und unentgeltlich. Aber Achtung! Wir sind so umnebelt, dass das nach einer bekommenen Belehrung lange Zeit dauert, ehe wir begreifen, was wir richtig machen sollen. Wir müssen meditieren, nachdenken und versuchen. Das ist das unsere Entwickeln. Nach einer wirklich geistigen Belehrung dann kommen bis Jahre des wiederholten Erkennens der weiteren kleinen Stufen der inneren Bedeutung des Erlebnisses.

Dagegen, die Leute, die sich wollen stolz nur an ihren Verstand des Intellekts und den philosophischen Nihilismus vertrauen, die turnen für das Erzielen okkulter Kräfte und die anderen Lehren, als ist die von ihnen aufgenommene verachten, bleiben in der Gewalt Ihres Ego, ihres nicht untererleuchteten Intellektes, verflochten. Für eine Erleuchtung sie halten ihre intellektuelle Klügelei beziehungsweise verschiedene Kräfte, erworbene mittels eines Spezialtrainings. Ihr tierliches Ich ist ihr Herr und fest sie beherrscht. Es ist ihr Sklavenhändler. Das endet mit trauervollen Ergebnissen.

Die Toleranz

Das Begreifen des Unterschieds zwischen exoterischer und esoterischer Religion und einer Aufnahme der Überzeugung über die Reihenfolge der Erkennung gemäß den aufgeführten Tabellen, eröffnet jedem Menschen eine Möglichkeit, mehr tolerant, bescheiden zu werden, und mit seiner Einstrahlung und Handlung zur besseren geistigen Stimmung der ganzen Menschheit persönlich zu beitragen. Er sieht, wo er sich etwa befindet, und wohin kann er weiter zielen. Sehr gedrängt sind in der Tabelle die Methoden, angewandten im geistigen Bestreben, aufgeführt.

Aus den Tabellen ist es auch sichtbar, dass die Beschreibungen der Gesetze und die Anweisungen für das Wachstum prinzipiell gelten für intellektuelle Entwicklung im Sinne der professionalen und gesellschaftlichen Bildung und Entwicklung der Beschaffenheiten und Fähigkeiten sowie für das Wachstum in der Richtung zur höheren gesellschaftlichen, ethischen und philosophischen Verständigung und weiter für die vorbereitenden Phasen des Antreten des Weges zur geistigen Entwicklung. Sie unterscheiden sich in den Ebenen dieser Gebiete.

Der Weg zur einer solchen Toleranz ist mühevoll, verlangend das Bestreben, wie jeder Weg zur Erkenntnis und zu den Fähigkeiten, überlegenden den gegenwärtigen Zustand. Das ist jedoch ein Weg, ermöglichend sich eigene Abgangsstelle zu finden und zu beginnen, sich mittels der systematischen Tätigkeit in der Richtung des willkürlichen Antretens des Weges zu einer Entwicklung zu höheren Kenntnisnahme zuerst der geistigen und dann auch geistigen, zu bestreben.

Ein Mangel einer gegenseitigen Toleranz mit tragischen Folgen ist meist vom Missverständnis auswirkt, dahin gehenden aus dem Dogmatismus und aus einer hochtragenden Überzeugung einerseits über absoluter Wahrheit der eigentlichen Überzeugung über dem Gehalt ihres Glaubens und anderseits über unbedingter Irrtümlichkeit der Meinung der anderen Menschen.

Daher, dass die Menschen mit verschiedenen Sprachen sprechen, sich sie meist so grausam nicht verfolgen. Sie nehmen als natürlich an, dass den gleichen Ereignissen des Lebens die Menschen verschiedener Sprachgruppen verschiedene Namen geben, und schauen sich an das als an eine natürliche Sache, dass sie für die Verständigung die Wörterbücher und Übersetzungen benutzt werden.

Sie können jedoch nicht annehmen, dass es genauso möglich ist, ein Verständnis für verschiedene Namen, gegenseitige Vorstellungen, Bilder, oder sinnbildliche Zeremonien, mittels denen sie bemühen sich in der Religion den gemeinsamen Gott zu zollen, dem Prinzip Daseins, der Macht und Weisheit, **die zugrunde liegt zu allem bekundeten auf allen Ebenen, und somit auch zu uns**.

Sie irrewerden, dass bis wohin sie glauben an einen einzigen Gott, der für alle die einzige gemeinsame Quelle des Lebens, der Erkenntnis und der Liebe ist, ist der Name, den sie ihm geben, auch nur ihre sprachliche Modifikation beziehungsweise ein Bekunden nur über ihren Vorstellungen. Sind das ihre ganz persönliche Form der Vorstellungen, nicht mehr eine natürliche, objektiv gültige äußerliche Wirklichkeit, keine Realität.

Doch Gott ist nicht ein Mensch und deshalb ihn auch als solchen jemand niemals gesehen hat. Und wenn er auch ihn als einen Menschen trifft, also würde er sich ihn für Gott nicht halten. Doch es geschrieben worden war „ Gott hat niemand gesehen". Dabei etwas über das grenzenlose Weltall und seine maßlose Gesetzlichkeit jeder denkende Mensch wissen sollte. Das aber jedoch den aufgeblasen en Egos der Materialisten nichts sagt, weil ihnen es ihre Geistesaussicht, die sich selbst geschaffen haben, nicht erlaubt.

Bis wohin braucht die Innere Wirklichkeit etwas der menschlichen äußerlichen Persönlichkeit mitteilen, muss sie die Äußerung in so einer Form wählen, um der Mensch bereit wäre, sie für Instruierung anzunehmen. Deshalb haben die Visionen der wirklichen Mystiker immer symbolische Bedeutung und es ist nötig sich bemühen, von ihnen die höhere Innere Bedeutung zu begreifen. Und ebenso es ist nötig begreifen den äußeren Mittler – den Menschen den Lehrer, den Propheten. Aus einem Missverständnis dann entstehen verschiedene Irrtümer und Streit für das Nichtwissen und schlechte, oder gar keine wahre Verständnis der mitgeteilten Information.

Es ist deshalb nicht nur durchaus sinnlos, dass man sich für einen anderen Namen des Gottes, für andere Gebräuche des Verneigens ihm und für eine andere ihre Vorstellung, massakriert. Es ist ebenfalls verbrecherisch und dumm, dass sie mit Gewalt ihre Vorstellung als einzig richtige durchsetzen. Dabei sind anderer Name, Zeremonien und Gebräuche nur die gruppenweisen Angewohnheiten der gegebenen ethnischen Gruppe, die gleichen Begriffe mit anderen Worten (Namen) zu bezeichnen genauso als ist es bei den anderen Begriffen aus dem Leben in allen seinen Bereichen. In diesen anderen Bereichen die Leute ungestört verwenden sprachliche Übersetzung und für die anderen Worte sich nicht massakrieren.

Für die religiös - philosophischen Begriffe jedoch sie diese Stellung nicht wollen und auch nicht können zu einnehmen. Sie haben nicht die entwickelten Eigenschaften eines breiteren abstrakten Denkens, nehmende für den Ansatz die Symbole. Diese Eigenschaften

Die Einführung auf den Weg zur Weisheit

dann missbrauchen die bösen Menschen, hungernden nach einer Macht und nach einer Gewalttätigkeit über den anderen, sie anschüren Streitigkeiten, an ihnen sich schmarotzen in einer psychologischen, wirtschaftlichen und auch autoritativen Richtung und bewirken, anstelle einer Verkündigung der Liebe und der Erkenntnis, ein gigantisches Leiden, den Verfall und eine große Versklavung.

Dabei ist schon in der Gegenwart mittels der Tomographie die erwiesene Wirklichkeit, dass für die Sinneswahrnehmung und für die Vorstellung dieser Art der Wahrnehmung ist im Gehirn die gleichförmig Reaktion, der Eintrag und die Dynamik. Wir alle haben in Wirklichkeit im Geist nur die eigenen Bilder, vereinfacht andeutende die Realität und von ihnen nur sehr oberflächlich beschriebenen kleinen Teil der Ereignisse. Dabei wir sie ansehen als voll die erlebte Realität. Die Milliarden anderer Erscheinungen im Weltraum vorbei uns wir überhaupt nicht anmerken, weder wenn sie betreffen unsere eigenen Symbols.

Der Weg zu einer von oben angedeuteten Toleranz ist mühevoll, er verlangt das Bestreben um ein tieferes Begreifen des Inhaltes der Mitteilung der Gründer der gegebenen Religionen und des Überganges aus der Position der exoterischen Auffassung an die esoterische. Das ist mühevoll, wie jeder Weg zur Erkenntnis und zu neuen Fähigkeiten, übersteigenden den unseren anwesenden Zustand des Begreifens und der Fähigkeiten. Das ist jedoch eine perspektive und vertrauenerweckende Arbeit, wie uns in ihren Schriften und mit ihrem Leben diejenigen zeigen, die auf diesem Wege erfolgreich vor uns durchgegangen sind. Es hängt nur von unserer Wahrhaftigkeit, von der Bemühung nach einer höheren Erkenntnis, als die unsere bisherige ist, ab. Von unserem undogmatischen Empfang der neuen Informationen und Anregungen. Von nachfolgender Bestrebung um eine Weiterentwicklung der unseren eigenen Fähigkeiten und Eigenschaften und den ihnen entsprechenden neuen Modellen und Filtern.

Der einzige, wirklich wirksame Weg zu derartiger Toleranz ist die Erkenntnis über den gemeinsamen Grund aller wesentlichen Religionslehren und das Antreten des Lebensweges nach diesen verallgemeinerten und verbreiteten Zutritten. Diese Zutritte müssen demokratische Offenheit für das Suchen der höheren Erkenntnissen geben, aber sie müssen auch wirkungsvolle verteidigende Mechanismen gegen ein Errichten und Missbrauch uferloser Freiheit für Dogmatiker und andere Vertreter solcher Bewegung möge religiöser, oder politischer, bei denen schon in Geschichte ihre zerstörend Arbeit bei der Herrschaft von ihren Diktaturen erkannt wurde. Von den traurigen Erfahrungen ist in unserer fernen auch nahen Geschichte genug. Sie verkündeten die Demokratie für sich beim durchsetzen Ihren undemokratischen Ziele und dann, nach ihrem politischen putschistischen Sieg sie die Demokratie ersetzten durch die Schreckensherrschaft der Diktatur, der Galden und Kriminale. Und in der derzeitigen Menschheit ist dauernd zuviel von solchen Menschen.

Nur so kann schließlich die bisher dauernde verbrecherische Tätigkeit verschiedener massakrierenden Sektenfanatikern beendet werden. Es wird das jedoch kein einfacher Weg sein. Es ist das als mit jedem anderen Verbrechen. Es verschwindet niemals völlig, aber es ist nötig mit ihm zu kämpfen, ihn in den nötigen Schranken zu festhalten und ihm keine Schanze zur Beherrschung eines größeren Teiles der menschlichen Gesellschaft zu geben. Es ist nötig deutlich unüberschreitbare Toleranzgrenzen zu bestimmen und diese mit den adäquaten Mitteln der Verteidigung (Gesetze, Bildung, Erziehung, Polizeikräfte, unterdrückende Komponenten und Wehrmacht) zu sichern.

Es ist nötig zu begreifen, dass die von den Lehrern festgelegten Regeln des Lebens ursprünglich eine Bestrebung darum, den Leuten eine Möglichkeit der Erkenntnis bekannt zu geben, waren. Den Weg zu ihr ihnen zu zeigen und dadurch ihnen mit den, von ihrem Leben überprüften Erfahrungen, zu helfen. Meist das jedoch aus einer Position des erleuchteten Lehrers begriffen nicht wurde, weil ihm einerseits die weniger entwickelten Menschen verstehen nicht konnten, anderseits kann man nicht den Grund der Erlebnisse und der Stellungen nur mittels den Worten übergeben. Der Lehrer konnte sich so nur um Parabeln und Modelle, nahe dem Begreifen und der Vorstellungen der Schüler und Zuhörer, versuchen. Er konnte nicht den Schülern sein Erkenntnis wörtlich übergeben, doch er konnte nur andeuten, wofür kann es gehen und was für eine Tätigkeit und welche Haltung können und auch müssen sie erfüllen, um die Bedingungen dazu, damit zu ihnen die Erkenntnis kommen könnte, zu erfüllen. Durch seine Anwesenheit und Wirkung seines Ausstrahlens ihnen jedoch der Lehrer im Fall ihrer positiven Stimmung und des wahren Bestrebens auch wirksam helfen konnte.

Für ein Annähern des Begreifens kann man dafür als ein Gleichnis die Beschreibung des Geschmacks, obwohl des Salzes, benutzen. Ohne ein Kosten wird jede Beschreibung mit Worten für eine aufnehmbare Information nur inhaltsleer. Damit man wie schmeckt das Salz erkennen kann, muss man die Zunge benützen. Doch so gut die Beschreibung mit den Worten ihm gibt nicht das Erkennen, wie etwas salzhaftiges schmeckt. Und die Versuche um das Übergeben mittels jeder beliebigen Beschreibung des Geschmacks wie eine Lehre und Vorschrift sind nur geistloses Daherlabern mit den Worten. Ebenso, ja sogar mehr, die nötige Bedingung für einen richtigen Empfang der geistigen Lehre ist außerhalb der vorne aufgeführten Eigenschaften und Bestrebungen das Vertrauen in die Lehre des Lehrers und der Respekt und die Liebe zu ihm.

Indem die geistige Erkenntnis ein unmittelbares Erlebnis ist, seine Beschreibungen und Anleitungen, übergebenen den Menschen, nur eine Äußerung mit den Worten sind, die Vorstellungen, Bildnisse und Ansichten, menschlich beeinflusste von der Umgebung, von der Stufe der Kenntnisnahme, der Fähigkeiten und Eigenschaften zuerst des ursprünglichen Lehrers und später der Zwischenpersonen, auch der Schüler (Akzeptanten), sind. Der echte Lehrer berücksichtigt das Übergeben der Anleitungen zu eigener Arbeit der Schüler und hilft ihnen mittels der Ausstrahlung seiner Autorität. Niemals sagt er, was die Schüler erleben sollen, weil sie dann möchten, etwas nachbilden und in Selbsttäuschung und eventuelle irreführende autosuggestive Fantasie, oder sogar in einen Betrug, oder unpassenden Wetteifer entfallen zu könnten. Seinen Glauben und seine eventuelle Visionen könnten sie als eine höhere Erkenntnis und Erfahrung den anderen suchenden Schüler, vorlegen, oder diese Illusionen sogar ihre krankhafte gewinnsüchtige Fantasie bilden könnte. .

Durch den späteren Einfluss der unerleuchteten Bekenner und Nachfolgern wurde diese Übergabe durch ein Einpressen in ihr abgegrenztes Begreifen der Welt, Psychologie, Ausstattungsstufe der Begriffe und Filtern immer beeinflusst, bis verformt. Diese Filter (die Vorurteile) bilden bei den Dogmatikern, auch sog. gebildeten oder auch ungebildeten, ein unüberwindliches Hindernis auf dem Wege zu irgendwelcher wirklichen Erkenntnis, möge es sich um die wissenschaftliche, oder die geistige handelt. Sie blieben weiter in Verzauberung ihres falschen Glaubens und Vorstellungen und sie gehen dem weiteren neuen Fehlgehen und Leiden entgegen, für die mittels ihrer anwesenden Tätigkeiten die Bedingungen in die Zukunft bilden.

Bis wohin die geistigen und die gesellschaftlichen Lehren in eine andere kulturelle Region gelangen, als ist das Gebiet der Entstehung, erfolgt eine Beeinflussung, verursachte durch die Textübersetzung (durch unsachgemäße Auswahl der Synonymen) und durch ein anderes Begreifen von Begriffen. Eine weitere Beeinflussung entsteht in jedem Kulturgebiet durch ein Beeinflussen von ihrer historischen Entwicklung. Es handelt sich nicht also niemals um eine Beschreibung der objektiv existierenden Wirklichkeit, sondern um bloße bildhafte Modelle in den Menschengeisten, von ihnen geschafften und angenommenen und um eine Mitteilung einer Legende. Diese Modelle sind von der Zeit (Entwicklungsepoche), der Umwelt und von den persönlichen Eigenschaften aller mitwirkenden, also der Lehrer, Schüler und auch eventuell der externen Rezensenten ganz abhängig.

Für das Erwerben einer echten geistigen Erkenntnis ist es notwendig, beim Suchen in das Gebiet ohne vergängliche Förmlichkeiten, in ein Erlebnis ohne ein Ableiten von etwas anderen mittels des Intellektes, also ohne die Deduktion, zu gehen.

Hier es kommt schon weiter sehr auf unsere wahrhafte Bemühung und Fähigkeiten, schrittweise die unmodernen, funktionsunfähigen und weniger wahrhaftigen Modelle zu abwerfen und neue, wahrhaftige und allgemeingültige Modelle in unserem Geist zu errichten und dabei gleichzeitig neue Fähigkeiten zu entfalten, aber ohne einer Bildung von neuen Dogmas, ersetzenden die alte. Dadurch sich öffnen weitere neue Möglichkeiten des Begreifens und des Erlebens des Lebens gemäß den höheren, neu erkannten Gesetzen. Wir steigen Stufe nach Stufe. Jede erzielte Stufe eröffnet einen Weg zu einer neuen höheren Stufe. Wir müssen jedoch die Schritte zu ihnen mittels unserer Bemühung und durch das Einhalten der Regeln, realisieren. Wir müssen sich bemühen und von der Bemühung erworbene Kraft und Fähigkeit zum weiteren Schritt benützen.

Es gelten die Worte des Gesetzes: „Klopfet und es wird ihnen geöffnet werden". Bittet und es wird euch gegeben. Suchet und sie werden finden. "Nein der, wer mir sagt mein Herr, aber der wer füllt den Willen meines Vaters …" Ähnliche Regeln gelten in allen wirklichen, echten Religionslehren, begriffenen in der innerer Art. Sie gelten jedoch auch in der üblichen Schulbildung. Das dient zum Beweis dessen, dass man sich bestreben muss. Das sind Befehle, die wir unbedingt erfüllen müssen. Anders sich ein Erfolg nicht erscheint.

Es gilt auch die alte Volksweisheit: „Menschenskind bemühe dich und Herr Gott Dir segnen wird", oder „ohne Fleiß kein Preis".

Die allen, die sich mit diesen Grundsätzen richten, begnadigt der Gott mittels der Intuition beziehungsweise des Einflusses anderer Menschen und Bücher in geeigneter Zeit, an geeigneter Stelle, mit der geeigneten Art. So haben es beglaubigt die, die an diesen Wege geschritten sind und hielten.

Die Lehrer

Die Aufgabe der Lehrer in den weltlichen Schulen und auf geistigem Wege sich in Grundlinie ähnlich sind. Ihre Aufgabe ist, die Lehre nach der Art zubringen, die zwar dem Verstehen der Schüler zugänglich ist, wann der Lehrer mit seiner Erläuterung auf das Niveau der Denkweise der Schüler niedergehen muss, aber dabei muss er ein Gebiet für die Offenheit für Weiterentwicklung des Begreifens im Sinne der Möglichkeiten einer Ergänzung der Informationen, Entwicklung der Vorstellungen und Fähigkeiten in der Richtung zu höherer Ebene des Begreifens geben. Er darf nicht einerseits eine Hoffnungslosigkeit für weiteres Wachstum geben, aber weder andererseits einen dogmatischen Hochmut um eine Perfektion und Endlichkeit der bisher erzielten Stufe der Kenntnisnahme

Wir alle später bewerten die Lehrer nicht nur demgemäß, wie sie auf uns „brav" waren, sondern auch demgemäß, was sie uns gelernt haben, was sie uns in das ganze Leben gegeben haben, wie haben sie zur Entwicklung nicht nur unseres Wissen, sondern auch, und zwar vor allem, unserer Fähigkeiten, also der gesamten Persönlichkeit, geholfen. Und zwar nicht nur mit dem vorgetragenen Lehrstoff, mit seinem Gehalt, sondern auch mit ihrem persönlichen Beeinflussen, mit dem lebendigen Beispiel. Es ist entscheidend, was für Eigenschaften und Fähigkeiten wir sind sich in das Leben dank ihrem Anmuten, nach ihrem nutzbringenden systematischen Druck, an uns zugunsten unserer Entwicklung, auch wenn sich uns das damals ganz nicht gefiele, weggetragen haben.

Im geistigen Bestreben ist deshalb notwendig, sehr vorsichtig zu schätzen, wie uns der Lehrer praktisch führt. Wir müssen gut unterscheiden, ob der Lehrer nur Vorstellungen von einem philosophischen, religiösen oder gesundheitlichen Charakter, meist in einer

Form der Vorträge, Schriften und Vorschriften über unser Denken und unsere Verhaltung übergibt, oder ob er auch die Anweisungen für die praktische Arbeit an einer Selbsterkenntnis unseres Geistes, die Selbsterziehung zur richtigen Differenziation, Konzentration und Meditation und vor allem, ob er auch durch seine persönliche Wirkung bei den Meditationen wirkt.

Als wir einen Lehrer finden, welcher die Anweisungen gibt, was wir weiter machen sollen, und er uns zeitweise uns gegebenenfalls kritisiert, von denen wir eine Hilfe bei der Meditation fühlen, der uns neue, höhere Auffassungen abdeckt, es ist nötig sich ihn zu schätzen, und ihn zu folgen. Das sind ein großes Geschenk und eine große Gelegenheit, die müssen nicht lange dauern und wiederkehren. Der Lehrer ist in bestimmter Phase der Entwicklung sogar eine unersetzbare Hilfe und eine wirksame Unterstützung auf dem geistigen Wege, dank dem weitreichenden Einfluss auf unser Entwickeln, obwohl wir das sofort nicht verkennen. Seine persönliche Beeinflussung ist höher, als ein bloßer Einfluss des durchgelesenen Buches, oder des angehörten Vortrags unter einer Anwendung bloß des Intellektes, ist. Oft wir sich es aufklären, bis wohin er unser Freund war, viel später, als er uns schon verlassen hat, oder wir ihn.

Die Vorträge können und am Anfang sollen zwei Grundeinflüsse haben. Zuerst ist das ein Übergeben der grundlegenden intellektuellen Informationen für die Zuhörer - Anfänger in diesem Gebiet. Später sich das Ziel der Vorträge so ändern muss, dass sich die Informationen den Schülern anpassen müssen, um das Weiterentwikkeln richtig zu unterstützen. Mit dem Fortgang des Schülers auf dem Wege der Kenntnisnahme sind die erforderlichen Anregungen immer mehr persönlich und weniger allgemein geltend. Deshalb ein bloßes Zuhören der für die Öffentlichkeit bestimmten Vorträge, ohne ein Anpeilen an eine Meditation in der späteren Zeit, durchaus unwirksam, unnütz, oder sogar schädlich, ist.

Versuchen wir trotzdem gewisse Entwicklungspunkte der Vortrageneinstellung zu bestimmen.

1. Am Anfang es ist ein einfaches Zuhören den neuen Informationen, Meinungen und Anschauungen eines echt intellektuellen Typs. Dadurch sich bei den nachdenklichen Zuhörern können andere, als sind die bisherigen, intellektuellen und affektiven Einschätzungen der Lebenserscheinungen vorbei uns, der unseren Ansichten und Ar-

ten öffnen. Nach dem Empfang von neuen Informationen sich entdek-
ken neue Ansichten, neue Erklärungen und Gleichrichtung des Interesses.

Es beginnen sich ändern die Wertskale und der Sinn unseres
bisherigen Bestrebens, die Einstellung unserer Interessen. Das führt
zum Abbau der alten, bremsenden Vorstellungen und der Überzeugungen des Typs von Dogmen, der haftenbleibenden, unbeweglichen
Meinungen und zu einer stufenweisen Änderung des unseren gesamten philosophischen Systems, unserer Ausstattung mit den Auswahlfiltern. Diese Filter formen den Grund, beeindruckenden unsere Persönlichkeit, im Gebiete der geistigen, intellektuellen Tätigkeit und
unserer sensitiven Rückwirkung. Sie haben einen wesentlichen Einfluss auf den Empfang und die Bewertung von neuen Informationen
und nach außen sich ihre Wirkung als die Züge unseres Charakters,
unserer Persönlichkeit ausdrückt. Deshalb sogar sie können uns bei
dem Empfang von neuen Informationen und Ansichten behindern.
Unser materielles Ego sich oft mit diesen Filtern bewahrt vor den
Änderungen, von denen sich in seiner Vormacht bedroht fühlt. Die
von ihm gesteuerte intellektuelle Tätigkeit und Gemüter ist die Ursache unseres Tappens, Irrgangs, Irrtümer und um so unseres Leidens.
Am Anfang des Weges besonders, aber auch später, ist die Erkenntnis
dieser Einflüsse des Egos praktisch die Hauptaufgabe des Studiums
und des Zuhörens der Vorträge und der Konversation.

2. Später, als schon der Schüler strebt, seine Konzentration und
Aufmerksamkeit zu üben, oder sogar meditieren, haben die Vorträge
für die Aufgabe die schrittweisen Anleitungen für eine methodische
psychologische Arbeit der Einzelne aufeinander an selbst, an der Änderung der Ansichten, Handlungen, des Gedächtnisinhaltes, der Tätigkeit der Auswahlfilter, an Entwicklung der Fähigkeiten und der
Eigenschaften, zu mitteilen. In jedem Fall müssen die Bücher und
Vorträge Anleitungen zur Ausbildung eines stufenweisen Begreifens
der Bedeutung, des Inhaltes und der Technik der richtigen Meditation
enthalten. Anders sind sie, ohne eine Entwicklung der erforderlichen
Fähigkeiten, nur ein intellektuelles Dreschen des leeren Strohs, unproduktive mentale Projektierung irgendwelcher Beschreibungen. So
können nur neue Dogmen entstehen.

Bis, wohin der Interessent um den Weg zur Erkenntnis nur äußere Vorträge besuchen wird, oder die Bücher, ähnlich wie die Belle-

tristik, lesen wird, ohne die praktische Arbeit zur Erkenntnis, und ohne eine Beherrschung seines Geistes, seiner Hintergründe der Handlung, unterlässt er weder in seiner höheren intellektuellen Entwicklung keine Fortschritte. Umso weniger dann in der geistigen Entwicklung. Er kann sich dabei liebe Phrasen und Gesten anlernen, er kann das Gedächtnis mit einem unbegriffenen und unerlebten Ballast anfüllen, beziehungsweise er kann nur Theater als scheinbarer Fachmann spielen.

3. Bei dem schrittweise sich entwickelnden Begreifen des Zieles der Bemühung um eine höhere Erkenntnis sinkt der Umfang des Volumens der erforderlichen intellektuellen Informationen, dagegen wächst die Bedeutung der feinen Abweichungen im Begreifen der Tätigkeit der Gesetze nach der Anleitung des Lehrers. Die neuen Informationen übergehen in die Anweisungen voran für das Einüben der höheren Konzentrationskraft, für das Wachstum der Aufmerksamkeit und für die Umstellung ihrer Einstellung. Dann soll die Bemühung um eine Aufklärung des Übergangs zur Meditation folgen. Diese ist erst die echte, höhere Bemühung um einen Fortschritt.

4. Später sich beschränkt die wörtliche Einwirkung des Lehrers an Erklärungen, thematisch gerichteten gemäß dem Bedarf des Schülers. Das Lesen der Literatur erfolgt in einer neuen, denkerischen Art. Das Begreifen des inneren Gehaltes ist dynamisch, hat seinen Verlauf und braucht die Zeit zum Reifen. Deshalb oft der Suchende feststellt, dass er neues tieferes oder zarteres Begreifen dessen hat, was er früher las und hatte schon für das begriffene. Diese Stufen der geistigen und geistlichen Entwicklung sind fein und unmitteilbar und sind ein Anzeichen des Fortschrittes. Sie haben seine Ähnlichkeit beispielsweise mit dem fortschreitenden Begreifen der Naturgesetze der Physik, oder Mathematik, beim langfristigen ernsten Studium dieser Thematik.

Die wirkliche Bemühung um das geistige Entwickeln jedoch beginnt erst mit der richtigen Meditation. Sie muss sich durch die Änderungen im Denken und des Handeln des Schülers äußern. Dabei die neuen Fähigkeiten weiter die neuen Möglichkeiten des Begreifens öffnen, die sich ohne die Meditationsübungen, nur mit einem bloßen Lesen, oder Zuhören, überhaupt entwickeln nicht können. Deshalb ist es ganz üblich, dass wir beim wiederholten Lesen der Anleitung eine neue Bedeutung entdecken, die uns früher entgangen ist, weil zur Zeit dank der gegenwärtigen ungenügenden Fähigkeiten und den Bremsen noch begriffen werden nicht konnte. Ein neues Begreifen benötigte eine innere Reifung an eine neue Ebene des Begreifens und der Entwicklung neuer Fähigkeiten.

Hier kann zum Begreifen dieses Gleichnisses helfen: Zum Gehen benutzen wir zwei Beine, anders es ein leistungsfähiges Gehen, mittels den wir weit und hoch holen, nicht ist.

Ein erstes Bein unseres Schreitens zur höheren Ausbildung und später zur geistigen Erkenntnis ist das Studium und Zuhören der Vorträge, also eine vorbereitende mentale Arbeit und auch die später aus ihr dahingehende geistliche Tätigkeit. Das zweite Bein ist die realistisch veranlagte Tätigkeit, gerichtete auf die Gewinnung der neuen Behändigkeiten, Fähigkeiten und Eigenschaften. Diese Tätigkeit ist im alltäglichen intellektuellen und emotionalen Leben die richtige Applikation der theoretischen Erkenntnisse und daraus dahin gehenden Erfahrungen. Auf dem geistigen Wege die richtige Meditation, leitende voran zum Wachstum der Aufmerksamkeit und später zum Erwachen der Intuition, der Einsicht und der dauerhaften Achtsamkeit.

Wer nur liest Bücher, zuhört Vorträge und anwendet angeworbene Informationen nur zur Diskussion, nachprüft nicht sich die Theorie durch die praktische Applikation, kann kein echter Fachmann in Mehrheit der Gebiete der menschlichen Tätigkeit werden. Seine Arbeit ohne gute praktische Ergebnisse auch ist nicht allgemein nutzbringend, manchmal weder für ihn selbst in der Form der Anerkennung seiner Fachkenntnisse und der Finanzwürdigung.

Ebenso der, wer wirklich auf dem geistigen Wege gehen will, muss meditieren, und zwar ausreichend und richtig. Anders, bis wohin er die Vorträge nur liest und zuhört, geht er nicht und kann er nicht wirklich an dem geistigen Wege gehen. Er nur sich an einen geistigen Menschen spielt. Ohne die richtige Meditation sich ihm die Fähigkeit der echten Erkennung der Gesetzlichkeiten und ihrer tieferen Auffassung und Intuition und auch die sehr benötigte unterscheidende Kraft, nicht entwickeln können. Seine Erkenntnis bleibt nur als eine oberflächlich beschreibende Benutzung der Modelle einer niedrigen funktionellen Ebene als die Ersatzmittel. Sie haben seinen Wert immer nur an bestimmter Stufe des Bestrebens für irgendwelche Teilschritte im Begreifen oder für eine Teilnahme an der Diskussion. Das

Bleiben nur an den Vorträgen zur Folge das Zappeln an der Stelle, oder sogar den Verfall zurück, hat.

Eines der größten, weit verbreiteten Hindernisse im Fortschritt ist eine fortwährende mechanische Wiederholung der Übungshilfsmittel, anstelle einer rechtzeitigen Weiterarbeit unter der Anwendung von weiteren höheren kreativen Mitteln. So sich oft erklärt der Umtausch der Mittel gegen das Ziel, der das Erstarren, den Verlust des Glaubens und des Elans zur Folge hat. Das kann zum Beenden des Anstrebens oder zum ungeeigneten Umtausch der Methode, des Lehrers u. ä., weiter führen. Das gilt für jedes kreative Hinstreben, möge es im intellektuellen Gebiete, oder im geist ist.

Bis wohin sich zur Übung ergänzende äußerliche Gegenstände (die Objekte) verwenden, es handelt sich nur um Einüben der Konzentrationskraft. Erst nach der Orientation der konzentrierten Aufmerksamkeit an das Aufmerken des Vorganges der Beobachtung und das Verständigen sich als der Beobachter, beginnt die richtige Meditation.

Deshalb muss der Lehrer völlig in seiner Lehre und in seinem Benehmen mit den Schülern verantwortlich sein, und genauso müssen auch die Schüler zum Lernen und zu der eigenen Tätigkeit verantwortlich sein. Wenn Sie nur Vorträge zuhören und die praktischen Übungen durchführen nicht, klügeln davon, ob das, was der Lehrer sagt, eine Wahrheit ist, oder nicht, sie können nicht grundsätzliche Veränderungen in ihrem Leben erwarten und sie verschwenden die Gelegenheit, die ihnen das Leben eben anbietet.

Geistig und geistlich entwickelnd wird ein Mensch nur mittels der Verwandlungen in der Handlung und der Vertiefung der Erkennung mittels der Erfahrungen von Erlebnissen im praktischen Leben und bei der Meditation. Die Änderungen des Glaubens, begründeten mit dem Intellekt, sind zwar auch wichtig, aber nur als eine Vorbereitung der inneren Umgebung und nichts mehr. Das ist ähnlich, wie im Sport. Beispielsweise die Sprunglatte überspringt nicht der, wer zwar die Sprungstile einstudiert, aber springt nicht um den Körper den neuen Fähigkeiten mittelst einer praktischen Bemühung im Fitnesszentrum und auf dem Sportplatz, zu lernen.

Näheres findet der Leser in der dazugehörigen guten, wirklich geistigen Literatur. Beim Einschätzen des geistigen Lehrers ist es notwendig, sich zwei Stufen zu bescheiden, in denen sich seine Wir-

Die Einführung auf den Weg zur Weisheit

kung bezeigt. Ein Verachten dieser Tatsachen führt zu vielen Missverständnissen und oft zu beträchtlichen Schaden, manchmal beiderseitig. **Die äußerlichen Ausdrücke des geistigen Lehrers in der Welt sind dringend allen Gesetzen beider Ebenen untergeordnet,** d.i. der physischen und auch der intellektuellen und der geistigen.

In der geistigen Ebene hat der Lehrer gewisse Erlebnisse der geistigen Erkenntnis. Diese Erkenntnis kommt mittelst der Intuition, unmittelbarer Erkenntnis ohne sinnliche Wahrnehmung und intellektuelle Bearbeitung. Jeder, wer solche Erkenntnis wenigstens einmal erlebt hat, weiß, dass er mit dem Ohr nicht gehört hat und mit den Augen nicht gesehen hat, und trotzdem er weiß, dass ihm eine Information, ein Belehren, übergeben wurde. Er hat eine Gesetzlichkeit erkannt, eine Belehrung zur Meditation bekommt als eine außersinnliche Information aus einem Informationsgebiete, für ihn neuen, aufgenommen. Er bekam eine Anleitung, was er weiter tun soll, oder eine Aufklärung zum Problem. Für diese Art der Erkenntnis gilt das Biblische: „Das Auge hat nicht gesehen, das Ohr hat nicht gehört, was der Gott bereitete den, die ihn lieb haben".

In der zweiten Ebene, mentalen, ist der Lehrer mit einer Gesamtheit eigenen Filtern, Begriffen und seiner eigenen verbalen Auswertung, mit einem System der Vorstellungen und des Glaubens, gegebenen von seiner Bildung und Umgebung, die ihn formten, ausgestattet. Das bildet eine Vorausbestimmtheit seiner Möglichkeiten in der Kommunikation mit den anderen Menschen und in der Art des Übergebens der komplizierteren Modelle zum Begreifen.

Wenn der Lehrer seine Erfahrung einem anderen mitteilen, den Inhalt der Erkenntnis skizzieren will, muss er sich bemühen, die Mittel des Denkens des Zuhörers zu verwenden, aber er selbst dabei kann nur die Mittel benutzen, die er selbst hat. Wenn er beispielsweise im Vergleich zu dem Übernehmer ausreichende Bildung für die Modelle, benutzten zur Beschreibung, nicht hat, es muss nicht seine Transformation genug treffend sein, ja sogar kann sie fehlerhaft werden. Der Aufnehmende kann die komplizierteren Modelle haben, beispielsweise vom Beeinflussen der höheren Schulbildung im gegebenen Gebiet. Der Lehrer so kann unter den gegebenen Umständen für den Zuhörer ein ungeeignetes Modell benutzen. So entsteht bei dem Zuhörer ein fehlerhaftes Begreifen der Interpretation des Lehrers, und die beabsichtigte Verbindung versagt, die Information wird nicht begriffen oder wird schlecht begriffen. Die Ergebnisse also können verschiedene sein, gut und auch schlecht. Verschiedene Missverständnisse dieses Typs wir alle haben schon im Leben erlebt.

Das Handeln des Lehrers in der Welt ist einerseits an der Stufe und der Art seiner Erkenntnis im Gebiet, in dem er übergeben die Information will abhängig, einerseits an den Eigenschaften seiner äußeren Persönlichkeit, abhängigen auf seinen eingewurzelten Anschauungen und Gewohnheiten, auf seinem Begreifen der Naturgesetze, an den gesellschaftlichen Normen und an der Bildung im Gebiet, das zu gerade durchgeführter Kommunikation eine inhaltliche Beziehung hat. Auch auf seinen Ausdrucksfähigkeiten. In den weltlichen Angelegenheiten so muss der geistige Lehrer recht nicht haben. Es ist also notwendig, das immer im Gedächtnis zu haben. Bei der Aufklärungsarbeit der Angelegenheiten aus der höheren Psychologie kann ihm Schüler ganz anders verstehen, als das Ziel gewesen war.

Auch in den geistigen Angelegenheiten ist sein Begreifen bedingt. Deshalb muss er weder im geistigen Gebiete ganz recht haben, bis wohin er über die Grenzen seines richtigen Begreifens im gegebenen Gebiete überschreitet, und teilt seine persönliche Vermutungen, intellektuelle Variationen, Fantasien mit.

Eine partikuläre Erkenntnis des Lehrers in Verbindung mit einem schlechten Verhältnis zur Umgebung, zu kleine geistige Potenz zum Gehen nach innen zum Kern des Problems, weiter der Hochmut und der Egoismus des Restes des weltlichen Egos des „Lehrers" führen auf diese Weise zu einer Entstehung verschiedener Sekten, oft direkt verbrecherischen. Falls jemand den Glauben um Gottes Allgegenwärtigkeit übernimmt und nicht weiß nichts über den Bezug der äußerlichen Persönlichkeit der Menschen mit ihrem hochtragenden Ego zu innerer Wesenheit der höheren Herkunft des Bewusstseins, einfach erfolgt zum pathologischen Gefühl einer Überordnung und Überzeugung über seine lustvolle „Heiligkeit und wahrhaftiger Erkenntnis und Mission". Er tauscht die innere Wesenheit der Persönlichkeit, den Grund seines Lebens, gegen das vergängliche, äußere aufgeblasene Ego.

Am Ende der Abhandlung über den geistigen Lehrern ist es notwendig noch zu betonen, dass der Lehrer als eine Zwischenperson der kosmischen Weisheit, als ein Transformator der Übertragung zwischen den Ebenen wirkt. Was er bekommt, was ist er fähig aufzunehmen, das übergibt er weiter. Seine physische Persönlichkeit ist nur ein Mittelsmann der höheren Intelligenz und Macht, ist ein Instrument.

Bis wohin ihnen die äußerliche Personalität des geistigen Lehrers eine Verursachung des Fortschritts dank seiner persönlichen Tätigkeit gegen geldliche Belohnung verspricht, ist das höchstwahrscheinlich ein Betrüger, der überhaupt nicht an bestehende Gesetze der Entgeltung glaubt. Ist das ein zynischer Betrüger, habender euch für Dummkopf.

Noch schlechter ist es im Falle, wann der Lehrer die Drogen anwendet, damit er euch in einen anderen Bewusstseinszustand setzte, den wir als eine Erleuchtung und Erfolg seiner Tätigkeit erläutern sollen. In Wirklichkeit leitet er die Schüller an einen gefährlichen Abweg eines Verfalls ohne eine Rückkehr. Bis wohin ihn sie ihn folgen, ist das der Weg zur Schwächung, zur Degradation, bis zur Katastrophe. Der geistige Weg erfordert höchste Aufmerksamkeit und Wachsamkeit des Menschen und ist der Weg einer Entwicklung der Wachsamkeit und Aufmerksamkeit, nicht mehr ein Anführen in irgendeinen ekstatischen Zustand, zum verdeckten Bewusstsein und zur Ekstase aus einer Berauschung mit den halluzinierenden Stoffen, erworbenen für Geld, beziehungsweise sogar erhaltene durch ein Verbrechen.

Andererseits der geistige Lehrer, lebende in der Euro- amerikanischen Umwelt, braucht zum Leben das Geld und andere Bedürfnisse genauso, wie sonstige Leute. Falls er veranstaltet einen Vortrag, muss er für den Raum, den Verkehr, die Behausung bezahlen, er muss aus etwas leben usw. Wenn er also keinen Sponsor hat, muss er Geld durch das Kassieren des Eintrittsgelds gewinnen. Das ist notwendig zu bedenken und deshalb bei Bewertung alle Umstände zu überlegen.

Es ist notwendig, noch eine Angelegenheit im Zusammenhang mit dem obengenannten zu besprechen. Wir können sehr oft die Angebote einer Meditation, begründeten an der „meditativen" Musik, lesen. Es geht hier um einen Eintausch eines behelfsmäßigen beruhigenden Mittels, bindenden die Aufmerksamkeit, gegen das Ziel. Das ist nur eine beruhigende Methode, verhindernde das Wirbeln der Gedanke, aber nur bei wirklich konzentriertem Zuhören der Musik von ihren Liebhabern, also nur bei wenigen Menschen. Ihr Wert ist für die wirklich anfänglichen Stufen der Übung für Abstellung des ungesteuerten Wirbelns des Geistes, des Überlaufens aus einem Objekt an anderem Objekt. Es ist das jedoch keine Meditation im Sinne, angewendeten in diesem Buch und in der echten geistigen Literatur. Bis wohin wird nicht in derartiger Literatur die wirkliche Meditation beschrieben, dann handelt es sich um eine Täuschung. Mehr ist im Kapitel über Yoga im Abschnitt über die Meditation.

Der Lehrer - der geistige Lehrer (Guru)

In den geistigen Lehren, im Unterschied zur üblichen Schule, gewinnt der geistige Lehrer seine Kenntnis nicht nur mittels einer intellektuellen Tätigkeit, mittels des Lernens und des Nachdenkens, sondern auch, und dies vor allem, mittels der richtigen Meditation, Reflexion, der stillen Konzentration, also mittels einer Ausbildung zum Erwachen von neuen Fähigkeiten und durch die nachfolgenden Erfahrungen. Deshalb er auch den Schülern teilt nicht nur die Anleitungen für eine Tätigkeit mit, wenn auch sie sehr wichtig sind, aber wirkt auf sie unmittelbar durch seine Persönlichkeit, ihre Einstrahlung und durch den inneren Einfluss.

Es ist allgemein eine verifizierte Erfahrung, dass eine echte Meditation sich in der Gegenwart des echten Lehrers, oder eines fortgeschrittenen Schülers, besonders gelingt. Es kann für euch ein wichtiger Anzeiger sein. Dasselbe auch gilt für eine Gruppe genauso strebenden, die meditative Gruppe. Hier zeigt sich die Wirkung des Gesetzes der Induktion, diese Verbindung der gemeinsam wirkenden Energie der Akteure. Das jedoch gilt nur bei der gemeinsamen Wahrhaftigkeit der Bestrebungen und bei richtiger Meditation der Menschen der gleichen Orientierung. Wer sich wirklich aktiv nicht verbindet und eigensüchtig wartet, dass er energetisch auf irgendjemande Kosten in der Umgebung, geschaffenen von anderen Bandmitgliedern, profitieren wird, der kann nicht weit gelingen. Er abschwächt die Gruppe und wird karmische Folgen dieses Schmarotzen tragen. In die Gruppe gehört er nicht und meist aus ihr auch entfällt, oder wird von dem Lehrer wegen der Störung ausgeschaltet.

Der Lehrer ist durch bestimmte Erfahrung durchgegangen, zu der er will herbeiführen die, die sind überzeugt, dass das dafür wert ist, die dazu innerlich ihre Lebenskraft zieht und die sind bereit gemäß den Anleitungen und Räten, vom Lehrer ergebenen, sich zu bemühen. Der geistige Weg ist jedoch an genaues Befolgen der Grundbedingungen anspruchsvoll, anders aus dem geistigen Anstreben einfach ein geistloses Hinstreben ohne einen offensichtlichen Fortschritt, mit vielen, manchmal ungünstigen Begleiteffekten wird. So ist es her bei jeder von den menschlichen Tätigkeiten und Bemühungen. Das ist eine Gesetzlichkeit. Nur richtiges Bestreben hat richtige Ergebnisse.

Die häufigsten Fehler sind die zwei Extreme: Erstens ist das ein Fanatismus ohne ein richtiges Begreifen oder ein fanatisches Verfolgen eines unechten Lehrers, wenn man den äußeren Eindruck folgt, an die Zusagen irgendwelcher außergewöhnlicher Kräfte oder eines schnellen, leichten Fortschrittes, ein exotisches Kleid oder körperliche Gestalt.

Zweitens dagegen ist die unmäßige Zwanglosigkeit einer Auffassung der aufgegebenen Lehre, wann man sich den Raum einerseits eigener Faulheit und Nichteinhaltung der Aufgaben gibt, anderseits ein Gefühl einer Ausgelassenheit und schlecht verstandener Freiheit, im Zusammenhang stehend mit irrtümlicher Ansicht, dass es möglich ist, die Räte des Lehrers beliebig gemäß eigener Ansicht und Laune zu modifizieren und an „eigenem Wege", diktierten vom Ego, zu gehen. Dass jeder seinen Weg hat, und dass dieser immer richtig ist, unausweichlich, dass so unsere Beliebigkeit in Ordnung sei. Das ist allerdings ein kolossaler Irrtum! Unsere Drifte der Aufmerksamkeit, Ausweichmanövern und Bummeleien sind nur ein schlotteriges Schwanken unterwegs. Weder am touristischen Weg man so an die Bergspitze nicht gelingt. Hier gilt, dass persönlich Wege es nicht gibt, aber nur persönliche Irrwege.

Hier ist es bedarf sich zu bescheiden das, dass wir ununterbrochen während des Lebenslaufs in die Situationen geraten, dass wir an einer Wegteilung, an einem Wechsel stehen und wir müssen sich entscheiden: nach rechts oder nach links. Weitere Trasse des Weges schon ist nicht identisch mit der anderen, unbenützten. Sie führt meistens zu den weiteren aber anderen Wegteilungen, Wechseln. Und im Leben ist nur sehr selten das Rückkehren zurück zum Bekehren der spät erkannten Fehler möglich. „Unsere eigene Wege" dann werden unsere Irrwege und unsere Abstürze. Weil der echte Weg nur eins ist - das richtige Studium, die Säuberung des Charakters, die richtige Tätigkeit, das richtige Ziel und die richtige Meditation.

Wenn die Tätigkeit des Lehrers aus der Theorie in die Praxis übergeht, wird der Lehrer der Führer - „Guru", weil er den Schüler mit seinem Beispiel genauso begleitet, wie ein Bergführer mit dem

Touristen geht, er geht vor ihm und reicht ihm die behilfliche Hand. Falls es ist notwendig, sogar ihn schützt mit dem Seil vor einem Sturz in die Tiefen. Auf dem geistigen Wege ist dieses Seil das Aufgeben der Lehre, der Räte, gemeinsame Meditation mit induktiver Wirkung des Lehrers.

Der Lehrer — ein Eisbrecher

Hier bereits kann ein Gleichnis mit einem Eisbrecher helfen. Das ist ein speziell gebautes Schiff, aufgerüstetes mit starken Maschinen, mit der Orientierung- und Messtechnik, und ausgestattetes mit der gut geschulten Bemannung. Ihre Aufgabe ist, die anderen Wasserfahrzeuge durch das eingefrorene Meer so zu führen, um zu durchschwimmen und nach einem Zusammenstoß mit einem großen Eisblock nicht zu untertauchen, oder damit sie sich nicht anhalten mussten und so bewegungslos gefrieren und dann vom Eis gemalmt werden. Die Besatzung hält nicht nur die Richtung des Schiffes, aber auch wählt ihre Trasse so, damit das Schiff mit seinem gepanzerten Bug an die Oberfläche des Eises anfahre und dieses mit dem Schiffgewicht durchbräche. Es muss sich den großen Eisschollen auszuweichen, an die es anfahren und durchbrechen sie für ihre Maße nicht kann. Die sonstigen geführten Schiffe müssen den Eisbrecher nahe befolgen in seiner Spur, damit sie den freigewordenen Weg früher durchschwimmen, ehe das Wasser wiederum einfriert.

Der echte geistige Lehrer, der in seinem Leben den Weg, oder seinen wesentlichen Teil, durchgegangen ist, hat so einerseits dafür nachgewiesene Fähigkeiten, andererseits er kennt richtige Richtung und er hat Erfahrungen gewonnen. Er kann also den Schüler über manches Felsenriff durchführen, erleichtert und sichern ihm den Weg mit seiner Anwesenheit, seinen Räten und durch seine Wirkung. Der Schüler ihm also muss folgen in der Spur und in der Nähe. Anders er sich schließlich teilt ab und die Führung und den Schutz verliert. Dann ihm droht „das Einfrieren" auf dem Wege oder ein Orientierungsverlust - eine Verirrung.

Es ist darum absolut töricht, voran sich an den Weg unter einer Leitung des Lehrers ausgeben, aber dann sich von ihm entfernen, weil er eine Disziplin, Arbeit will und beziehungsweise er kritisiert, und sie begeben sich zu einem anderen Lehrer, der kleinere Ansprüche hat, aber mehr verspricht. Die Rückkehr in die Spur des ersten Lehrers kann wegen der angesteuerten Hindernisse - durch die Änderung der Lebensumstände, verhindernden die Rückkehr an den geistigen Weg zum ersten Lehrer, verhindert werden. Das Meer wiederum friert ein, der Schüler ist allein und ohne die Unterstützung.

Auch in den anderen Bereichen des Menschenlebens gilt, dass die verpassten Gelegenheiten sich schon niemals wiederholen müssen. Meistens sich auch wiederholen nicht. Das Studium, weggewischte durch das Schlendern in jungen Jahren in der Schule schon meist ist es nicht möglich in einer weiteren Etappe des Lebens zurückversetzen. Der Beschäftigungsstand, der Zeitmangel und in der Jugend vernachlässigtes Entwickeln der Fähigkeiten es schon später behindert. Eben der Mangel der Fähigkeiten, gewinnbaren nur durch die Anstrengung in der Jugend, ist ein unüberwindliches Hindernis beim Studium im späteren Alter. Das Studium ist dann nur oberflächlich, formal, für theoretische Erlangung von wirklich höherer Qualifikation genügt es nicht.

Der Glauben

Beim Gespräch sich oft erscheint eine Frage an den Glauben oder an eine Überzeugung. Meistens sich mit dem meinen der Glauben und die religiösen oder philosophischen Überzeugungen. Es wird nutzbar sich diesem Thema auch mal widmen. Eine augenblickliche einfache Antwort auf diese Frage ist für einen reifen Menschen praktisch unmöglich und auch falsch. Manchmal kann so eine Antwort auch gefährlich sein. Immer dabei primär es kommt darauf an, welchen Glauben und wovon sich vorstellt der Fragesteller. Womit ist dieser gedanklich einfacher und mit der Auffassung des Lebens entfernt von den Angefragten, umso mehr sich können die Vorstellungen von dem Gehalt und Bedeutung der Antworten untereinander unterscheiden.

Während der tiefen kommunistischen Totalität mich einmal nach einem Vortrag im Yoga Klub fragte ein unbekannter Mensch, ob ich glaube. Zurzeit ich schon hatte hinter sich eine Verhandlung über das Auflösen der Tätigkeit des Klubs darum, dass man sagt, dass wir eine Religion lehren. Es ist mir damals zu beweisen gelungen, dass wir erfüllen nicht weder einen von den vier Punkten, die eine Religion nach den marxistischen Definitionen, unterrichteten in der „Abendlichen Universität des Marxismus-Leninismus" charakterisierten. Solche Frage über den Glauben könnte so eine neue versuchsweise um einen Misskredit gemäß den kommunistischen Vorstellungen zu bringen, und nachfolgende Abstellung unserer Tätigkeit zu sein. Ich habe damals ungefähr mit diesen Worten geantwortet: „Ja, ich glaube. Der Glaube ist doch zu Basis des Lebens. Man gab nicht leben können, wenn man nicht hoffen könnte, dass man morgen früh gesund aufstehe werde. Wenn ich könnte, nicht den Leuten vorbei mich glauben. Wenn ich glaube nicht, dass das, wozu ich sich entschieden zu aufbauen habe, hat einen Sinn". Diese Antwort den Fragesteller so eingesprungen hat, dass er mehr an etwas nicht gefragt hat.

Dieses Beispiel bezeichnet die Schwierigkeiten der Fragen des Glaubens und einer Erklärung. Es kommt sehr darauf, was ist zum Gegenstand des Glaubens und welche geistige Stellung wir für das Glauben halten. Der Glaube kann einen verschiedenen Gehalt und verschiedene Stufen haben, endende mit der Überzeugung. Auch die felsenfesteste Überzeugung kann sich jedoch als ein einfacher, unbegründeter Glaube, bis als eine Selbsttäuschung, hinzuweisen, wenn wir stellen fest, dass unser Glaube an den unwahrhaftigen oder beträchtlich verzerrten Informationen, oder an eigenen unrichtigen Vorstellungen, entstandenen von unserem schlechten Begreifen des Vorganges, durch eine Bildung eines schlechten Modells und durch seine Einträge in das Gedächtnis, gestiftet wurde.

Die Beantwortung zur Frage um den Glauben an Gott kann deshalb bei gegenseitiger Kommunikation sehr täuschend sein. Falls einer von den diskutierenden glaubt an einen bärtigen Opa am Himmel und der zweite an das allgegenwärtige Prinzip des Lebens, der Gesetzlichkeiten und der Liebe, effektmachenden ununterbrochen hinter allem betrachteten Auswirken, hat ein gegenseitiges versichern von einem Glauben einen abenteuerlichen Wert. Sie beide sich in etwas einig sind, aber die Vorstellungen und alles, was mit ihnen im Leben zusammenhängt, sich wesentlich unterscheiden. Die Form des Glaubens und der Vorstellungen beim Entwickeln der Menschen sich ändert, sie sich entwickelt in Abhängigkeit von seiner Umgebung, Kenntnis, Tauglichkeit und Tätigkeit. Anders es geht um ein Erstaunen an Dogmen und inhaltsleeren Modellen (Bildern, Vorstellungen).

Der Unterschied zwischen einem einfachen Glauben und einer Erkenntnis basiert nicht nur am Gegenstand des Glaubens und seiner Größe. Der Inhalt und das Niveau des Glaubens sind einerseits durch Fähigkeiten und Eigenschaften des Intellektes bedingt, also der Logik, Deduktion, Vorstellungskraft, Art des Ablagerns ins Gedächtnis, bisherigem Niveau der Erkenntnis und andererseits der Tiefe der intuitiven Erkenntnis, des inneren Begreifens des erkannten Ereignisses - Tiefe, Breite, Einbindung an etwas und eine Bedingtheit.

Ein Mensch ohne eine Einbildungskraft, Logik, der Sortierfähigkeiten und genug von Informationen, speichert nur oberflächliche wörtliche oder bildliche Beschreibungen. Er kann also den Zusammenhang und Wechselbeziehung nicht verstehen, und deshalb er weder konstruktiv werden nicht kann. Er sich nur ausstattet mit Formulierungen und Beschreibungen mittels Worte, oder mit Bildern wie in einem Wörterbuch. Sein Denken ist an einem oberflächlichen Glauben in das, was er gehört hat, womit er stimmt ein, was und wie er sich das gemerkt hat, gegründet. Sonstiges er abstößt. Seine Bildung ist nur beschreibend, tot, unproduktiv und auch wenig schützend. Seine Vorstellungen sind nicht am Begreifen der Gesetzlichkeiten begründet. Deshalb können sie aus der Sicht der Prägnanz des Ereignisses für die gegebene Situation vom Einfluss der Missachtung und des Unverständnisses der entscheidenden, eben bestehenden Bedingungen und Umstände und eventuellen zukünftigen zusammenhängenden Erscheinung, ganz falsch sein. So kann die Auffassung des bestimmten Ereignisses nur an eigenem Glauben begründet werden und muss nicht aus der Sicht der Aussagekraft der Naturgesetze eine objektive Beschreibung der Tatsachen (siehe den Fall des Turnlehrers und des menschlichen Skelettes an einem anderen Ort dieses Buches) sein. Die Auffassung ist also formal, im Grunde wenig treffend, bis unwahr. Infolge kann oberflächlich, schädlich, bis gefährlich sein, und nicht nur für den betreffenden Menschen, sondern auch für diejenigen, die sich mit Folgerungen seiner Tätigkeit betreffen.

Auf so einer Einstellung ist die Bildung des vorwiegenden Teils der Menschheit gegründet. Die Mehrheit von den Menschen sind reine Konsumenten der Kultur und kennen nicht nur Werte schaffen, aber weder sie ineinander bewerten und organisieren in ein zusammenhängendes philosophisches und bewertendes System. Ihre innere Beschreibung der Welt ist statisch, zerstückelt. Zum Grund ihrer Tätigkeit sind ein Glaube und oberflächliche Vorstellungen. Das ist gegeben nicht nur durch ihre angeborene Inneneinrichtung mit Fähigkeiten und Eigenschaften, aber auch um so, welcher Erziehung sie in der Familie und Schule untergeordnet wurden und wie sie auf das reagierten, entweder mit ihrer Bemühung kennenzulernen und das neue zu begreifen, oder umgekehrt mit einer Bemühung die geistige Anstrengung und ihrer Meinung nach „Anöden von den Lehrern und Eltern mit Entbehrlichkeiten, die sie im Leben zu nichts brauchen werden" zu vermeiden. Diese beschreibende „Erkenntnis" hat noch einen förmlich riesigen Nachteil: das Vergessen. Die Beschreibungen man vergisst, das Begreifen der Gesetze nicht. Deshalb die Leistungsfähigkeit deren, die verstehen die Gesetze, mit einem Alter wächst, während bei deren ersten sie sinkt. Der alternde Analytiker wird weiser, der alternde Dogmatiker wird dumme. Darum sich so die Menschen bei der Alterung unterscheiden.

Die anderen Menschen, ausgestatteten mit einer Konzentrationskraft, Fantasie, Deduktion und mit einem Drang nach einer wahrhaftigen Erkenntnis sich bei einer Beobachtung und einem Studium nicht nur mit der Frage „wie", sondern auch mit der Frage „warum" und „womit es zusammenhängt, wie es bedingt und begrenzt ist, befassen. Sie suchen die Zusammenhänge und Bedingtheiten. In das Gedächtnis schreiben sie sich auch die dynamischen Charakteristiken der Erscheinungen ein, diese Umständen begleitenden.

Sie anspinnen ihre Erkenntnisse in zusammenhängende Netze und dynamische, sich entwickelnde Systeme der bisher erkannten Gesetzlichkeiten und Erfahrungen.

Diese Menschen sind die Erschaffer der Kulturen und der Entwicklung in allen Bereichen der menschlichen Tätigkeiten. **Ihre innere Beschriftung der Welt ist dynamisch, veränderlich, sich abwickelnd. Das Ergebnis ihrer Tätigkeit ist eine Erkenntnis,** wenn auch obwohl noch an niedrigerer Ebene. Sie sind auch gute Lehrer und Eltern. Ihr äußeres Benehmen einwirkt auf sonstige Menschen mittels ihrer Ruhe, Toleranz und Besonnenheit.

Dabei beide Gruppen haben einen umfangreichen Bereich des Glaubens, weil es nicht möglich ist, alles, was uns die Lehrer vorlegen, immer genau und zum Schluss mit allen Beweisen und Nachweisen, die ansammelten die Menschen vor uns, und die uns unzugänglich zu erkennen sind. Das mangelhaft erkannte zufügen wir, bis wohin es notwendig zur Einordnung der Erkenntnis ist, gleichzeitig mit zugegebenen Gebilden des Glaubens und der Einbildung.

Die weitere **dritte Menschengruppe hat** dank ihren Fähigkeiten der hoch entwickelten Aufmerksamkeit, Konzentration, der unterscheidenden Fähigkeit und der Freimachung von der Steifheit des Ego mit seinen Vorurteilen, dank dem verinnerlichenden Einfluss der Meditation, **die intuitive Erkenntnis.** Sie ihnen ermöglicht ein tieferes Begreifen der Bedingtheit und Verbundenheit der Erscheinungen. Diese Menschen sind befruchtend und sie sind Träger eines wirklichen Fortschrittes. Sie können kommen, und einige auch kommen, zur geistigen Erkenntnis. Sie sind anschließbar und einbindend sich an weitere höheren Datenkanale, eine Datenbasis, die den anderen Leuten, ausgestatteten nur mit einem intellektuellen schablonenhaften, chaotischen Denken, ganz unzugänglich ist.

Der Intellekt der Menschen mit einer intuitiven Erkenntnis wir können benennen „untererleuchteten" oder sogar bei einer höheren Stufe der geistigen Erkenntnis „erleuchteten" weil ihre Tätigkeit von der Intuition innerlich beeinflusst wird und hat ein höheres Niveau des Begreifens der Erscheinungen und der Prozesse. Von diesen Menschen man sagt, dass sie weise sind.

Hier ist es durchaus notwendig zu betonen, dass die Worte untergeleuchtet und erleuchtet ist da nötig in der Bedeutung „begründete mit geistiger Erkenntnis", nicht mehr begründete mittels eines entwickelten Intellekts, wie wird dieser Ausdruck in der Geschichte für die Regierung des Intellekts, also des Gedächtnisses, der Deduktion, Logik („Aufklärungszeitalter") gebraucht, zu begreifen.

Zur Öffnung eines Zugriffs auf den angeführten Datenkanal ist es notwendig, viele Bedingungen zu erfüllen, um die schon die Erwähnungen wurden und die auch weiter in diesem Buche in den anderen Kapiteln aufgeführt sind.

Die Schatzsuche

Beim Suchen verschiedener Gleichnisse und Modelle für eine Darstellung von Problemen bei unserem Hinstreben nach der höheren Erkenntnis kann eine weitere menschliche Tätigkeit helfen. Das ist die Schatzsuche. Für eine Darstellung des geistigen Bestrebens ist das ein äußerst stichhaltiges Gleichnis.

Beim Suchen des materiellen Schatzes, der Goldadern, es bedürft eine große Ausdauer, das Ansammeln der Informationen, die Investitionen in die Werkzeuge, eine Wanderschaft, physische und psychische Kondition, unaufhörliche mühsame Arbeit, eine Spürhundsschärfe, das Glauben an ein positives Ergebnis. Wir müssen uns an kleine Anzeichen in der Umgebung, kleine Begleitereignisse, andeutende die Möglichkeit eines Vorhandenseins der Goldader beachten und wir müssen wissen, wie zu ihr nach diesen Anzeichen zu kommen. Dann müssen wir, das gefundene Gold verlässlich erkennen zu vermögen. Wir müssen sich so arbeiten lernen, damit wir wussten die Bohnen vom Gold effektiv von dem Nebengestein absondern und ausschütten es nicht ins Abfall, oder es einfach dank einer Achtlosigkeit nicht übersehen. Es warten uns vieles Suchen, Hacken, intensive Arbeit, gespannte Aufmerksamkeit, anfängliche Fehlschläge, auch Gefahrensituationen, zuerst unterwegs, nach dem finden von den Dieben, Mördern usw.

Ähnlich ist es beim Suchen der Weisheit. Wir müssen die Körner der Wahre von den haufenweisen Phrasen, Fantasien, Fabeln und von unbegründetem Versprechen erkennen. Wir müssen innerhalb der Menschenmenge nicht nur die, die uns können und auch wollen in unserem Entwicklungsstadium helfen, die Lehrer oder die fortgeschrittenen Schüler, sondern auch die Betrügerei, die uns einen Flitterglanz der Redewendungen, die Zusagen des unbegründeten Glaubens zu geben anbietet und in der Wirklichkeit sie suchen nur den Gewinn, oder sie anwenden eine Einbildung seines Ego und das Gefühl einer Überordnung, erkennen.

Den Weg zum geistigen Schatz haben uns zu unserem Guten während der Jahrhunderte die Lehrer und die vorgeschrittenen Schüler angezeigt. Es kommt wirklich nur an uns, ob wir sich für die genannten Investitionen und das Bestreben entscheiden, oder falls ob wir nur bequem wertlose Glasscherben an Müllkippe sammeln werden. Wir müssen nicht nur die Sammler auf der Oberfläche, sondern auch die hart arbeitenden Bergleute in den Tiefen des eigenen Inneren werden.

Wir müssen beim Suchen vorsichtig sein. Wir haben in uns selbst eigene Behinderungen der Unwissenheit und der Mächte in dem unseren Ego, feindliche zur geistigen Erkenntnis. Dadurch können wir nur die nahen Andeutungen erkennen. Ein zu hoher Meister ist uns entfernt, und deshalb müssen wir nicht sofort ihn erkennen und begreifen. Andererseits dürfen wir nicht sich von einem bombastischen irreführenden Theater eines Scharlatans ableiten lassen. Trotz diese Gefahren und Beschwerden ist es wert, auf den Weg der Erkenntnis zu antreten. Die Menschen widmen doch große Anstrengung, Risiken und viel Zeit den weit gering bedeutenden Zielen, als ist die höhere intellektuelle oder sogar geistige Erkenntnis. Und dabei sie oft mehr riskieren, als beim Suchen einer Erkenntnis.

Der Yoga

Der Zustand des Yogas bei uns

Eine der größten Täuschungen, die bei uns als das Erbe der vierzigjährigen Regierung der kommunistischen deformierenden Ideologie verbreitet sind, ist eine ganz abwegige Vorstellung davon, was eigentlich der Yoga ist. Die Einstellung dieses Aufsatzes des Buches ist nicht, eine Abhandlung über verschiedene Sorten von Yoga durchnehmen, aber es ist das eine Erschütterung oder das Beheben der grundlegenden unwahren Meinungen und Vorstellungen, die bei der Wegsuche der geistigen Erkenntnis irreführend sind. Das Ziel ist weder ein Bereden des Yogas, wie werden gewisse Menschengruppen beim Lesen dieses Buches erklären, aber es ist ganz umgekehrt gewesen. Das Ziel, ist eine Rückkehr zu den rechten Wurzeln des Yogas, zu seinem wahrhaftigen Begreifen und zu seinem sinnvollen Durchführen und auch folgen. Also eine Bereicherung des bei uns bescherten Yogas. Also zur einen wiederkehrenden Verbindung der körperlichen, geistigen und geistlichen Kultur in eine Einheit, wie man wurde in den Ländern von seiner Herkunft immer gelehrt. Als ein Erbe des Kommunismus ist bei uns einerseits ein total materialistischer umgeschorener Torso des wirklichen Yogas, anderseits aufgeblasener mit den unyogischen Tätigkeiten, geblieben.

Und es ist so nicht nur in den früher und auch jetzt kommunistischen Ländern, sondern auch in den Ländern mit der westlichen Demokratie. In jeder Menschengesellschaft ist ein Teil der Leute, die entweder die Dogmatiker mit einem, gegen dem richtigen Yoga feindlichen Denken ausgestattet sind, oder die Leute, die auf so niedriger Stufe des Denkens leben, dass sie nur über dem Körper als über dem ganzen Menschen nachdenken kennen (animale Menschen). In der breiten Umgebung des Verfassers waren auch solche Ärzte.

Die schlechten Vorstellungen von dem Yoga sind nämlich hauptsächlich das größte, elementare Hindernis auf dem Weg zur Gewinnung der wirklich höheren Erkenntnis. Eben der Yoga kann für manche nicht nur ein Mittel für das Erhalten einer Gesundheit, sondern auch der Ausgangspunkt auf den Weg zur Erkenntnis werden. Doch ohne das richtige geistige und geistige Handeln ist es nicht möglich, den gesunden Körper zu haben und zu erhalten.

In den Buchhandlungen ist genug der Literatur für ein Studium und auch der Bücher über den Yoga. Leider, nicht alle unsere und auch westliche Autoren der Bücher über den Yoga sich freistellen von einer Gebundenheit an den Materialismus, Dogmatismus, ihre persönliche Eitelkeit und Gewinnsucht. Sie sind nicht die Menschen, suchende höhere Erkenntnis, ja sogar sie schreiben von Yoga, aber ihr Präsentieren dessen ist einerseits so von den richtigen Informationen um wirkliches Wesen des Yogas geschoren und andererseits ist es so voll von Desinformationen, zugegebenen zum Yoga, dass schon diese Bücher nicht die Bücher über den Yoga vorstellen, aber über andere Angelegenheit. Sie sind so das die Bücher über die Nahrung, die Rehabilitation, die langsame Gymnastik, eine Körpererziehung, die Gewinnung außerordentlicher Fähigkeiten für Erfüllung der eigenen Ziele (okkultistischen) oder sogar um die Jagd nach einer Steigerung von sexuellen Wohllüsten u. a. Diese Autoren den eigenen Sinn des wahren indischen Yogas überhaupt nicht kennen und weder zu kennen nicht wollen. Sogar sie kritisieren die, die den rechten Yoga lehren. Diese Autoren führen dadurch die Leser auf die schiefe Bahn ein.

Einige solche Autoren und Verleger sogar grob deformieren den Inhalt und anfechten die Bücher der Autoren, die den eigenen Sinn des Yogas kennen, und versuchen ihn zu lehren. Die falschen Autoren verkennen weder die Grundvoraussetzung des anständigen Benehmens in der demokratischen Gesellschaft, dass die Ansichten der anderen Menschen mittels einer Verleumdung, Verzerrung und eines persönlichen Angreifens, sogar unter Anwendung der Beschimpfungen, zu bekämpfen nicht geeignet ist.

Deshalb ist es wirklich sehr nötig, die Bücher bedächtig auszuwählen, damit anstelle einer Hilfe, euch auf den Weg zu Erkenntnis zu leisten, auf irrige Wege der Fantasie der sektenhaften Fanatiker, materialistischen Nihilisten und der Geschäftsleute hinzuführen. Damit sie so euer wirkliches wahres Erkenntnis bedrohen nicht könnten und euch umgekehrt in eine Stagnation, bis einen Verfall nicht hinführen.

Eine der am meisten irreführenden Lehren dieser falschen Autoren ist die Behauptung, dass der richtigste Weg zur Erkenntnis das Abgeben der persönlichen Bemühung um eine Verbesserung und strenge Ausbildung ist, weil das, was wir suchen, schon ist da, und es ist nicht notwendig, etwas zu suchen. Dass es nötig ist, nur dem zu glauben. Um sich schlagen sie sogar mit einer christlichen Demütigkeit und den anderen, die sich bemühen eine Erkenntnis zu suchen, geben einen Aufkleber der Eitelkeit und einer Einbildung, dass sie sich selbst „heilig" zu tun wollen.

Dabei diese Leute mit einer Bewusstheit die Erfahrungen der ganzen menschlichen Geschichte herumgehen, in denen die geistigen Lehrer den Schülern geistige Übungen gaben, und führten sie zu einer gewissen Lebensweise laut den strengen Regeln. Zum Zweck eines solchen Lebens wurden, und werden auch jetzt, verschiedene Klöster, Aschrams und andere Gesellschaften gegründet. Es ist doch geschrieben: „Suchet und sie werden finden", „Bittet und es wird ihnen gegeben", „Klopfet und es wird ihnen geöffnet werden". Das sind ganz eindeutige Befehle zu den Aktivitäten! Zur aktiven der Anknüpfung an die Datenbasis des Gottes bereits über die Bitten. Das Einrichten der Gedanken und Gefühle, unterlegte mit dem wirklichen Glauben oder vielmehr mit der wirklichen Überzeugung, dass der Gott unser Lehrer und Vater ist, bilden den Verbindungsleiter. Das ist die lebendige Dynamik der Energien.

Die obengenannten Ansager der Unaktivitäten im Grunde über sich eigentlich mit ihrer Handlung behaupten, dass sie schon vollkommen sind und dass sie keine Schulden, Unarte und Hemmungen der Erkenntnis, die sie beseitigen sollten, haben und umgekehrt, dass sie schon alle Fähigkeiten haben, die sie erst mittels eines Einübens zu gewinnen sollten, dass sie eigentlich erleuchtet sind. Ein Muster des Gewinnens der Erkenntnis ohne Fleiß, Bemühungen und Änderungen der Lebensart. Beispielsweise sie empfehlen die Versicherung „Der Gott mich liebt und genehmigt, was ich tue", ohne dass sich zu beschieden, dass es nur bisher gilt, bis wohin sie wirklich gemäß den Gottesgesetzen handeln. Eine egoistische, gewinnsüchtige und gewaltsame Handlung doch ist nichts positive nach den Gesetzen, sondern in Folgen von Gültigkeit des Gesetzes um Aktion und Reaktion führt zu dem Leiden. Es ist also bestraft, nein gutgeheißen. Dafür, damit sie die Gesetze wirklich kennen, sich jedoch diese Ansager der Unaktivität „alles ist positiv, und somit auch ich bin gut" nicht sorgen.

Was gilt für einen ausgereiften Menschen, das muss nicht für die unausgereiften gelten. Jede Leere des Geistes ist nicht eine Meditation und somit weder eine Übergabe sich in den Gotteswillen, weder ein Weg zur Selbsterkenntnis. Ihre Behauptung ist ähnlich der Behauptung: „Heute kann das Flugzeug jeder Mensch lenken, es führt ihn doch der Autopilot". Dabei könnte sie kaum einfallen zu verkünden, dass das Springen über die Sprunglatte man nicht lehren muss, allerdings die Beine doch jeder schon von seiner Geburt an hat. Sie wissen nichts davon, dass bei der geistigen Arbeit sich auch die Energie investiert, aber die Energie von der höheren Qualität, als vielleicht im Gehen.

Unter dem Vorwand des Dienstes dem Gott oder den Göttern waren in der menschlichen Geschichte die größten Verbrechen mit der Folge des Leidens und Todes von Millionen Menschen und des Vernichtens von großen Werten, von den tätigen Menschen geschafften, ausgeführt. Das Abraten der Menschen, dass sie sich beim Suchen der Erkenntnis bemühen nicht müssen, ist das große, vielfach betriebene Verbrechen mit dazugehörigen strengen Folgen für die Ansager in der Zukunft. Leider nicht nur für die Ansager, sondern auch für ihre Nachfolger. Durch die Hemmung in der Tätigkeit der Strebenden diese Leute in der endgültigen Folge am meisten sich selbst schaden. Es gilt von ihnen das biblische „Sie selbst eintreten nicht und den anderen zu eintreten behindern".

Dank dieser Desinformation sich unter einem Wort der „Yoga" bei uns die meisten Leute irrtümlich vorstellen verschiedene Rehabilitierungs- und Konditionstrainings-Übungen, oder eine Nahrung von anderer Art, als falls wir im Allgemeinen gewöhnt sind. Für diese Tätigkeiten gelten natürlich die Lehren der Medizin, der Nahrung und der Körpererziehung. Von diesem Standpunkt aus sind sicher diese Übungen oder eine richtige Diät nutzbar. Allerdings nur in dem Fall, dass sie so durchgeführt werden, damit sie der Gesundheit wirklich nützten. Weil man sich im Yoga meist über die Tätigkeit der laienhaften Lehrer, unkundigen der dazugehörigen Bereiche der Anatomie, Chemie, Mechanik und Physiologie handelt, droht hier im Gegenteil eine Beschädigung der Gesundheit. Ist das dank dem Unbegreifen der physikalischen und biologischen Gesetze, der Bedingtheit und Beschränktheit und um daraus stammende unrichtige Methodik. Auf diesem Gebiet und an genannter Ebene ganz gelten die Erkenntnisse der sportlichen Medizin, der Erhaltung und der Psychologie.

In der Tätigkeit auf dem Gebiet des Yogas wurde ein Feld für eine Wirkung von vielen Dilettanten im Fachbereich des echten Yogas gemäß der indischen Tradition. Oft es sind von Standpunkt des echten Yogas die Dilettanten schulmäßig graduierten, die anstelle einer Erkennung des richtigen Yogas und einer Verbindung versuchen ins Yoga ihre Sachkenntnisse aus der Körpererziehung und der Rehabilitation zugeben und diese dann für den Yoga und sich unrecht zu Fachmann an den Yoga auszugeben.

Der Yoga beginnt erst dort, wo es um wissentliche Ausbildung der Aufmerksamkeit, und um die Erkenntnis der eigenen Tätigkeit des Geistes mit dem Ziel der Selbsterkenntnis und der Umerziehung selbst sich, geht. Laut des Klassikers des Indischen Yoga, von Patandzali, ist Yoga in der ersten Stufe „Das Behindern von Änderungen des denkenden Prinzips".

Es handelt sich um eine Erkenntnis und um einen Wechsel des bisherigen laufen die eingelebten unkontrollierten Wirbel des Geistes, auswirkendes assoziatives Überlaufen von einem Thema zu dem zweiten endlos und ohne eine zielgerichtete Orientierung. Diese Tätigkeit fortsetzt auch beim Schlaf in der Form der Träume.

Also es ist nicht möglich von der Patandzalis Definition im Geringsten nachlassen, weil sie das Wesen des Yogas gemäß der indischen Traditionen definiert. Anders wir sich eine Deformation des Grundbegriffes, der in den Ländern seiner Herkunft während Jahrhunderte gebraucht wird, erlauben. Zu geben dem Begriff anderen Sinn und dann ihn bekämpfen, oder umgekehrt nach seiner Deformation zu lehren, ist durchaus irreführend und unverantwortlich, bis hinterlistig. Für eine andere Tätigkeit ist doch notwendig, auch in unseren Ländern, ein anderes Benennen zu wählen. Und von den geeigneten Bezeichnungen für die rehabilitative Tätigkeit und körperliche Lebensweise gibt es genug von Wörtern.

Die angeführte Deformation aufführen zwei Menschenarte. Die eine aus Unkenntnis, die andere absichtlich, zum Abschrecken vom Yoga deshalb, dass seine Lehre nicht in ihre Dogmen, die sie selbst fanatisch verbreiten, einfällt. Die Methode einer Unterstellung einer anderen Bedeutung des Begriffes und des Inhaltes der Tätigkeit mit nachfolgendem Nachjagen der Menschengruppe wurde in der Vergangenheit häufig von den Anhängern von verschiedener „-ismus", der Sekten, der Diktaturen und fanatischen Zusammenballungen, feindlichen gegen die richtigen, nicht nur geistigenn Erkenntnis, gebraucht. Bei uns in vergangenem Jahrhundert 40 Jahre von den

Kommunisten. Jetzt wird das immer weiter von den Mitgliedern verschiedener religiösen, scheinbar yogischen und wissenschaftlichen Zusammenballungen gebraucht.

In dem Yoga hat die Möglichkeiten jeder Mensch von einer irgendwelcher intellektuellen Bildung und philosophischer Meinung oder religiöser Erklärung, bis wohin er sich von seinen unbegründeten Vorurteilen , den falschen Glauben und Dogmen befreit, bis er will seiner Umerziehung genug Zeit und Energie widmen und bis er selbstkritisch seine Ausgangsstellung erkennt. Er muss nicht, ja sogar weder darf nicht, seine Kritizität aufgeben. Dieser jedoch muss von der richtigen, vorurteilslosen Bemühung nach der Erkenntnis der Wahrheit ausgehen. Er muss eine Bewusstheit der eigenen Beschränktheit und beziehungsweise der Falschheit der bisherigen Einstellung und der Fähigkeiten, erkennen. Nicht jedoch von einer Bemühung, für jeden Preis seine Meinung, seine Überzeugung zu widersprechen und zu durchsetzen und so schnell ein „Lehrer des Yogas" zu werden oder umgekehrt, wie ist der Yoga mangelhaft, oder sinnlos, zu erweisen und dabei weder ihre Substanz und breite des Arbeitsfelds nicht kennen.

Verschiedene Bestrebungen aus dem Yoga eine Renndisziplin zu herstellen und es sogar an die Olympiade zu bringen, sind eine Äußerung der absoluten Unwissenheit und der Begreifenslosigkeit der alten indischen Tradition der Wegsuche zur höheren Erkenntnis. Dieser Weg seit dem ersten Erwachen, von einem tiefsten, dämmernden, noch halbtierischen Grad der Bewusstheit bis zur Selbsterkenntnis und zum Selbstbewusstwerden, wird der Yoga genannt.

Das ist eine praktische Methode für das lebenslange gezielte Bestreben und eine neue Lebensweise. Es ist keineswegs irgendeine religiöse, dogmatische Form des einfachen Glaubens, der Zeremonien und der leeren Philosophie. Zu dem Ziel kann man auf unterschiedlichen Wegen, unter Anwendung verschiedener Hilfsmitteln gehen. Deshalb gibt es verschiedene Namen für verschiedene Arten des Yogas, die die Hauptmittel - die Methoden bezeichnen. Das Ziel jedoch bleibt immer gleich, und je mehr wir sich ihm nähern, um so kleinere gegenseitige Unterschiede an verschiedenen Richtungen der Annäherung sind ähnlich, wie beim Ausstieg an einen Berggipfel, wobei sich der Raum beengt, und die Pfade sich verknüpfen, bis schließlich sie führen sämtlich in den Zugang in den Tempel oder an den Berggipfel.

Ich werde nur sehr gedrängt die Grundarten der Mittel andeuten: die Liebe zum Gott - Ergebenheit, die Erkenntnis der Substanz
der Bewusstheit, das Belauschen voran den äußeren Klang, dann den
inneren, die Beobachtung der Bildfiguren für die Konzentration und
die Linderung des Geistes, integrales Yoga, die Beherrschung der
Lebensenergie usw.

Auf dem Gebiete des wirklichen inneren Yogas wird bei uns
keine schulmäßige Bildung durchgeführt und deshalb weder die ärzt-
liche noch sogar die akademische fachliche Meisterschaft gibt nicht
den Menschen eine Berechtigung, sich für einen Fachmann im Yoga
zu betrachten und den ganzen Yoga zu anfallen, oder auf der Basis
der schulmäßigen Art der Bildung, Terminologie und des Anpeilens
zu erleuchten.

Der vorne angeführte sportliche Irrtum ist bei uns das Erbe des
Kommunismus. Bis etwa zum Jahr 1967 war der Kommunismus bei
uns durchaus dogmatisch und hart, unzulassend in den Vereinstätig-
keiten nichts, was sich gefiel nicht nur den russischen, sondern auch
den unseren marxistischen Zensoren. Irgendwelche Bemühungen um
ein Ausweichen auswärts der offiziellen Vorstellung des vulgären
Materialismus wurden hart unterdrückt und kriminalisiert. Sie behinderten die Möglichkeiten des Ausdruckens der Literatur über Yoga
und Mystik und ausübten am Anfang sogar Vernichtung der Schrift-
stücke in den öffentlichen Büchereien, Pfändung in Haushalten. Es
wurde nicht gestattet, die Annoncen zum Kauf der geistigen Literatur
zu geben. Es war möglich nur in wirklich kleiner Anzahl der Menschen, übersteigenden nicht das Aussehen eines Familienbesuchs,
sich zusammentreffen. Auch so wurden betrachtet alle, die sich ver-
kehrten mit dem durch die Polizei bezeichneten Menschen, strebenden sich in der Öffentlichkeit um eine höhere Erkenntnis der Prozesse
unserer Psyche.

Die Liquidierung der Ansager einer Bemühung um die geistige
Erkenntnis geschah unter dem Deckmantel einer angesteckten anderen verbotenen Tätigkeit. Es genügte für eine Abschrift eines Buchs
das Geld an Deckung der Kosten zu nehmen und erfolgte der Prozess
über einem Bereichern, finanziellem Betrug. Ich kenne die Urteilsbe-
gründung an 11 Jahre des Gefängnisses: „Als der Hochschullehrer er
wusste, dass nur der Marxismus wahrhaftig ist und trotzdem er be-

suchte die Zusammenkünfte mit der religiösen Thematik und dadurch er wollte unsere Jugend verderben".

Nach dem genannten Termin erfolgte eine gewisse kleine Befreiung und es war möglich, die Klubtätigkeit unter den Flügeln des Sports oder der gewerkschaftlichen Bewegung, zu tun. Wenn wir damals wollten, ein mögliches Minimum auf dem Weg des Bekanntmachens der suchenden Menschen mit dem Hatha Yoga machen, wir mussten bei der Gründung der Organisationen die Formulierung der Thesen so zurichten, damit der Antrag für die Gründung eines Ablegers der Körpererziehung des Yogas oder der Sektion des Klubs ROH durch die Zensur des Ministeriums der Inneren durchgehet. Anders es war nicht möglich. Es waren deshalb bei dem Niederschreiben der grundlegenden Thesen die Elemente der Körpererziehung, der Rehabilitation, des Einflusses auf körperliche auch psychische Gesundheit und auf die Arbeitsleistung betont. Es wurde in ihren auch das gesellschaftliche Bedeuten der Entwicklung der Aufmerksamkeit, der Selbstbeherrschung und Konzentration für eine Verbesserung der Fähigkeiten der Menschen im Bezug auf die Bedürfnisse der ganzen Gesellschaft, an die Arbeitsleistung und auf die zwischenmenschlichen Beziehungen betont. Mehr war nicht möglich.

Nach der russischen Okkupation 1968 sich jedoch vom Einfluss der „Normalisierung" der Organisationsführerschaft der Bewegung über dem yogischen Zweig der Körpererziehung bemächtigten die Menschen die materialistischen, kommunistischen dogmatischen Karrieristen und Verbindungsleute der heimlichen Staatspolizei, die hier seine Verwertung für die funktionarhaften Tätigkeiten, die Kontrolle der Bewegung gefunden haben und somit kam es zur umfangreichen Deformierung und zur groben Kontrolle von den Karrieristen. Um die Einübung der Konzentration, die Selbsterziehung, die Einübung der Aufmerksamkeit und Ausbildung des Geistes man meistens überhaupt nicht sprach. Dazu die Intelligenz von diesen Leuten nicht genügte. Es wurde eine falsche Vorstellung von dem Yoga als auf die Therapie ausgerichtete Disziplin eingeführt und auch die treppenförmige Klassifikation der Qualifikation der Vorturner nur an dem materiellen Niveau.

Ihre Schulung sich jedoch machte nur in Bekanntmachen mit körperlichen Übungen irgendeiner Art (Auflockern, Verstrecken und Kräftigung der Muskeln und Flechsen des Körpers und die Erhaltung der Beweglichkeit der Gelenke). **Ein solches Sortieren der Instruktoren in dem klassischen indischen Yoga überhaupt nicht existiert** und wirklich auch nicht möglich ist. Dieses Sortieren der Vorturner überhaupt annimmt in Betracht weder die Abstufung der Ausbildung, enthaltene in dem grundlegenden Kodex des Raja-Yogas. So war der Yoga ausgegeben als eine rehabilitative und ein wenig exzentrische Körperkultur.

Der Buchautor war vom Jahr 1969 tätig im Brünner Yoga Klub und er kann um die Situation also ein wahrhaftes Zeugnis abgeben. Er hat mitgearbeitet auch bei der Gründung der Organisationen außerhalb Brünn. In diesem Klub wurden vom Jahr 1969 die Vorträge um die Eigenschaften des Geistes, von der Meditation, der Entwicklung der Aufmerksamkeit, der praktischen Psychologie der Persönlichkeit, über die Lebensgeschichte der Persönlichkeiten aus dem Fachbereich des Yogas usw. Später man veranstaltete auch die Meditationsseminare. Es vortragen die Klubmitglieder, auch Gäste, Amateure, Interessenten um echten Yoga und auch Fachmänner aus der Psychologie, Psychiatrie und Medizin. Ebenso gut in der praktischen Übung wurde betont das Bewusstwerden der Bewegung, die Aufmerksamkeit, die Betrachtung des Atems, des Zustandes und des Inhaltes des Geistes. Es wurden die Übungen einer Vertiefung der Achtsamkeit bei der alltäglichen Tätigkeit mittels der buddhistischen und auch anderen Methoden der Züchtung der Konzentrationskraft und der Aufmerksamkeit ausgeübt. In Brünn das jedoch war eine außergewöhnliche Situation. Anderorts es war nur eine Körperübung mittels irgendwelcher Asanas des Hatha Yogas.

In breiter Kenntnis wurde bei uns das Wort Yoga an genannte fehlerhafte Vorstellungen, erscheinenden aus dem geschorenen und verformten Hatha Yoga gebunden, das eigentlich die erste Stufe von Raja Yoga ist, und wurden aus ihm ausgewählt nur die Asanas und anstelle des Pranayama (Betrachtung und Steuerung der Strömung der Lebenskraft) wurde nur eine Atemgymnastik durchgeführt. Um das Chaos noch zu steigern, erfanden die böhmischen „Vorturner des Yogas" und die Ärzte verschiedene Zusammenstellungen für die Kinder, Kranke und körperlich behinderte Menschen. Alles nein als eine Rehabilitationsübung, aber als „der therapeutische Yoga" und „der Yoga für die Kinder". Das Benennen weder war nicht begrenzt an den Hatha Yoga, der die Übung der Asanas nur als eine anfängliche Stufe der Ausbildung der Aufmerksamkeit enthält, und das war ein Bestandteil der gesunden Lebensführung für die Yogis in Aschrams, weil die Bewegungslosigkeit bei einer ganztägigen Meditation zu ihrer Erkrankung führen könnte. Das ist nur die erste Stufe des achtteiligen Pfades nach dem klasischen Raja-Yoga.

Das, was die Leute bei uns präsentieren als den Yoga, ist nur ein kleiner, ganz abgetrennter und verformter vorbereitender Teil der einen Art vom Yoga (des Hatha Yogas als eines Teiles vom Raja-Yoga). Jahrhundertealte indische Tradition kennt mehr Arten vom Yoga, bei denen das System der Asanas ist nicht kein einziger und weder hauptsächlicher Inhalt des Hinstrebens in der Übung. Daraus so fließt, dass das Wort Yoga andere Bedeutung hat, als man ihm gewöhnlich bei uns zuspricht.

Den Yoga repräsentieren nicht nur die Asanas, aber etwas anderes, allen anderen Disziplinen, benannten in Indien als Yoga, gemeinsam! Ist das die Ausbildung der Aufmerksamkeit, der Konzentration des Geistes und der unterscheidenden Fähigkeit, des Wachstums der Schärfe des Selbstbewusstwerdens, nein jedoch des Bewusstseins im Sinne einer Selbstüberschätzung der Persönlichkeit, als man absichtlich dem Yoga von seinen fanatischen selbstbewussten Gegnern zugeschoben wird. Das übe, das sie an den wirklich suchenden Menschen sehen, ist das ihre übe, das ihnen ihr Sklavenhändler vorspielt, das ihre Ego.

Umgekehrt die wirkliche innere Selbsterkenntnis gibt dem Menschen auch ein ungeschminktes Begreifen der Zugehörigkeit zum Allgemeinen und eine ausgeleuchtete Demut. Sadhana, der Weg zur Erkenntnis, ist eine Disziplin einer ständigen lebenslangen Selbsterziehung, des Selbsterkenntnisses, der weisen, selbstlosen Handlung und des Ablegens der falschen hochtrabenden Komponenten der ihren Persönlichkeit - des Ego.

Dazu, damit sie ans Ziel gelangen, dient in dem Hatha Yoga am Anfang als erstes Hilfsmittel für ein Entwickeln der Konzentrationskraft eben die langsame, konzertierte, bewusste Übung der Positionen (Asanas), der Bewegungen des Körpers, der Betrachtung des Atems und der Einübung der Haltung eines Beobachters. Dadurch sich beginnt die Aufmerksamkeit **bewusst** zu stärken und die unterscheidende Fähigkeit auch, dadurch sie sich beide schrittweise entfalten. Es reduziert sich dadurch die primitive Identifizierung sich nur mit dem

Körper. Der Beobachter doch beobachtet den Körper. Doch **dieser Beobachter** des Körpers **sind wir selbst.**

Der Yoga ist nicht nur eine leere Übung, sondern ganze Lebensweise mit eigener Philosophie einer Befreiung, der Methodik, der unterstützenden Systeme der Übungen und des systematischen richten auf die Weiterentwicklung im Sinne der höheren Erkenntnis und einer Lebensführung auf der Ebene, braven eines weisen Menschen, wirklich eines „Homo sapiens". Ohne die Fortsetzung in der Ausbildung des Antretens zum weiteren Teil des achtteiligen Pfades ist es nicht möglich über einem Yoga zu sprechen, sondern es handelt sich nur um eine körperliche Rehabilitationsübung mithilfe der Elemente des Hatha Yogas.

Die Yogisten turnen nur den Körper, und zwar noch nur manchmal, sie sorgen um verschiedene Ernährungsgewohnheiten, sie vortragen um den "alimentären Yoga", inzwischen was **die Yogis gemäß dem Yoga leben** und mehr schweigen und arbeiten, als sprechen, und Sie gehen auf dem achtteiligen Weg fort.

Der Yoga ist eine ganztägige und lebenslange Bemühung um die Änderung des Gehaltes und der Form des Denkens und der Taten. Daraus fließen andere Beziehungen zur Umgebung und zum ganzen Leben aus. Die Beziehungen positiven, harmonischen, schöpferischen und festen, verantwortlichen genauso gegen sich, wie gegen die anderen Leute und gegen die ganze Umgebung.

Die Konzentration und Meditation

Der unteilbare und wesentliche Teil des Yogas ist die psychologische Arbeit an aneinander selbst. Die geistige Erkenntnis ist nicht an einem intellektuellen Anwerben von vielen weiteren Deffinitionsanweisungen der Kenntnisse nur mittels eines Lesens der Bücher und eines Zuhörens der Vorträge, gegründet, sondern **an der Beseitigung der Vorurteile, der Unarte**, der gedämmten Konflikte und der Charakterdefekte, die ein System der Hindernisse, der negativen Filtern und Weichen in der Persönlichkeit bilden und die die entscheidenden Elemente unseres Denkens und Handelns sind.

Erst nach ihrer Wegschaffung sich schrittweise dem Menschen beginnen viele Sachen anders offenbaren, als das bisher war. So kann er bereit, stufenweise neue Ansehen, Meinungen und Erfahrungen erleben fähig zu werden. Nur er selbst mit seiner eigenen geduldigen und ausdauernden Bemühung in einer Übereinstimmung mit den erkannten und angenommenen Gottesgesetzen und mit der Liebe zur Wahrheit, mit der Hilfe der anderen, fortgeschrittenen Schüler oder Lehrer. Dann beginnt die Erkenntnis mittels der Informationen, des Zusammentreffens und der Begnadigung, zu ihnen zu kommen.

Es ist das meistens ein längerfristiger Prozess der verlaufenden Änderungen. Voran verlaufen die Änderungen der Denkweise, des Zugangs zum Leben und der Wertskala. Gleichzeitig sich mittels der Versuche um eine richtige Meditation beginnen die Konzentrationskraft, Selbstbeherrschung und unterscheidende Fähigkeit zu steigern. Die Aufmerksamkeit sich befreit aus der unbewussten und ungesteuerten Anknüpfung nur an die Gegenstände der materiellen Welt und zuwendet sich schrittweise mehr und mehr an den Weg zur Selbsterkenntnis.

Hier haben an Anfang seine wichtige Stelle eben der richtig begriffene und durchgeführte Yoga und die anderen Methoden der Ausbildung der Aufmerksamkeit und der unterscheidenden Fähigkeit. Dazu gehört auch das Begreifen des richtigen Herantretens zum Intellekt. Es ist nötig ihm begrenzen sein fehlerhaftes Eingreifen in die Bemühungen um die geistige Erkenntnis. Der Intellekt sie niemals vermitteln wird. Er kann nur Bilder, Gleichnisse. Modelle der Beschreibungen, der Vorurteile oder des Glaubens erstellen. Nichts mehr. Auch diese sind fürs Leben in der menschlichen Gesellschaft brauchbar und notwendig. Sie sind nicht jedoch der gerade Weg zur geistigen Erkenntnis. Und sie müssen weder der Weg zur intellektuellen höheren Erkenntnis auch nicht sein.

Bei einem ausdauernden Bestreben um die Meditation beginnen die Aufmerksamkeit und Konzentrationskraft sich entwickeln. Das sind die Eigenschaften, notwendigen auf dem Weg zur Selbsterkenntnis mittels der intuitiven Erlebnisse und des Begreifens für den Gehalt der Anweisungen aus der guten Literatur.

Mehr kann um Yoga der Leser in geeigneten Büchern erfahren, geschriebenen von ernsthaften Verfassern, kundigen der echten Berufung der verschiedenen Type von Yoga. Wie auswählen, wurde allgemein aufgeschrieben vorne. Weitere Erläuterung wäre schon auswärts der Absicht des Buches. Die Begehrenden wurden aufmerksam gemacht und erhielten ausreichend von den Informationen dafür, damit sie selbst weiter fortsetzen und vermeiden sich den Irrewegen konnten. Der Verfasser dieses Buches ihnen wünscht viel Wachsamkeit, Ausdauer, Begreifen und Erfolge auf dem Weg zur Erkenntnis. Er gibt ihnen zur Verfügung seine Erfahrungen aus den Jahrzehnten Jahre seines eigenen Suchens und Arbeit in der Zeit, die der geistigen Erkenntnis dank der kommunistischen Diktatur übelwollte.

Die jetzigen Möglichkeiten sind solche, welche bei uns in der Vergangenheit seit dem Ende der ersten Republik (1938) nie waren. Schätzen wir sich das und seien wir wachsam, damit uns niemand gemäß seinem dogmatischen Schnitt wieder beschneidet. Solche Menschen, die danach streben, zwischen uns leben wirklich recht viele. Und deren, die sich zu ihren Tendenzen mitreißen lassen, noch mehr. Es ist egal, ob es in der Tschechischen Republik oder in der Bundesrepublik Deutschland oder anderswo ist. Die Geschichte das beweist wirklich überzeugend.

7. Das objektorientierte Programmieren

Die Gründe

Das objektorientierte Programmieren (weiter OOP) ist eine fortgeschrittene Methode des Programmierens. Für die, die sich die Logik dieser Disziplin zueignen, sich eröffnet die Möglichkeit, auf der Basis der Ähnlichkeit nicht nur die Hierarchie der Gesetzlichkeiten der Tätigkeit der schöpferischen Kräfte, sondern auch einige innere Abhängigkeiten ihrer Bildung zu begreifen.

Das Begreifen des Modells OOP eröffnet eine Möglichkeit vom höheren Begreifen der Beziehungen des Lebens, ein Anwerben einer höheren befruchtenden Potenz, die Möglichkeit der Schaffung der Bildung der Abhängigkeiten unserer Aktivitäten besser zu erkennen, die Anknüpfung der Reaktionen und nachfolgenden Entscheidungen und vor allem ermöglicht ein dauerhaftes Heranrücken zu allen in der Kenntnis funktionierenden gesetzmäßigen Wechselbeziehungen, die oft verdeckt stehen, aber trotzdem wichtig, bis entscheidend sind, zulassen. Das führt zum Begreifen unserer großen Verantwortung für eigene Taten und unserer Beteiligung an der Gestaltung der Umgebung, in der wir leben. Und auch zum Begreifen unserer großen Schanze und Hoffnung, die uns eben durch das Angebot der Gelegenheit und der Möglichkeiten zum Anrücken des Weges zur höheren Erkenntnis gegeben wird.

Die Menschen, die die Programmiermethoden entwickeln, schrittweise schufen verschiedene Programmiersprachen, die dem Programmierer das Kommunizieren mit einem Rechner ähnlich ermöglichen, wie es bei einer gegenseitigen Kommunikation unter den Leuten ist. Die Anweisungen für den Rechner werden mithilfe der Befehle, habenden denselben oder ähnlichen Gehalt, wie in der Sprache unter den Menschen (meistens Englisch), gegeben. Beispiele: Lies, lege, trage ein, entferne, usw. Der Übersetzer einer höheren Programmiersprache (der Compiler oder der Interpreter) übersetzt diese Anweisungen in eine Folge der Befehle, denen der Prozessor des Rechners in dem Maschinenbefehlscode versteht. Er verhält sich als ein Dolmetscher.

Der Compiler

ist ein Übersetzer, der aus der textförmigen Form das Programm in dem Maschinencode schafft, das sich übersetzt an das Speichermedium speichert. Er verhält sich als ein Dolmetscher. In dieser Form wird die vorherrschende Mehrheit der Anwendersoftware geliefert. Das Programm (kompiliertes) sich startet in der übergesetzten Form, also in dem Maschinenkode und ist deshalb schnell.

Der Interpreter

übersetzt laufendes Programm aus der Quellform (textförmigen) in den Maschinenkode des Prozessors bei jedem Programmstart wiederum schrittweise, wie die Arbeit des Programms setzt fort. Deshalb ist die Arbeit des Programms langsamer.

Die höheren Programmiersprachen ermöglichen das Eingeben der Aufgaben den Rechnern zu der laufenden Logik der Kommunikation zu angleichen dazu, was die Menschen bei der gegenseitigen Kommunikation bei der Arbeit verwenden, oder bei Unterhaltung benutzen. Ausdrücklich sich dadurch vereinfacht die Kommunikation, steigert die Produktivität, beschleunigt die Arbeit bei einer Programmgestaltung. Es reduziert sich so einerseits die Anzahl und Größe der möglichen Irrtümer und dadurch der Fehler in der Tätigkeit der Programme, verursachten von dem Programmierer, andrerseits sich so die Beherrschung der Rechner mehr den Menschen zugänglich macht.

Die Kommunikation zwischen den Menschen erfolgt gemäß den Gewohnheiten, erworbenen während des Entwickelns des Kindes in einen Erwachsenen Menschen aufgrund der Menge der Möglichkeiten, mit denen ist der Mensch ausgestattet, mittels der Sprache, Mimik und Gestikulation, weiter mittels der Vergleichung verschiedener Möglichkeiten der Bedeutung der übergebenen Information mit dem Gedächtnisinhalt. Die Kommunikation ist also ziemlich operativ, aber (unbewusst) sehr kompliziert.

Dagegen muss die Kommunikation des Menschen mit einem Rechner von dem Standpunkte der Bedeutung der Anweisungen kurz und logisch eindeutig sein. Die Zuverlässigkeit der Rechnerarbeit besteht eben in der Einwertigkeit der Bedeutung und Form der übergebenen Anweisungen. Deshalb sich müssen die Programmierer eine sehr strenge Logik und Folgerichtigkeit beim Zusammenfügen der Algorithmen zur verlangten Tätigkeit und beim Übersetzen in die

Programmiersprache, zueignen. Die Pünktlichkeit muss in jedem einzelnen Zeichen (Buchstabe, Ziffer, Punkt, Strich, Doppelpunkt, Semikolon etc.) sein.

Der Programmierer muss der Tätigkeit und der Logik des Compilers im Bereich, den er für seine Arbeit braucht, verstehen. Er muss sich deshalb detailliert das Denken und die Logik, in dem Übersetzer eingelegten von seinem Schöpfer (von dem Programmierer des Übersetzers) zueignen. Das ist eine Analogie des Anlernens einer fremden Sprache für eine normale aktive Tätigkeit. Es hilft nur eins: die Anweisungen so treffen, wie ihnen einerseits der Programmierer und anderseits der Rechner verstehen. Und zwar genau, bis den Punkt, anders ist eine Vereinbarung nicht möglich. Es hilft nichts eine Wut und ein Schimpfen, aber nur das Begreifen der Programmlogik und die gründliche Unterwerfung. Nur die Kenntnisse, das Nachdenken, eine Erfindungsgabe und genug Geduld helfen.

Die Eigenschaft des Rechners ist die gründliche Gehorsamkeit. Der Programmierer muss entgegenkommend sein und muss sich bemühen, die Logik des Compilers voll zu erkennen und zu ausnützen. Und vor allem, muss er genau verstehen den Anweisungen so, wie ihnen „versteht" der Rechner. Also er muss seine Begriffe und Logik so begreifen, wie sie begriff der Schöpfer des Algorithmus des Übersetzers und dieser Logik sich ganz unterwerfen. In diese Logik muss er seine Anforderungen und Bedürfnisse einpressen, und dem Rechner sie übergeben so, um dieser fähig wäre, sie zu empfangen und zu ausführen.

Das ist eine ganz andere Kommunikation, als unter den Menschen, wobei diese oft gewaltsame Zwangsmittel zum Erzielen ihres Zieles (auch eines sinnlosen oder ganz eines abwegigen) verwenden, der Zugang der Programmierer der Aufgaben zur Lösung in der Programmierung ist artverwandt wie verwenden die Menschen, arbeitenden in den mathematisch - physikalischen Disziplinen. Die müssen sich bemühen die Gesetzlichkeit zu entdecken und gründlich sich mit ihr richten. Begreifen die zweite Seite und entgegenkommend sein. Es hilft hier nichts, seinen Willen oder irrtümliche Vorstellungen, Dogmen durchsetzen.

Deshalb haben die Menschen, die eine Ausbildung in den angeführten Disziplinen durchgegangen sind, die positiven Voraussetzungen zum Begreifen der Funktion der höheren Entwicklungsgesetze des Lebens und zum Antreten des Weges zur geistigen Erkenntnis mittels des Jnana Yoga (Yoga der Kenntnisnahme) und am Ende des Atmavichara. Selbstverständlich nur damals, bis wohin sie selbst allerdings das Begreifen suchen wollen werden und sie sich darum gehörend bemühen werden. Sie haben auch bessere mentale Voraussetzungen für das Entgegenkommen, was ist eine wirklich nötige Eigenschaft, notwendige für das Antreten des Weges zur geistigen Erkenntnis. Wir nämlich nur abkehren mit unserer Tätigkeit die Hindernisse aus dem Wege, damit die Erkenntnis so kommen konnte, wie eine zufließende Quelle in ein gereinigtes Brünnlein. In diesem Sinne ist eben die Behauptung der dogmatischen Opponenten des echten Yogas, dass wir wollen sich selbst heilig tun, ein Muster der absoluten Unkenntnis der Prinzipien des Weges zur Erkenntnis und einer hohen Einbildung ihres Ego über ihre Unfehlbarkeit, in Wirklichkeit der Feindschaft und der Demagogie gegen die Wahrheitssuchen.

Für das Begreifen der Gründe der Logik des OOP als des Modells im Bereich, ausreichenden dem Ziele dieses Buches, ist es notwendig, einige Grundbegriffe der Programmierung in der Form, annehmbaren dem Menschen, der sich bisher mit diesem Bereich nicht befasst hat, zunächst zu abklären. Also versuchen wir das gemeinsam.

Das Programm

Was ist es das Programm? Es ist eine Serie von hintereinander folgender Anweisungen, ausdrückenden den geforderten Algorithmus, die Reihenfolge von Anweisungen, bestimmenden dem Rechner, was und in welcher Folge er mit den Daten, die verarbeitet sollen werden, durchführen soll oder was für Anweisungen soll er an die technische Nebenausstattung - HW des Rechners, übergeben. Das Programm, oder sein Teil, sich erst aus dem Speichermedium (magnetischen oder optischen) in den Speicher des Rechners aufnimmt. Aus ihm übernimmt der Rechner schrittweise die Anweisungen zu den einzelnen Schritten seiner Tätigkeit. Das Programm sich von den Bausteinen setzt zusammen, aus denen wir nur diese beachten werden, die wir für weiteres Begreifen im Rahmen der Zielrichtung dieses Buches brauchen werden.

HW - SW

Das programmmäßige Ausgestalten der Rechner wird bezeichnet mit der Abkürzung SW (Software).

Die physikalischen - technischen Teile der Rechner und das Zubehörteil (Rechner, seine mechanischen und elektrischen Komponenten, Drucker, Monitor, Tastatur, Maus ah.) werden als HW (Hardware) bezeichnet.

Die Daten

Das ist ein Komplex der Angaben, beschreibenden die Eigenschaften dessen, was mit dem Programm bearbeitet werden soll.

a) Es sind das Antritts- und Austrittsgrößen des Programms, beispielsweise die Formate, Zeitdaten, Termini, Namen, Farben, Preisen, Adressen. Diesen Typ der Daten eingibt der Benutzer des Programms am Arbeitsbeginn. Am Ende oder während der Arbeit des Programms werden die Ergebnisdaten an Ausgabegeräte des Rechners: den Monitor, den Drucker, die Zeichnungsanlage, die Treiber der Geräte usw., übergegeben.

b) Weiter sind das die inneren Daten des Programms, mit denen dieses arbeitet, wie beispielsweise die Namen der Tage in der Woche, der Monate, der Kalender, mathematische Konstanten, die Grenzen der Gültigkeit und die Daten des technischen Zubehörs (HW, beispielsweise die Art des Monitors, die Anzahl der darstellenden Punkte an ihm, die Anzahl der Farben, die Eigenschaften des Druckers etc.). Die Befehle für den Rechner werden mittels der Anweisungen gegeben, die denselben oder ähnlichen Gehalt haben, wie ist das in der Sprache zwischen den Menschen (meistens Englisch). Die Beispiele: Lies, lege, trage ein, entferne, usw. Der Übersetzer einer höheren Programmiersprache (der Compiler oder der Interpreter) übersetzt diese Anweisungen in eine Serie der Befehle, denen der Prozessor des Rechners in dem Maschinenkode versteht. Er verhält sich als ein Dolmetscher.

Die Prozeduren und Funktionen

Die **Prozeduren** enthalten eine Reihenfolge der Anweisungen, sichernden die Erfüllung einzelner Schritte des rechnerischen Algorithmus (der Folge der Einzelanweisungen). Die Befehle dem Rechner sagen, was er durchführen soll, beispielsweise eine Berechnung, einen Vergleich, eine Sortierung, eine Aufspeicherung der erworbenen Ergebnisse an die Disc, eine Verschiebung, das Zeichnen an den Bildschirm, die Weitergabe dem Drucker, dem Plotter (der Zeichnungsanlage) u. ä. Die Prozeduren können sich verketten und somit können sie von den weiteren Rahmenprozeduren, hierarchisch übergeordneten zu den niedrigeren Prozeduren und Funktionen, gebraucht werden. Die inneren Variablen von Prozeduren und der Funktionen können mittels der Parameter, angeführten in den Klammern hinter dem Prozedurnamen, freigelegt werden. So werden die Daten in die Prozeduren zur Bearbeitung eingelegt, weiter den untergeordneten Prozeduren, in der Hierarchie den Vorfahren in der Rückwärtsrichtung und dann zurück in der Vorwärtsrichtung den Nachfahren gemäß die programmgesteuerten Schritte und um so die verlangten (oder auch unverlangten, fehlerhaften) Ergebnisse zu gewinnen.

Die **Funktion**en sind solche Sequenzen der Anweisungen und Befehle, deren Ergebnisse eben die Größe oder die Arbeit, sie repräsentieren direkt mit dem Funktionsnamen. Beispielsweise das Ergebnis einer Operation der Berechnung des Volumens eines Quaders „A" kann mittels der Funktion „Umfang" auf diese Weise repräsentiert werden:

A = Umfang(Abmessung X, Abmessung Y, Abmessung Z).

Die Zahl A ist die Größe des Volumens des Körpers, gegebenen durch die charakteristischen Dimensionen X, Y, Z, vorgegebenen in den Parametern in den Klammern - obwohl die Längen der Seiten Quadersteins. „A"" ist direkt das zahlenmäßige Ergebnis.

Die Arbeit mit den angeführten drei Bausteinen war und ist der Hauptinhalt der anwenderbezogenen Computerprogramme.

Das Objekt

Ein großer Fortschritt im Programmieren war mit der Einführung des Programmierbegriffes „das Objekt" vollstreckt, das ist eine Nachmachung der Eigenschaften der natürlichen biologischen Objekte. Es enthält im sich selbst sowohl die Daten als auch die Funktionen und die Prozeduren, erforderlichen für die Eingabe und Ausgabe, Registration und Ablesung nicht nur der Daten, sondern auch desselben Objekts, eine Schirmbilddarstellung und die Ausführung der angeforderten Operationen. Die Namen der Funktionen und der Prozeduren in dem Objekt sind die Eigenschaften und Fähigkeiten des Objekts und es ist möglich sich mittels ihnen zu ihren Tätigkeiten durch die Namensangabe des Objekts und der Funktion oder der Prozedur mit gleichzeitiger Eingabe der dazugehörigen Parameter, berufen.

Die Kapselung und Vererbung

der Daten, der Funktionen und der Prozeduren im Objekt ist eine der Eigenschaften des Objekts in der OOP. Die zweite solche Eigenschaft des Objekts ist **die Erblichkeit** der Eigenschaften (der Daten, der Funktionen und der Prozeduren) und die Möglichkeit der Schaffung eines Nachfahren mit den gleichen Eigenschaften, die man jedoch modifizieren, und weiter diese Eigenschaften verbreiten und übergeben (oder überdecken die ursprünglichen Eigenschaften mi den neuen) kann. **Alle Eigenschaften des Vorfahren sind latent in dem Nachfahren zur Tätigkeit vorbereitet.** Es genügt, sich auf sie mit einem richtigen Anruf ihres Namens mit gleichzeitigem eventuellen Beifügen der erforderlichen Parameter, wenden. Es ist nicht notwendig, von neuen die Tätigkeit des Vorfahren zu beschreiben, weil diese Tätigkeit dem Nachfahren als seine erbliche Eigenschaft übergegeben wurde.

Das OOP beträchtlich beschleunigt und vereinfacht die Ausrufung der komplizierteren Tätigkeiten, der erforderlichen Eigenschaften und die Schaffung von den neuen Objekten, die die Eigenschaften und Fähigkeiten der alten, vorher erschaffenen einfacheren, partikulären Objekte - der Vorfahren ausnützen. Sie ausdrücken das Auftreten der natürlichen biologischen Objekte und gewöhnen von den Programmierern einen Neuansatz im Begreifen und in der Gestaltung, naturnahe. Dank dem so entstandenen System von Programmen, an sich anschließenden, und dadurch ermöglichenden die riesige Steigerung der gegenwärtigen Leistungen der menschlichen Gesellschaft mittels der Anwendungen der elektronischen Datenverarbeitung. Der grundlegende Baustein ist das ursprüngliche, **primitive „Objekt"**, das mit den Grundfähigkeiten für den Empfang und die Ausgabe der Daten, die Zeichnungsarbeit auf dem Bildschirm, die Registration an die Disc und das Lesen aus ihr und mit weiteren Potenzen ausgestattet ist.

Es selbst ist jedoch nicht funktionell, aber es hat in sich selbst verdeckte (latente) Fähigkeiten und Eigenschaften zum Arbeiten mit den Daten, mit den Funktionen und mit den Prozeduren.

Der Programmierer muss einen Nachfahren schaffen, dem er, in der Verbindung mit den zu ihm gesendeten Daten, die realistischen

Eigenschaften gibt. In diesem Nachfahren sich die latenten (verdeckten) Eigenschaften realisieren in der Äußerung des Datentransfers in's Niveau des Nachfahren zu dem nächsten Auswerten.

Ein Beispiel

Wir versuchen sich um das Annähern des Begreifens der erwähnten Zusammenhänge mittels eines vereinfachten Beispiels **eines Zeichnens des olympischen Flaggens.** Für die Prozeduren und die Funktionen einführen wir den gemeinsamen Namen (Begriff) „**die Methoden**".

Die Olympische Flagge ist rechteckig, enthält fünf verschiedenfarbige Kreisringe, die Symbole der Kontinente. Was für ein Algorithmus ist für das Anzeichnen des Symbols des Flaggens, eines Rechtecks mit den eingezeichneten Kreisen notwendig? Vorstellen wir sich, dass wir mit den farbigen Bleistiften zeichnen. Als das erste wählen wir einen Zentralpunkt der Kreise. Weiter zeichnen wir die erste Kreislinie, obwohl die kleinere innere. Dann die zweite Zirkellinie des Kreisrings, die größere. Dann füllen wir die Fläche zwischen den Kreislinien des Kreisrings mit der Farbe der Kreislinien. Nun bereits haben wir einen Vorfahren für einen Kreisring. Diesen Vorfahren verwenden wir nach der Farbveränderung 5x. Die Farben, die Verhältnisse der Maße des Halbmessers, der Lagen der Zentralpunkte usw. sind in der Norm für das Olympiasymbol enthalten. Wir beginnen also mit der Programmierung des Algorithmus für das Zeichnen der Flagge.

In dem ersten Schritt schaffen wir das Objekt „**Leuchtpunkt = Objekt**" für das Zeichnen eines Pixels (Punktes). Das ist der erste **Nachfahre** (die erste Klasse) des grundlegenden, allgemeinen, bisher unbekundeten Objekts.

Die Stelle (Position) auf dem Bildschirm ist mit den zwei Koordinaten **x** und y gegeben. Die gewünschte Farbe ist mit einer Zahl der Farbe in der farbigen Skala eingegeben. Das Objekt „Punkt" ist der Nachfahre des primären, primitiven Grundurobjekts „das Objekt" und verwendet seine latente (verborgene) Eigenschaften und die Eigenschaften, gegebenen durch die zugegebenen Methoden des Nachfahren.

In dem Nachfahren schaffen wir die Methoden für die Eingabe der Koordinaten der Lage der Punktes und der Nummer der Farbe und für das Auszeichnen des Pixels auf dem Bildschirm. Das Objekt „Punkt" ist der Nachfahre **der ersten Generation** (des Niveaus der Erbung - die erste Klasse) und es kann auf dem Bildschirm einen Farbpunkt aufleuchten, dessen Koordinaten und Farbe wurden als die Eingabeparameter eingegeben. Es ist dazu notwendig nur in die Arbeit die Prozedur „Zeichne", enthaltene im Objekt „Punkt" herausrufen und ihr die Kenndaten x, y und Farbe übergeben.

Vereinfacht könnte diese Anweisung für die Aufzeichnung eines Pixels, platzierten in der 5. Spalte und 8. Zeile des Bildschirms, des Farbtons bezeichneten mit einer Zahl 12 auf diese Weise vorgeben werden:

Punkt.Zeichne(5, 8, 12).

Beim Benützen eines allgemeinen Ausdrucks mittels der Variablen kann diese Anweisung diese Form haben:

Punkt.Zeichne(Spalte x, Zeile- y, Farbe).

Der zweite Entwicklungsschritt ist die Bildung eines Nachfahren **der zweiten Generation (Klasse) für das Aufzeichnen einer Kreislinie.** Symbolisch wird die Vererbung auf diese Weise bestimmt:

„Kreis = Objekt(Punkt)".

Dadurch ist festgelegt, dass das Objekt die „Kreislinie" der Nachfahre des Objekts der „Punkt" ist. Es ist der Erbe seiner Eigenschaften, zu denen hat der Programmierer den Zugriff durch den Anruf des Namens des Nachfahren („Kreislinie") und des Namens seiner Methode („Zeichne"). Es kann anwenden die Tätigkeit der Methode „Zeichne" des Objekts „Punkt" anwenden. Diese zeichnet fortschreitend die einzelnen Punkte in den Stellen, die ihm ausrechnen die Methoden der Nachfahren für die Form einer Kreislinie.

Es ist notwendig, diesen Nachfahren der zweiten Generation mit den Methoden für die Aufnahme der Eingangsparameter (Stellen des Zentralpunktes der Kreislinie x, y, des Halbmessers und der Farbe) und für die Berechnung der Stellen der einzelnen Punkte der Kreislinie zu ausrüsten, die es ist nötig von Punkt zu Punkt zu aufzeichnen, um auf dem Bildschirm die kontinuierliche Kreislinie entstände.

Innerlich verläuft die Tätigkeit so, dass die Prozedur den anfänglichen und den Endpunkt des Zeichnens berechnet, und weiter rechnet Schritt für Schritt vom ersten Punkt die Koordinaten für jeden neuen Punkt, und übergibt sie zum wiederholten Mal innerlich gleichzeitig mit der Farbe der zeichnerischen Methode des Vorfahren „Punkt", die den Punkt zeichnet auf. Dadurch wird das Objekt für das Zeichnen der Kreislinie hergestellt. Die Anweisung für das Anzeichnen der Kreislinie kann symbolisch auf diese Weise aussehen:

Kreislinie.Zeichne(x-Mittelpunkt, y-Mittelpunkt, Halbmesser, Farbe).

Wir werden mit der Herausbildung des Nachfahren **der dritten Generation (Klasse)** für das Auszeichnen eines Kreisrings **fortsetzen.** Die Definition ist:

„Kreisring = Objekt(Kreislinie)"

Es sind das farbige Kreisringe, bei denen ist die Fläche zwischen den zwei konzentrischen farbigen Kreisellinien mit ihrer Farbe (mit den Punkten der gleichen Farbe in allen Punkten der Fläche) ausgefüllt, findenden sich in der Kreisringfläche innen zwischen den beiden Kreislinien. Wir erstellen die Methoden für den Eingang der Koordinaten des Mittelpunkts der äußerlichen Kreislinie, des größten Halbmessers, der Breite des Kreisrings und der Nummer der Farbe. Weiter die Anweisungen für die Ausfüllung der Fläche des Kreisrings. Aus dem Prinzip sind möglich zwei grundlegende Programmlösungen: Entweder die Ausfüllung der Fläche des Kreisrings mit farbigen Punkten mittels einer Prozedur „Ausfülle", bis wohin die Programmierungssprache diese Prozedur enthält, oder wiederholt auszeichnen der farbigen Kreislinien aufeinander dicht anschließenden, mit denen sich die Kreisringfläche füllt. Zu den Eingangsparametern des Objekts des Vorfahren „Kreislinie" hier zuwächst der Parameter der Breite des Kreisrings. Das Objekt der „Kreisring" ist in allen Fällen, wo es notwendig ist, den Kreisring aufzuzeichnen, verwendbar, nein nur für das Aufzeichnen des olympischen Flaggens. Die Programmieranweisung wir können auf diese Weise darstellen:

Kreisring.Zeichne(x-Mitte, y-Mitte, Radius, Breite, Farbe)

Es folgt die Bildung des Nachfahren der weiteren, **schon der vierten Generation (Klasse).**

Wieder wird symbolisch gelten:

„OlympRinge = Objekt(Kreisring)".

Wir ausstatten ihn mit den Methoden, die die Beziehungen zwischen der Standortbestimmung, dem Halbmesser, den gegenseitigen Positionen der Mittelpunkte der Kreislinien, der Breite der Kreisringe und der Farbe der einzelnen Kreislinie laut der Norm, die für die Form des olympischen Flaggens gilt, charakterisieren. Die Methode des Objekts „OlympRinge" zeichnet in den ausgeboten Stellen des Bildschirms fünf olympische Kreisringe gemäß der gegebenen Norm für die Form des Olympiasymbols aus. Dabei genügen als Eingangsparametern zur Eingabe nur zwei Koordinaten des Bezugspunktes, zu dem sich die Stellen der Mittelpunkte und der Radien der Kreislinien beziehen, z. B.

OlympRinge.Zeichne(x, y, Radius).

Schließlich wir können das Objekt **der fünften Generation** (Klasse) gleich dem Vorgang erstellen:

„Olympflagge = Objekt(OlympRinge)".

Es zeichnet auf ein Rechteck der vergebenen Größe und der Stelle auf dem Bildschirm und in ihn die olympischen Kreisringe geben, an. Wir müssen die Methoden für die Übergabe der Eingangsdaten der Stelle des Flaggens auf dem Bildschirm (obwohl ihres oberen linken Eckes) und für die Länge von einer Seite erstellen, weiter die Methode für die Berechnung der Länge der zweiten Seite laut der Norm für das Abbilden des Symbols des Olympismus, der Stelle des Bezugspunktes der Kreislinien im Rechteck, die Größe des Radius der Kreislinien.

Die Ergebnisse dieser Berechnungen werden als Kenndaten dem Vorfahren „OlympRinge" übergeben. Dieses Objekt ausführt die Anweisungen unter der Ausnutzung der Eigenschaften der Vorfahren, denen er die erhaltenen und neu geschaffenen Parameter übergibt, bedarfsweise kettenförmig, in die niedrigeren Niveaus des Objekts bis ins Niveau des Setzens der Punkte an den Bildschirm, des Objekts „Punkt".

Der große Vorteil des OOP ruht darin, dass in dem eigentlichen Programm, das zum Einsatz die Eigenschaften des Objekts „OlympFlagge" bringen will, wird die Realisation der Aufzeichnung der olympischen Flagge mit dem Befehl, enthaltenden nur bloß drei Kenndaten: zwei Koordinaten auf dem Bildschirm und die Größe der Flagge durchgeführt. Es kann obwohl auf diese Weise aussehen:

OlympFlagge.Zeichne(x, y, Breite).

Alles ist übersichtlich, schrittweise, logisch, Ebene nach Ebene gut kontrollierbar, und ermöglicht das Verbessern der Fehler bei der Fehlerbeseitigung, weil sich immer nur die einfachen Probleme einer Ebene stimmen. Die abgestimmten niedrigeren Generationen gewährleisten eine einfachere übersichtliche Abstimmung der Nachfahren. Diese sich lassen benutzen auch in den anderen Programmen.

In allen Ebenen verläuft die verborgene Tätigkeit des ursprünglichen primären, selbstständig jedoch nicht funktionsfähigen, Urobjektes „Objekt" und an der Tätigkeit sich teilnehmen seine Nachfahren, die gleichzeitig Vorfahren des Objekts „OlympFlagge" sind.

Für weitere Annäherung dieses Denkens sich Angeben noch Beispiele aus der Biologie - von der Welt der Tiere. Das Objekt (die Klasse Hund) „Hund" ist vierbeiniges Säugetier, läuft, springt, bellt, hat vorbereitete alle Eigenschaften, gemeinsame allen Hunden. Es enthält in sich selbst sehr viele Vorfahren von Zellen, über Organe bis zum Objekt des vierbeinigen Säugetiers - einen Hund. Es ist das eine Vorbereitung für verschiedene Zuchten der Hunde. Es ist noch nicht so ausgestattet dadurch, was diese Zuchten untereinander unterscheidet. Deshalb ist noch nicht ausdruckbar. Es fehlt ihm also die Definition der Länge und der Farbe des Fells, die Größe und das Gewicht des Körpers, die Länge der Beine, die Form des Maulers, der Ohren, die Fähigkeiten und Eigenschaften usw. Die Nachfahre dieses Objekts „Hund", habenden die definierten aufgeführten Eigenschaften sind: der „Wolfshund", der „Schäferhund", der „Terrier" usw. Sie haben seine kennzeichnenden Eigenschaften, die entwickeln die grundlegenden vorbereiteten Eigenschaften des Objekts „Hund" so, dass die

Ausdrücke dieser Generation des Objekts schon realistisch funktionieren und untereinander sich unterscheiden. Sie schaffen eine sehr große Objektklasse. Der Schäferhund hat helles Fell, umläuft die Herde und überwacht sie vom Auseinanderlaufen, gegen die Aggression der Raubtiere, versteht sich mit dem Menschen - dem Schäfer usw.

Ähnlich können wir sich in Biologie die Generationen (Klassen) die Zelle, das Organ, der Organismus, das Einzelwesen vorstellen.

Das Begreifen der angeführten Eigenschaften und des Benehmens der Programmierobjekte ermöglicht ein Annähern sich zu der Vorstellung (zum Modell) von der latenten Wirkung der schöpferischen Gottesmacht (Logos) in dem Wesentlichen aller Objekte der Natur. Die latente Möglichkeit einer Bildung sich entwickelt mit den einzelnen Nachfahren. Zugrunde ist „das Unbekundete", sich präsentierende in den weiteren Ebenen der Objekte der Schöpfung des „Bekundeten", differenzierten nach den verschiedenen Eigenschaften und sich offenbarenden mit der Diversität der Äußerung und mit den Beziehungen der Relativität und der Gegensätze.

Die residenten Programme

Hier ist es gut sich das Modell der Programmierung um eine weitere Information zu verbreiten, die auch zum Leben gehört. Manche Programme in dem Rechner sind nicht vom Anwender bewusst abberufen, wenn er sie braucht, wie werden beispielsweise der Texteditor, der Tabellenprozessor, das buchhalterische Programm usw. abberufen. Sie werden schon nach dem Anschalten des Rechners von den Startsequenzen des Rechners ohne einen wissentlichen Benutzereingriff ausgerufen. Sie sind von zwei Sorten. Die ersten durchführen eine bestimmte Operation, machen fertig in dem Rechner gewisse Tätigkeiten als latente Fähigkeiten und enden ihre Tätigkeit. Die zweiten bleiben im Hintergrund verborgen und tätig während der gesamten Zeit der Tätigkeit des Rechners nach dem Anschalten, die sogenannten residenten Programme. Es ist das beispielsweise die Virenschutzsoftware, die Beherrschung der Tastatur, des Monitors, die Betrachtung und Überprüfung aller Teilen HW, ob es mit ihren gearbeitet wird, ob die Vorgänge richtig verlaufen, welche sind die Fehler, und wie ihnen trotzen, welche Arbeit ist eben angefordert, beispielsweise eine Druckknopfbetätigung der Tastatur oder der Maus u. ä.

Die Anfangsbedingungen

Die Rechner haben schon vom Anschalten in dem Betrieb große Anzahl von in Betrieb gesetzten Programmen, von Prozeduren, der Funktionen und Daten, notwendigen dazu, damit der Rechner vorbereitet für die Aufnahme der Anwendersoftware wurde und des Anwendens seines physikalischen (HW) Ausstattung - damit er „lebendig" war und aktionsfähig. Alle diese Operationen müssen eine richtige Zusammenarbeit aller inneren Komponenten des Rechners und der beigeschlossenen Außenanlagen (Hardware: der Monitor, die Tastatur, der Drucker, der Scanner etc.) sichern. Es ist das BIOS.

Der Rechner jedoch ist für einen Ankäufer noch nicht verwendbar, weil nach außen dessen er sehr wenig für den Ankäufer aus seinem Standpunkte notwendigen kann. Der neue Benutzer noch muss in den Rechner das Operationssystem installieren, die anwenderbezogenen Programme, beispielsweise den Texteditor, den Tabellenprozessor, die Buchführung, das zeichnerische Programm, ein Programm für Videoprojektion u.ä., beziehungsweise gemäß seinen Bedürfnissen dem Rechner weitere Einrichtungen, obwohl Drucker und Scanner für die Abtastung der Vorlagen, ein Mikrofon für den Abtastvorgang der Töne, die Lautsprecher für die Übergabe des Klangs, oder einen Projektor für die Übergabe der Abbildungen an die Projektionswand, beischließen.

Ähnlich das biologische menschliche Neugeborene ist auch fürs Leben von riesenhaften Möglichkeiten ausgestattet. Hinter ihnen ist im Hintergrund die schöpferische Gottesmacht verborgen, aber inzwischen ist betätigt am Anfang der Entwicklung der bekundeten Persönlichkeit. Das, was in dem Rechner die anwenderbezogenen Programme sind, die werden als eine Programmausstattung angekauft und in den Rechner installiert, sind für den Neugeborenen seine im künftigen Leben erworbene Erkenntnisse, mittels einer Ausbildung erworbene Fähigkeiten, die Informationen über die Umgebung, die Eigenschaften, die mit Erfahrungen erfüllte Dateibase (das Gedächtnis und das Unterbewusstsein). Sie benehmen sich als die Programme und die Prozeduren, benutzen die angeborenen Fähigkeiten (enthaltenen in der Persönlichkeit als die Programme der Vorfahren). Sie ausbilden sich weiter mit der Ausbildung und mit den Erfahrungen (neue Daten und Methoden, erworbenen und geschaffenen vom Nachfahren) und so bilden sie neue Programme und ihre anwesenden Tätigkeiten in der neuen wachsenden Persönlichkeit. Sie benehmen sich so, wie es vorne im OOP angedeutet wurde. In ihrem Hintergrund arbeiten entweder die alten (angeborenen, vererbten) Programme mit seinen Eigenschaften und Daten, oder die neuen Methoden, überschreibenden die alten Fähigkeiten an neue, bessere, nützlichere usw. Es entsteht programmgemäß neues Objekt - der Nachfahre, neue Personalität mit den neuen Fähigkeiten und Kenntnissen.

Das aufgeführte Annähern des Begreifens der Prinzipien des OOP uns jedoch kann für unsere philosophischen - psychologischen Zielpunkte noch eine sehr wichtige Darstellung für die Modelle des Lebens geben. Wenn das Programm „Olympischer Fahne" nur die vorn aufgeführten Methoden und Daten hätte, es könnte leichtlich passieren, dass sich das Programm in dem Rechner anhält, fallt, dass es nicht realisierbar (benutzbar) wird. Der Rechner aufsteckt zu arbeiten, weil es die ausgebotenen Aufgaben realisieren nicht kann. Warum? Für eine Nichteinhaltung der notwendigen Bedingungen, gegebenen durch die Umgebung des Computers. Es ist zu ihm installiert ein Bildschirm mit einer bestimmten Zahl der grafischen Punkte. Also das Programm muss noch vor dem eigentlichen Zeichnen sichern, dass die Anweisungen nur für die Bewegung in den abgegrenzten Möglichkeiten gelten werden. Das Programm muss vermeiden das Einlegen der unrichtigen Eingabeparameter, die erfordern undurchführbares Zeichnen auswärts des Bildschirms, oder das Zeichnen mit einer undefinierten Farbe.

Der Programmierer des Programms für das Zeichnen des Flaggens also muss noch die Ablesung der Eigenschaften des Bildschirms und der grafischen Karte (sich klar werden über den festen Grund der Begrenzung von der Umgebung) einprogrammieren und lösen die im Programm dazugehörige Kontrolle, die Behinderung und die Meldung dem Benutzer des Programms, eine automatische Ablesung der Eigenschaften des Bildschirms, die Umrechnung der Bedingungen, mit nachfolgender Meldung des zulässigen Umfanges und die Meldung der Fehler bei einer fehlerhaften Aufgabe der Parameter, der Fehler bei der Überschreitung der definierten Grenze beim Eingeben der Eingangswerte. Nur so wird sichergestellt, dass beim Setzen der

Punkte an den Bildschirm des Objekts „Punkt" nicht erfüllbare Erfordernisse für eine Einschreibung auswärts des Bildschirms, oder für eine Einschreibung mit einer nicht existierenden Farbe entstehen nicht, was einen Zusammenbruch der Tätigkeit des Programms, das Hängenbleiben, oder sogar das Angreifen des Computers verursachen kann.

Ähnlich ist der Mensch in seinem Leben einerseits von den äußerlichen Bedingungen der Umgebung, aber auch von seinen inneren Bedingungen, bisherigen Fähigkeiten, Kenntnissen, der Kondition, dem Gesundheitszustand, Alter, der Umgebung, in der er lebt, mit den Filtern, mit denen meistens unbewusst er das Aufspeichern der Wahrnehmung und die Schlussfolgerungen und weitere Aktionen regelt begrenzt. Wenn er will sich korrekt verhalten, also mit einem Erfolg, muss er sich deshalb auch in Kenntnis die beschränkenden Umstände setzen. Bei dem Antasten der Rücksichtnahme an diese bestimmenden und beschränkenden Parameter eintrifft man auch zu Zusammenfall, habenden für eine Folge ein Misslingen des Werks, eine Ratlosigkeit, unangenehme Überraschungen, die Gesundheitsschäden, einen Unfall, Tod u. ä.

Die Verbreitung der Vorstellungen des OOP für die Modelle der höheren Erkenntnis

Die begriffene Programmiererdenkweise des OOP eröffnet im psychischen Gebiete eine Möglichkeit, besser die religiösen und philosophischen Lehren zu begreifen, wie sie zubrachten die alten Weisen, wenn sie die Vorstellung des ruhigen und des tätigen Aspektes des Gottes nahelegen wollten. Wir können sich so annähern in dem Intellekt den Pantheismus - die Vorstellung des Gottes in jedem geschaffenen Objekt, und auch den Monismus - die Einheit und den göttlichen Grund von alles.

Der Model, den wir für die Vorstellungen vom OOP benutzen, uns kann helfen in einem ursprünglichen, primitiven Annähern der wichtigsten Erkenntnisse der geistigen und philosophischen Lehren, in der Vergangenheit verborgenen für die Öffentlichkeit, jetzt für den Intellekt mit einer vollkommen neuen Art und Weise freigelegten.

Das Begreifen des ursprünglichen Urobjektes des Compilers (definiert in OOP mit einem Worte „Objekt"), das die latenten (vorläufig verdeckten, unbekundete, aber existierende, lebendige, aufweckbare) Fähigkeiten der schöpferischen Tätigkeit hat, uns kann im Begreifen des ständigen, für uns versteckten Durchdringens der Gottesmacht und der Weisheit (des Gesetzes) durch alle geschaffene Objekte helfen.

In allen Objekten des OOP ist latent enthalten das ursprüngliche Urobjekt mit allen erforderlichen Daten und Methoden. Diese warten auf einen Anruf der Nachfahren. Ohne das Ausrufen der Methoden der Nachfahre und Einlegen der Parameter entsteht keine reale Äußerung aller großen Fähigkeiten des Urobjektes und diese Fähigkeiten werden nicht ausgenützt.

Ähnlich durchdringt nach der Entstehung der schöpferischen Tätigkeit Gottes alle geschaffenen Objekte nicht nur die Lebenskraft, sondern auch die lebendige Gesetzlichkeit (Weisheit) nach Bedarf und den Anforderungen der Entwicklung (siehe E. Kant: „Inneres Gesetz in mir“).

Aber nicht nur das, es ist hier ununterbrochen latent (verborgen) enthalten der grundlegende, bewegungslose Aspekt der Gottesäußerung, der unser Bewusstsein ist, die alleinige unwandelbare Lebensäußerung in uns, notwendige zum Erlebnis der bewussten Existenz und der neuen aufgefassten Gesetzlichkeit. Es ist das der unveränderliche Beobachter, die Beobachtungsgabe des Bewusstseins.

Wenn wir wollen weiter ein wenig mehr unsere modellhafte Vorstellungen der Wirklichkeit annähern, wir müssen sich bescheiden, dass in den Tiefen unseres Wesens, in der Ebene programmgemäß der Vorfahren, haben wir gelagerte Programme, beschreibende die Eigenschaften und Fähigkeiten, mit denen wir sich geboren (oder, programierhaft ausgedrückt, wir haben vorher den Nachfahren geschaffen - die gegenwärtige Individualität mit dem physischen Körper) sind. Es sind es unter anderem die biologischen artspezifischen Charakteristiken, die Rasse, der Typ, die erblichen Eigenschaften des Körpers und des Charakters usw. Es sind dort gelagert auch die biologischen Informationen der Säugetiere und die Programme, wie das Immunitätssystem und seine Aktivität und Bedingungen, die Programme für Gruppen der verwandten Objekte (Organe, Männchen - Weibchen) usw. Diese können wir nicht grundsätzlich bewirken und sie entscheiden über den unseren grundlegenden Charakteristiken in vollem Umfang der Äußerungen unseres Lebens. Beim Vergleich mit

OOP sind das die residenten Programme, tätigen ununterbrochen im Hintergrund ohne unsere wissentlichen Tätigkeiten und meistens ohne eine Möglichkeit ihrer Beeinflussung. Die sind Ersatzteilen unserer Grundausrüstung, im Denken des OOP sind das die Treiber unserer Hardware.

Über ihnen jedoch sind in der Tätigkeit die Programme der Persönlichkeit, die nach unserer Geburt in dieses physische Niveau, infolge unserer Tätigkeit in dieser Ebene entstehen und von der Umgebung beeinflusst werden. Diese Programme überdecken die Tätigkeit der Grundprogramme ähnlich, wie beeinflussen die Schleusen den Wasserstrom, die Filter den Strom der elektrischen, optischen oder akustischen Energie und die Weichen die Bewegung der Züge. Ihre Tätigkeit dauert bis daher, bis wohin ihre Äußerung in diesem irdischen Niveau dauert. Aus ihnen die manchen wir können bewirken ziemlich, oder wir bilden sie ganz mit unseren Tätigkeiten ab. Und zwar **mit jeder Tätigkeit, also mit den Gedanken, Gemüter und mit von ihnen nachfolgenden Taten, weil es sich um einen Strom der Energie in den verschiedensten Formen der Äußerung handelt.**

Nach dem früher durchgenommenen (siehe das Kapitel „Die Gründe des Mentalismus") das Einzige, was in dem Menschen unbeweglich - unwandelbar ist, ist sein Bewusstsein Die Erkenntnis des eigenen Bewusstseins durch das Erlebnis ist jenes **„Erkenne sich selbst!"** von Sokrates. Für es gilt die Anschrift am Tempel in den antischen Theben: **„Erkenne sich selbst und du erkennst die Götter und die Welt!"**

Der unwandelbare Beobachter der mentalen Projektionen des Geistes abbildet die Welt, unser Denken, unsere Gemüter, die Sinneseindrücke und Träume. Er ist also auch der Schlüssel zum Weg zur höchsten Erkenntnis. Nichts anderes kann das auch sein, weil alles sonstige sehr veränderlich ist. Unseres Bewusstsein ist die Macht, die jeden, wer sich es fest ergreift, zur Erkenntnis seines eigenen Wesens, zu der Wahrheit, zum Begreifen der höheren Gesetzlichkeiten zuführen wird.

Aus der Sicht des Wissens muss der Schüler sich vieles abgewöhnen (abschaffen die einschränkenden Filter, Unarten, Meinungen), und vieles wieder Anlernen, programmierförmig gesagt, er muss ändern seine bisherige fehlerhafte Datenbasis nach einer neuen Datenbasis, mit neuem Gehalt der Kenntnisse, er muss verändern die Filter - unsere Auswahl - und beurteilende Parameter - die residenten Programme, arbeitende im Hintergrund der bewussten Tätigkeit. Er muss verändern auch die Programme, Methoden seiner Arbeit und seines gesamten Lebens. Er muss die alten Methoden mit den Methoden neuen überschreiben und die alten Daten durch die neuen ersetzen.

Er muss sich mittels der Ausbildung der Aufmerksamkeit und der Konzentration das blinde Unterliegen der Aufmerksamkeit dem unorganisierten, chaotischen Wirbeln des Geistes durch die Verkettung der unerwünschten Assoziationen entwöhnen. Er muss die Energielieferung diesem Wirrwarr dadurch abhauen, dass er ihm abweist, ununterbrochen ohne die Kontrolle einen Raum in seinem Geiste zu widmen. Er muss sich erlernen, die Aufmerksamkeit zur Zielrichtung in die geeignetere Richtung zu gleichrichten.

Anstelle, dass er sich beeinflussen ließ, und die Aufmerksamkeit mit dem gedanklichen Chaos im sich selbst und vorbei sich fesseln ließ, muss er verfolgen, schätzen, sortieren und lenken den Gang seiner Gedanken und beherrschen die folgenden Reaktionen können. **Er muss sich erlernen, ein bewusster Beobachter des Gedankengangs, der Gefühle und der Reaktionen zu sein.** Diese Fähigkeiten gewinnen sich voran mittels einer Übung der simplen Aufmerksamkeit mittels der Methoden des Hatha Yogas, oder der buddhistischen Übungen der Aufmerksamkeit oder mittels einer inneren Religion - (des stillen oder Schuss-Gebetes) und später mittels des Einübens der Fähigkeit der echten Meditation. Die Erwerbung der Fähigkeit der Beobachtung des Gehaltes des Geistes ist ein grundlegender, vielbedeutender, ja sogar bedingungsloser, prinzipieler Schritt auf dem Wege. Man kann sagen, dass es ein Schlüssel zum geheimen Gemach mit dem ungeahnten Reichtum ist.

In der echten endlichen Meditation muss man nach der Stillung der Tätigkeit des Geistes die ganze Aufmerksamkeit des Bewusstseins auf es selbst wenden, also auf sich selbst allein in einem sauberen Sein. Das Erreichen dieses Zustandes ist die Krönung der Einübung der richtigen Meditation und ein Türschlüssel in den Tempel der Erkenntnis. Es ist als eine Verschiebung eines Lichtkegels des Reflektors, gerichtet aus den äußeren Gegenständen an die Bewusstheit „Ich bin".

Falls wir werden weiter ein Hilfsmodell des OOP zum Begreifen einiger Gesetzlichkeiten des Lebens benutzen wollen, wir müssen sich klar werden, dass der Mensch die Möglichkeit hat, selbst die Prozeduren und die Funktionen (die Angewohnheiten, die Unsitte, die Gefühle) und die Filter (die Vorurteile, den Glauben, die Kriterien) zu bilden, ohne sich er es oft verständigt. **Der Mensch ist selbst für sich im großen Maß der Programmierer, meist gar nicht in den Sinn kommende.** Er ist ein Objekt, denn er die Fähigkeit selbst Programme zu bilden hat, mit denen er sich richtet. Aber er ist der Nachfahre eines Vorfahren mit den eingelegten Eigenschaften und Programmen, die den Ausgangspunkt wieso der Eigenschaften, sowie auch der Fähigkeiten (die Dateibasen, die Prozeduren und die Funktionen) für ein harmonisches Leben, bestimmen.

Die Programme, gestalteten von dem Nachfahren, sind einer niedrigeren Ebene der Wirksamkeit, als die Software eingelegte von der steuernden Macht in den Vorfahren vor der Gewinnung des physischen Körpers, und deshalb ihnen unterstehen. Trotzdem sie haben seine Wirksamkeit, und zwar manchmal eine große, bis vernichtende, weil seine Tätigkeiten die Grundprogramme, eingelegten im Menschen als ein Grundmotor der gesunden und erfolgreichen Tätigkeit, überdecken. Deshalb sie können die Hindernisse der freien Strömung der Lebenskraft ordentlichweise werden ebenso, als sie die Mittel, unterstützenden eine gesunde Entwicklung werden können. Das ist voll an uns abhängig. Zuerst an unserer Entscheidung und dann am folgendem Bestreben.

Auf diese Weise wirken im Hintergrund aus dem Unterbewusstsein im Menschen von ihm selbst geschaffene Haftungen, Bindungen, Filtern der Bewertung, Gemüter (die Gehässigkeit, der Neid, die Missachtung, die Liebe, die Sehnsucht) ohne dass sich es dieser aufklärt. **Sie bilden mit ihrer Tätigkeit dynamisch ununterbrochen seine Personalität und Ihres Ego** und eintreten in die Bearbeitung der Grunddatenbasis, aus der die Programme die Daten bei ihrer Tätigkeit lesen. Das sind einerseits dynamische, veränderliche Objekte und andererseits sie haben ihre Trägheit, sodass man sie sehr schwer eben für ihre Verborgenheit beseitigen kann. Sie können einerseits negative Hindernisse werden, welche den richtigen Strom der Lebenskraft verhindern und den Strom in die unrichtige Richtung wenden, oder ihn hemmen, andererseits sie können die positiven dynamischen Anregungen für die Tätigkeiten aller Art, für positive Entwicklung der Fähigkeiten, für erwünschte Änderungen, werden.

Weil die äußerliche Personalität seine innere Vorfahren bei allen Tätigkeiten benutzt, diese energetische Strömung lässt zurück ihre Einträge in diesen Vorfahren. Dadurch erfolgen die Einträge der Tätigkeiten der vergänglichen Äußerungen der Persönlichkeit in dem dauerhaften funktionellen Grund der Persönlichkeit - des Vorfahren, in seiner Datenbasis. So ist möglich, die Tätigkeit des Gesetzes des Rückstoßes - des Gesetzes des Karmas sich vorstellen und klarmachen. Wir selbst haben ineinander die Einträge von unseren Taten einschließlich der betrachtenden Programme! Uns selbst tragen die unsere Datenbasis. Also wir können nicht sie mittels eines Lügen abwerfen und dadurch sich selbst klar machen.

Nach dem physischen Tod der letzten Schale in der materiellen Welt bleiben die Einträge in der dauerhafteren Persönlichkeit erhalten, also „über den Tod hinaus". Sie wurden ein Teil der Persönlichkeit und sie entscheiden also nicht nur über den Zustand der Persönlichkeit ohne den physischen Körper, sondern auch über die weitere Inkarnation. Niemand fremder weder darf noch kann etwas in uns verändern. Deshalb sind in allen echten Religionen die Warnungen von einer Bewertung der Taten nach dem Tode (das Gericht der Christen nach dem Tode, der Zustand bardo der Buddhisten u. ä.) und die Antriebe den Gläubigern zum tugendsamen Leben eingelegte, so lange, als ist die Zeit zu den Änderungen und einer positiven Beeinflussung der Entwicklung bei der Wallfahrt beim Erdenleben.

Dem Menschen ist dadurch eine große Schöpfungskraft gegeben, er jedoch sich oft in seiner Unkenntnis, oder in der Verantwortungslosigkeit mit ihr spielt, oder sie ausnützt in den Diensten seines hochtragenden Egos zur Ausübung der gesetzwidrigen oder dummen, überflüssigen Tätigkeiten, dieses Ego noch verstärkenden und die innere Stimme der Weisheit verstummenden.

In dieser Richtung sich eine Mehrheit der Menschen benimmt als ein Kind, spielend mit einem scharfen Messer oder mit den Zündhölzchen. Oder mit den Fesseln, mit denen es kennt nicht untergehen, und deshalb können sie zuklappen in unbeabsichtigter Zeit und den

Besitzer fesseln. Es selbst sie dann lösen nicht kann und es muss ihm helfen jemand andere. Auf dem geistigen Wege kann das ein geeignetes Buch oder ein fortgeschrittener Studienkollege oder der Lehrer sein.

Dem Menschen sind zwei kräftige Instrumente des Schutzes vor den Schicksalsfehlern: die unterscheidende Fähigkeit und der psychische Zensor, der ihn kann vor den Fehlern warnen - die Umsicht und das Gewissen. Diese Prozeduren jedoch können in dem Menschen von der Denkweise und den Taten, ausgehenden aus einer Habgier, Gewinnsucht, Wollust, aus einem Hasse, einer Neid, Faulheit oder aus einem übertriebenen Selbstgefühl ohne dazugehörige Kenntnisse, durch Nihilismus u. ä. überdeckt werden. In Ansehung dessen, dass alle Gedanken und Taten die Energie in der Aktion sind, und deshalb sie eine Antwort - die Reaktionen ausrufen müssen, werden wir die bösen Taten also sicher bezahlen müssen. Es geschieht so nach dem Gesetze der Aktion und Reaktion, also nach dem karmischen (karmanschen) Gesetze der Inder und anderer Religionslehren. Es hängt überhaupt darauf, worüber wir glauben. Es arbeiten hier die feinen, aber starken und folgerichtigen Gesetze der feinen und auch der groben Natur.

Aus dieser Ansicht sich deshalb erscheinen die bösen Handlungen als eine Dummheit (Unkenntnis), an der ist es nicht möglich in Endergebnis etwas Gutes zu verdienen. Die scheinbaren Bereicherungen der Lügner, der Betrüger, der Diebe und der Mörder sind vergänglich. Auch wenn sie flüchten der weltlichen Gerechtigkeit. Das Leben hat genug Zeit zur Bezahlung der Schulden.

Das Prinzip der Aktion und Reaktion kann nicht unerfüllt sein, weil die gesendete Energie schon in der Tätigkeit ist und sie ist unzerstörbar. Sie trägt die Unterschrift des Absenders ähnlich, wie ein Päckchen von Daten, wandelnde nach dem elektronischen Informationssystem, geschaffenen von den Menschen. Nur es manchmal dauert länger, als man schafft die Bedingungen zur Begleichung der Schulden und zum Einfüllen des Gesetzes der Entgeltung (zur Verknüpfung des Absenders mit dem Server und weiter mit dem Ziel - als ist es her auch in dem von Menschen geschaffenen Datennetz).

Deshalb die indischen Yogis betrachten die bösen Taten für eine Folge und eine Äußerung der Unkenntnis. Die Massenverbrechen der Menschen in den Kriegen und auch im alltäglichen Leben sind die Quelle des weiteren Leidens, der scheinbar zufälligen Unglücksfälle und Katastrophen, die aber in der Wirklichkeit die Äußerung der Tätigkeit des Gesetzes der Aktion und Reaktion in der Zeit, wann die Betroffenen sich schon an nichts von ihren Verbrechen erinnern, oder erinnern nicht wollen, sind.

Wenn wir eine Unerbittlichkeit der Wirkung des Prinzips der Aktion und Reaktion und der modellhaften Prinzipien des OOP zulassen, führt uns das dringend zur Annahme der Vorstellung des Lebens auf einer anderen Ebene vor der physischen Geburt und des Fortschreitens des Lebens nach dem physischen Tod. Anders würden die komplizierten Ergebnisse der Taten sich zurückkehren nicht können, als eine Reaktion und ein Gesetz nicht arbeiten könnten, die Energie würde sich verwischen ohne eine Tätigkeit. Aber es gilt das Prinzip der Erhaltung der Energie, also sie wirkungslos für die Änderung in eine andere Äußerung verschwinden nicht kann.

Die Energie, die den Unterschied zwischen dem toten und dem lebendigen Körper schafft, ist nach dem Gesetz über die Erhaltung der Energie auch unzerstörbar, sie muss also weiter auch nach dem Tode des physischen Körpers, und also auch vor seiner Geburt, existieren.

Wir dürfen so, mit dem Einsatz des Modells der Methoden des OOP, eine Vorstellung des Vorfahren vor der Geburt des physischen Körpers zulassen. Wir sind hier also zur Annahme des Prinzips der Reinkarnation, der Wiedergeburt zum Zweck der Schuldenablösung und zu der nächsten Entwicklung zur Erkenntnis, zum von der schöpferischen Macht und Intelligenz geplanten geistigen Erwachen, angekommen.

Weil gleichzeitig das Gesetz über eine Änderung der Bewegungsgröße und des Kraftimpulses gilt, hat jede Fortsetzung der Tätigkeit für ein Ergebnis die nachfolgenden Änderungen, abhängigen von der Länge der Zeit und der Intensität der Einwirkung.

Bei einer wiederholten Hemmung der Stimme des Gewissen der Mensch deshalb hört auf, diese Stimme zu hören und er hört auf, das Gute vom Bösen zu unterscheiden. Das ist wieder ein Ergebnis der schöpferischen Kraft des Denkens - die Taubheit zu der Stimme des Gewissens ist durch eigene Tätigkeit geschaffen. Das ist jene aufgeführte Überdeckung der ursprünglichen Methoden des Objekts mit den neuen Methoden.

Aber Achtung: hier wird überschrieben (untergedrückt) die Tätigkeit des Grundprogramms des Vorfahren, habenden seinen Grund auswärts von dem physischen Niveau, - das Gewissen. Es wird übergeschrieben von dem vergänglichen, in der Gegenwart aber aktuellen, mit dem Tode beschränkten Programm des Nachfahrens, unterdrükkenden die Wahrnehmung der Stimme des Gewissen!!! Wenn dieses unterdrückende Programm nach dem Tode geht unter, es äußern sich die vergangenen Akte im Lichte des Gewissen! Es ist das, wovon die tibetischen Bücher der Toten lehren. Es kommen als eine Rückreaktion die Erlebnisse der bösen Taten.

Unter der Anwendung von der behandelten physikalischen und Programmierervorstellungen des OOP schon die alten Lehren über die Reinkarnation und über die Bestrafung nach dem physischen Tode als ungehörige Fantasie nicht aussehen. Sie sind eine Äußerung des einfachen Verfalls der temporären Filter nach dem physischen Tode und nach der Rückkehr zur Grundtätigkeit des Vorfahren und zu der Gesetzlichkeit, in ihm immer enthaltenen, also auch zu dem früher unterdrückten Gewissen.

Die arbeitende, vom Bösen entsandte unzerstörbare Energie bleibt in der Tätigkeit und muss sich also auch nach der Verlegung der Mittel des Nachfahren - der vergänglichen Persönlichkeit, durch ein Erlebnis programmgemäß des Gewissens beweisen!

Sie ist als ein ausgeschossenes Projektil, das im Fluge fortsetzt, obwohl beim Abschuss die Waffe zerstört wurde. Auch so fliegt das Projektil an das Ziel, obwohl die Waffe nicht mehr funktionell ist.

Das Ziel wird nun gemäß dem Prinzip der Aktion und Reaktion selbst der Schöpfer des Bösen. Da können wir den Satz um Impuls und Bewegungsgröße erwähnen. An das Projektil und auch die Waffe wirken die gleichen Impulse der treibenden Kräfte, und deshalb beide Körper gewinnen dieselbe Änderung der Bewegungsgröße. Während der Änderung der Bewegungsgröße das Projektil zielt nach vorn, die Änderung der Bewegungsgröße der Waffe zielt rückwärts. Das sich bezeigt durch den Rückstoß der manuellen Waffe, durch den Rücklauf der Kanone oder den Rückstrom der Gase an die rückstoßfreie Waffe oder an die Rakete.

Mit dem wiederholten Niederhalten des Gewissen sich der Mensch selbst umprogrammiert in dass Böse, das ihn dann immer mehr während der Gültigkeitszeit des unterdrückenden Programms beherrscht. Schließlich schon weder das Böse, das er veranlasst, dank dem Verlust der unterscheidenden Fähigkeit er nicht auffasst. Was er mittels seiner Energie in Bewegung gesetzt hat, das sich gegen ihn wie seine eigene Knechtung wendet und später als eine heraufbeschworene massive Strafe. Ebendarum auch, weil er selbst lügt, hat er keine Möglichkeit die Wahre zu erkennen. Er fasste sich in eigenem Spinnengewebe des Bösen dank den eigenen Filtern, die er sich selbst hergestellt hat, und mit denen er sich auf diese Weise selbst verknechtet hat. Und dank diesen Filtern, der Art der ausgestrahlten Energie und dem Gesetz der Anziehungskraft auch er sucht die gleichen Menschen und knüpft sich mit ihnen in Gruppe, wirkende gemeinsam den weiteren Bösen.

Diese Kräfte präsentieren auch eine Wirkung des Trägheitsprinzips. Die Ergebnisse seiner Taten, die unangenehme Folgen auf seinen Schöpfer haben, dann der Täter des Bösen den anderen Menschen hinzufügt, der Umgebung, einem Zufall, einem Schicksal u. ä. Und seine Gehässigkeit sich noch verstärkt. Er verzaubert sich in einen Zirkelschluss des Bösen, in den Verlust der unterscheidenden Fähigkeit und in ein Gefühl einer Straflosigkeit. All dies lautet sehr grausam, aber es ist das, leider, die schwere Wahrheit. Die Natur sich bezeigt gemäß deren Gesetzen, nein gemäß unseren Wünschen und Fantasien. Es entscheiden unsere Gedanken und die Taten mit ihren energetischen Wirkungen. Also wir selbst entscheiden.

Die Zusammenfassung des OOP für unsere Zwecke

Zum Schluss des Kapitels um das OOP wir können noch zwei Möglichkeiten des Modellierens für Hilfe zum Begreifen komplizierterer Lebensbeziehungen durchgehen. Die alten Lehren, die sich im Wesentlichen in dem esoterischen Teil der Lehren übereinstimmen, uns in verschiedenen Analogien auf irgendeine Weise beschriebene Anschauungen oder Bilder vorlegen, die wir aufgrund der in diesem Buch zusammengefassten Erkenntnisse der Wissenschaft für manche von uns heutzutage mit deutlicherer Art und Weise ausdrücken können. So bekommen wir zwei mögliche Formen einer Zusammenfassung:

Die erste Zusammenfassung:

Der Mensch (auch alle anderen Wesen) ist ein Objekt, von sehr komplizierten Erklärungen verschiedener Formen der schöpferischen Energie und der Weisheit (Gesetzlichkeit) geschafft. Nach dem Gesetz von der Erhaltung der Energie ist diese Energie unzerstörbar und kann nur die Form der Äußerung ändern. Der Mensch hat in dem pränatalen Niveau in sich selbst die Energie, die Gesetzlichkeit und die Daten (die Schablonen) für ein gutes schöpferisches Leben (der Paradieszustand - eingelegte Gesetzlichkeiten und Mechanismen der gesunden Entwicklung) inliegenden. Nach dem Eintritt in das physische Niveau sich bringt in seinem wesentlichen die Einträge aus den vergangenen Leben und aus ihnen dahin gehende nicht nur die Schulden, sondern auch die positiven Potenzen. Er jedoch dank dem Nichtwissen, der Selbstsucht, dem Missbrauch seiner Freiheit und des Verstoßens der Gesetze neuerlich beschränkt den gesunden Energiestrom und abneigt ihn in unrichtige Richtungen, was zum Leiden (Aufjagen aus Paradies) führt.

Eine Befreiung aus dem Leiden kann nur eine Rückkehr zum Leben nach dem Gesetz – die Änderung des Lebens - die Bemühung um geistige Erkenntnis und das Antreten des geistigen Weges werden. Anfang des Weges zum glücklichen Leben beruht also in einer Übernahme der eigenen Verantwortung für alle Gedanken und Taten, in einem Erwachen des Drangs nach der Erkenntnis und nach der Befreiung und in der aktiven Begreifungsbestrebungen zur Erkenntnis der Gesetzlichkeiten und ihre Realisation im **ganzen Leben.** In einem Freimachen sich aus dem Beeinflussen von dem selbstsüchtigen Teil der Persönlichkeit (des Egos) und im Unterordnen sich der nach und nach erkanntenen Weisheit und Macht. Im Austreten von der egoistischen falschen Individualität und in der Erkenntnis der Zusammengehörigkeit mit den anderen Geschöpfen. In einem bewussten Einfließen in die höhere Ordnung des Lebens.

Die zweite Zusammenfassung:

Wir rühren hier schon das Modellieren der Gründe des bekundeten Lebens wieder mittels der Vorstellungen der Datenfernübertragungstechnik an. In diesem Kapitel haben wir uns mit dem OOP befasst und wir sind aus der davongehenden Existenz des unausdruckbaren Grundobjekts ausgegangen, aus dem die ausdruckbaren, funktionierenden Nachfahren aufgehen. Die tiefere Wirklichkeit jedoch ist ganz andere.

Die Objekte in den Programmen aus der Ansicht einer Existenz eines Objekts als ein durch uns fassbares objektives Ding existieren nicht. Alle sind nämlich nur die dynamischen Erklärungen von zwei Zuständen. Deren Auswechseln in Sequenz in einer Zeitreihe hintereinander bildet benennbare Gruppen der Impulse von zwei physikalischen Zuständen. Mathematisch sich diese Stände definieren als Null und Eins (das Binärsystem der Rechner). Physikalisch sind mittels der zwei Polen der Magnetisierung der magnetischen Schicht in den magnetischen Speichermedien oder Zustand Licht und Dunkelheit oder Absenz und Gegenwart des elektrischen Potenzials ausgeführt. Die Rechner in seinem Grund kennen nichts anderes unterscheiden. Von diesen grundlegenden Steinchen bestehen alle übergebenen Nachrichten und Instruktionen und auch die graphischem Elemente.

So ist es her auch im ganzen großen Weltraum. Unmenge Sterne und der ganze Weltraum sind aus geringen energetischen Partikeln aufgebaut, lebendigen, wirbelnden. Die Materie setzt sich aus unbedeutenden Partikeln der Energie, kreisenden im leeren Raum zusammen und trotzdem sie uns sich scheint unseren Sinnen als fest, undurchdringlich. Unsere Sinne die Partikel wahrnehmen nicht. Ebenso beim Versenken in die Bekundung vorbei uns wahrnehmen wir nicht die Grundlage unseres Wesens. Unsere Aufmerksamkeit wird von den äußerlichen Objekten und von ihrer falschen Einnehmung aufgesogen.

Falls wir zu unserem Bestreben die Erkenntnisse aus dem OOP verwenden, die Grundgesetze und die Vorstellungen der parallelen Erscheinungen, zusammengefassten in den vorangegangenen Kapiteln dieses Buches, können wir uns zu den wichtigen Teilen der alten geistigen Lehren modern stellen. Es kann zu revolutionärer Änderung unserer bisherigen Lebensorientation führen. Es kommt dazu nicht jedoch schnell und einfach. Es genügt nicht dieses Buch zu durchlesen und sich zu sagen, dass wir sie begriffen haben. Es genügt nicht „ach so, schon dem bin ich im Bilde". Es wird voran viel Nachdenken und viele Ausbildungen brauchen, aber später umgekehrt, eine geregelte und endlich absolute Bestellung des Nachdenkens. Und dann gleichzeitiges Anschalten der wachsamen Aufmerksamkeit ohne die derzeitige Tätigkeit des Intellekts und der Gefühle. Meistens, außerhalb der seltenen Gaben, ist das eine Arbeit an viele Jahre bis ans Lebensende. Aber es ist die Arbeit, die Meilensteine und deshalb auch Erkenntnisse, dass wir sich entwickeln, hat. Das ist eine große Unterstützung, ein großes Geschenk der Begnadinung. Immer, wenn wir wirklich eine Hilfe an dem Weg brauchen werden, also wir werden sie bekommen. Auch das ist ein Gesetz. Gesetz der Aktion und der Reaktion.

Für eine Unterstützung Ihres Glaubens und der Lust zu arbeiten, einführt ihnen der Autor ein von seiner großen Erlebnissen des Gottes Schutzes und der Hilfe. Als er an der Hochschule lehrte, wurde ihm die Möglichkeit angeboten, ein Mitglied der kommunistischen Partei zu werden. Er lehnte dieses Angebot ab. Dadurch hat er sich jedoch jede Möglichkeit des nächsten Vorganges in der Schulhierarchie gestoppt und diese Abweisung in seinen Personaldokumenten für immer gebucht wurde. Das war einer der Gründe dessen, warum er aus der Hochschule weggegangen ist, und weiter in der Industrie als der Statik - Berechner von besonderen technologischen Konstruktionen arbeitete.

Nach einigen Jahren zu ihm sein Kollege und Freund aus dem Arbeitsplatz gekommen ist, und er erzählte, dass er den Akademiker Professor Ing. F. Lederer, DrSc. getroffen hat. Und dieser hat ihm gesagt, dass er unsere Arbeiten gesehen hat, und dass das die wissenschaftlichen Arbeiten sind. Wenn wir möchten, als wissenschaftliche die Arbeiter anerkannt haben, wir mögen unsere Arbeiten in die tschechoslowakische Akademie der Wissenschaften senden und dass diese empfehlen wird. Wir haben das also gemacht und so wir haben sich beide dank der Großzügigkeit und der Bereitwilligkeit dieses anerkannten Fachmanns und hervorragenden Menschen dem normalen, für uns beide hoffnungslosem Vorgang nach der Parteilinie der Bestätigungen über den Chef, die örtliche Organisation, die Bezirksorganisation usw. ausgebogen. An die Direktionen der Vitkovitschen Eisenwerke ist der Brief aus der Akademie der Wissenschaften gekommen, der verkündete, dass es durch den Beschluss des Präsidiums der Akademie der Wissenschaften uns beiden der Status der wissenschaftlichen Arbeiter auf dem Gebiete der Mechanik der festen Körper zugegeben wurde.

So arbeitet die Hilfe Gottes, wie es der König David mit seinen Psalmen schildert:

„In dem Versteck des Allerhöchsten sitzt, im Schatten des Allmächtigen verweilt, wer sagt dem Gott: Meine Höhle und meine Burg, mein Gott, in den ich vertraue".

Das liegt an uns, wie wir sich entscheiden und was und wie wir tun werden.

8. Die Methodik der Ausbildung

Die Bestandteile der Ausbildung

Die äußerliche Personalität des Menschen kann man aus der Sicht des Vorhabens dieses Kapitels unter anderem als die Synthese dieser Bestandteile äußern:

1) Der physische Körper

2) Die Fähigkeiten

3) Die Eigenschaften

4) Das Wissen, die Kenntnisse

Das Ziel dieses Buches ist, die letzten drei Bereiche zu bemerken. Alle diese Bestandteile sind zum Gegenstand einer Ausbildung in allen Phasen des laufenden Lebens und gleichfalls in anfänglichen und mittleren Stufen der Vorbereitung auf den Weg zur geistlichen und geistigen Erkenntnis. Die richtige Methodik der Ausbildung ist die wesentliche Bedingung des Erfolges jedes beliebigen Hinstrebens um irgendeine Änderung und Entwicklung dieser Bestandteile. Das Ziel unserer folgenden Überlegung wird deshalb sich um eine systematische Durchnahme der wesentlichsten Bedingungen eines Erfolgs unseres Bestrebens zu versuchen, damit wir nicht unnötig die Zeit und Energie verlieren und infolge des Fehlschlags dann schließlich die Bemühung nicht abgeben.

Die Fähigkeiten

Ob sich der Organismus oder die mentalen Komponenten des Menschen etwas anlernen, positiv sich zu verändern, die Fähigkeiten oder Eigenschaften zu entwickeln sollen, muss unsere Einwirkung den Gesetzlichkeiten der Entwicklung entsprechen. In der Körperkultur und auch im der Psychologie wurden die Gesetzlichkeiten entdeckt, erprobt und die Methoden, führenden zum Erfolg entwickelt. Wir versuchen sich einige hauptsächliche zusammenfassen, und in eine Einheit mit den schon beschriebenen Gesetzlichkeiten zu verbinden.

Es ist notwendig die Gesetze, denen unsere Tätigkeit unterliegt, zu erkennen und dann sich mit denen folgerichtig auch zu richten. Ungefähr sich es lässt mit fünf Bedingungen ausdrücken:

1) Der richtige Anhaltspunkt der Ausbildung.

2) Die richtige Art, Weise, Methodik, die Mittel.

3) Die richtige Intensität, Anstrengung.

4) Die richtige Zeitdichte der Einwirkung.

5) Das richtige Ziel, zu dem wir zielen wollen.

Beachten wir weiter ausführlich die einzelnen Punkte:

1) Der richtige Ausgangspunkt der Ausbildung

Hier es ist notwendig sich die Grundwirklichkeit zu verständigen, dass in der Entwicklung ist es nicht möglich Sprünge zu machen, wenn sie harmonisch - erfolgreich sein soll. Deshalb ist eminent mit Ausbildung an dem richtigen Niveau zu beginnen. Es ist nötig, auf der Basis einer Analyse diszipliniert die Grenzen unserer gegenwärtigen Fähigkeiten zu finden und an sie mit einer zielbewussten Tätigkeit zu anbinden.

Mit den wiederholten Bemühungen um ein Überwinden der bisherigen Grenze mittels einer entsprechenden Anstrengung sich dank dem Assimilieren des Organismus diese Grenze fortwährend langsam aufwärts verschiebt. Mittels des geduldigen Wiederholens wird diese neue obere Leistungsgrenze befestigt. Dies betreffe nicht nur die körperlichen, sondern auch die mentalen Übungen, den Wissenserwerb (das Lernen) und das Umbauen der Gewohnheiten.

Die Versuche um einen vorzeitigen gewaltsamen Sprung, mit einer Absicht die Zeit oder Mühe zu ersparen, oder den Dünkel des Egos zu befriedigen, führen zu einem Fehlschlag. Bei den körperlichen Übungen führen sie zu der Überlastung des Organismus, sie können eine Verletzung, eine Gesundheitsschädigung, Schmerzen und langfristige Müdigkeit, beziehungsweise sogar dauerhafte Beschädigung und dadurch das Halten der Möglichkeiten des Wachstums oder der positiven Entwicklung von Änderungen, zur Folge haben.

Bei einer intellektuellen Ausbildung sich äußern die Fugen in den Kenntnissen, die zu dem nächsten Schritt notwendig sind, durch das Missverständnis der neuen Themen. Bei den mentalen Übungen und beim Lernen haben diese Versuche um einen Sprung eine Erfolglosigkeit zur Folge, eine Verstimmung, eine Appetitlosigkeit zur Arbeit, Gefühle einer Vergeblichkeit der Bestrebungen usw. Immer das bedeutet eine Erstarrung an der Stelle oder sogar einen Rückschritt in

dem Lernen, in der Entwicklung oder sogar eine Beendigung der Bemühungen infolge des Überdrusses, der Verletzung oder der dauerhaften Beschädigung des Organismus.

Beim Suchen des geistigen Weges führt der Drang nach einem
„schnellen Fortschritt" zum Anknüpfen an die Lehrer, die mehr für
wenige Bemühungen versprechen und die Arglosen in vorgeblendete
Gasse des Erstaunens hinführen, dabei meistens mit einer eventuellen
Überzeugung über einem eigenen hohen Reifestand.

2) Die richtige Art, die Weise, die Methodik, die Mittel

Hier gilt die gemeinsame Regel: fortschreiten vom einfachen
zum komplizierteren, vom leichterem zum schwierigeren, vom groben zum zarteren, vom konkreten zum abstrakten. In diesem Punkt
zeigt sich bedeutend der Einfluss der Individualität, und deshalb ist es
nötig, die Methodik und die Mittel nach den Fähigkeiten und nach
den Eigenschaften des übenden zu wählen. Hier ist es sehr wichtig,
damit der Lehrer gut den Schüler kennte, den Vorgang und die Mittel
der Ausbildung seinen Eigenschaften und Fähigkeiten zu anpassen
wusste und auch wollte.

Eine Nichtachtung dieser Gründe hat die ähnlichen negativen
Wirkungen, wie die früher genannten Bemühungen um ein Über-
springen der anfänglichen Stufe.

3) Die richtige Intensität der Einwirkung

Damit sich der Organismus, sei es körperlich, oder geistig, dem
Gesetz der Abstimmung unterordnen zu beginnen könnte, müssen an
ihn die Einflüsse mit einer bestimmten Intensität wirken, die einerseits die Schwellenempfindlichkeit der Sensibilität des Organismus
übersteigt und andererseits gleichzeitig übersteigt nicht die nächstsobe-
re Grenze der Möglichkeiten der Adaption, um eine Beschädigung
durch eine Überbelastung vorzubeugen.

Für die untere Grenze der Einwirkung können wir ein Gleichnis
aus der Elektrotechnik benutzen. Es ist das der Rausch in den Strom-
kreisen. Das nützliche Signal können die elektrischen Kreise verarbeiten nur, bis wohin das Niveau des eintretenden Signals den Geräusch-
pegel an den Eingangskreisen ausreichend übersteigt. Anders ist das
ursprüngliche Signal entweder unabdingbar (verloren im Geräusche,

überdeckt mit dem Geräusch) oder deformiert und für weitere Zwecke schlecht verwendbar oder überhaupt unbenutzbar.

Es ist möglich, auch ein Gleichnis aus der Mechanik zu benutzen. Falls sich ein Körper, beruhender an einer Unterlage, durch das Gleiten in Bewegung übergehen soll, muss an ihn eine Kraft wirken, die größer als die Gleitreibung in der Ruhe ist (diese Reibung ist größer als die Reibung des Körpers, der sich schon und und an der an der Unterlage schleudert).

Die Einwirkung auf den Körper und die Psyche darf nicht jedoch auch die obere Grenze, gegebene von der Adaptionsfähigkeit nach der Leistung, oder die obere Leistungsgrenze überhaupt, überschreiten, anders erfolgt ein Angreifen des Organismus. Die optimalen Portionen sind an den inneren Fähigkeiten, Eigenschaften und Umständen abhängig, an dem derzeitigen Zustand der Kondition, an dem Gesundheitszustand und an der gleichzeitig gleichlaufenden Belastung des Organismus in einer anderen Richtung und an der Lebensweise abhängig.

Hier gilt die grundsätzliche Regel: weder zu wenig noch zu viel.

Weil die grundlegenden Naturgesetze im Allgemeinen gelten, wir können, ja sogar wir müssen, diese Erkenntnisse auch für die mentale Ausbildung verwenden. Um diese Problematik zu begreifen, wir können sich es auf einem üblichen Beispiel zeigen, dem wir mögen besser verstehen und dieses Begreifen für kompliziertere Situationen verallgemeinern, verwenden. Wir dürfen nicht jedoch dabei vergessen, dass in höheren Gebieten die Grundgesetze um weitere Gesetze erweitert sind, mit denen sie parallel laufend wirken, und es ist notwendig, diese derzeitigen Einwirkungen zu beachten. Anders es durch eine unrichtige Vereinfachung zu einemfalschem Abschluss, oder zu einm schlechten Ergebnissen kommen kann.

Zur Deformation kommt man auch nach einem unzureichenden Begreifen eines allgemein höheren Problems und dann nach einer folgenden schlechten dogmatischen Anwendung der bestehenden niedrigeren und unausreichenden Kenntnisse oder Erfahrungen.

Anführen wir sich ein Beispiel. Wer kennt nur das archimedische Gesetz über die Auftriebskraft, wirkende an die Körper, versunkenen in die Flüssigkeiten, oder in die Gase, wird verstehen, warum die Schiffe schwimmen und die Bälle fliegen und er kann erklären, dass „nur die Körper leichter als die Luft fliegen können".

Wer aber wenigstens wenig die Aerodynamik versteht, der begreift, warum die Vögel und die Flugzeuge schwerere der Luft fliegen. Er kann daher erklären, dass „die Gegenstände schwerer der Luft nur, wenn sie eine solche Form haben, dass beim Flug der aerodynamische Auftrieb entsteht, der im Gleichgewicht mit der Gravitationskraft ist, fliegen können".

Wer kennt die Rückstoßkraft der Gase bei einer Strömung aus der Düse (der Impuls der Kraft und die Änderung der Bewegungsgröße), jedoch weiß, dass auch die Körper schwerere der Luft auch ohne den aerodynamischen Auftrieb (die Raketen) fliegen können. Gegen die Gravitation hier wirkt der reaktive Druck der Gase, strömende aus der Düse oder aus den Düsen.

Und bis wohin kann sich die Weise finden, wie die Wirkung des Schwerkraftfeldes vorbei des Körpers zu bewirken, würden auch die Körper schwerere der Luft, ohne die Flügel und ohne den Antrieb von Düsen, fliegen. Sie könnten sogar an einer Stelle im Raum stehen.

Die angeführte Serie von Beispielen führt vor, wie sind unsere Abschlüsse von dem Kenntnisstand und Berücksichtigung der Bedingungen bedingt. Ein Machen der einschränkenden Abschlüsse bei einem unausreichenden Wissen oder bei einer Achtlosigkeit zu allen bestimmenden Bedingungen führt zu großen Fehlern. Diese können tragische Folgen haben. So ist es beispielsweise bei der Fahrt der Fahrzeuge bei weitverbreiteter Vernachlässigung der Rücksicht an die Reibung der Autoreifen um die Erde.

Als ein Beispiel an die Wirkung der Größe und der Form der Belastung führen wir die Grundgesetzlichkeit der Entwicklung der Muskeln und der Kraft beim Turnen im Bodybuilding an:

Im Allgemeinen kann man sagen, dass kleine Intensität der Übung auf dem Wege zur Erkenntnis zur Folge ausdruckslose, oder keine Ergebnisse hat. Die Übertreibung führt zum Übertrainieren, zur Müdigkeit, zur mentalen Passivität, zum Widerwillen gegen weitere Arbeit, zu den Kopfschmerzen u.ä.

Tabelle III	Trainingsabhängigkeiten im Bodybuilding	
Die Wieder-holungsan-zahl	Die Größe der Belastung	Die Folge - wächst
1–2	fast maximal	1. die Kraft, 2.der Umfang
5–8	60 70% des Maximums	1. der Umfang, 2 die Kraft
10 -15 und mehr	kleiner als 50% des Maximums	die Scharfzeichnung der Muskulatur und die Ausdauer

Hier es ist notwendig aufmerksam zu machen, dass in der Biologie und Psychologie nicht absolut selbst das Trägheitsprinzip gilt. Es gilt gleichzeitig die Gesetzlichkeit, dass was wir nicht gebrauchen, atrophiert, verkrüppelt. Die unbenützten Muskeln oder geistigen Fähigkeiten sich bei der langen Untätigkeit verkleinern, bis visuell verlieren. Die Fähigkeiten erfordern zu einem Erhalten die Aktivität, derer Intensität muss in den erforderlichen Grenzen sein, entsprechenden dem gegenwärtigen Zustand und den eventuellen Anforderungen an eine Beeinflussung der Entwicklung in der Richtung zur Weiterentwicklung. Es sich betrifft auch der geistlichen. sowie der geistigen Tätigkeit, nicht nur der Körperkultur.

4) Die richtige Zeitdichte der Einwirkung

Es ist notwendig zu treffen, in welchen Intervallen ist es notwendig, die Übung zu wiederholen. Der Organismus reagiert an die reizenden Impulse gemäß ihrer Stärke, der Länge der Einwirkung und der Zeitdichte ihrer Einwirkung. Falls die neue Anregung erst lange nach dem Abklingen der Adaptationsreaktion des Organismus an vorhergehende Anregung kommt, ist die Wirkung schwach, oder kein. Falls jedoch die Impulse regelmäßig noch in der Abklingdauer der Reaktion des Organismus an die vorhergehende Belastung kommen, erfolgt eine Entwicklung des Organismus zum Stärken oder zum Verändern, zur Abstimmung der Fähigkeiten den höheren Anforderungen, zum höheren oder anderen Belasten.

Der Organismus reagiert mit dauerhafter Steigerung der Leistungfähigkeit, der Kraft oder der Ausdauer oder mit der Aufnahme von neuen Gewohnheiten, mit Erwerbung der neuen Eigenschaften, mit einer Umstimmung, Mobilisation. Für das Ausrufen von größeren Änderungen ist also notwendig die ausdauernde und regelmäßige Einwirkung mit der richtigen Kraft in den richtigen Intervallen und mit richtiger Impulsengröße.

Hier ist es notwendig, die Lehrsätze um Impuls und Bewegungsgröße aus der Mechanik der festen Körper sich zu erwähnen. Die Wirkungen der Impulse sich zusammenrechnen auch bei der gleichzeitigen Wirkung des Gesetzes über die Resonanz. Ausführlicher ist von ihr im Kapitel um die grundlegenden Gesetze gehandelt.

Falls wir das aufgeführte an die mentale Ausbildung anwenden, ist es offenbar, dass bei der Übung der Aufmerksamkeit und ihrer Konzentration das Allerbeste wird, wenn wir täglich zur gleichen Zeit, ausreichend lang und mit der ausreichenden Anstrengung üben werden. Mit der Zeit kommt in der gegeben Zeit regelmäßig die Beruhigung des Geistes, und deshalb wird es leichter sein, bei der Übung weiter fortzuschreiten.

Nochmals ist es nötig, darauf sich aufmerksam machen, dass die Versuche um eine Meditation von ausreichender Anstrengung begründet werden müssen, weil zum Ziel die Entwicklung der neuen Fähigkeiten ist, eine Änderung des bisherigen Zustandes gegen dem neuen, höheren. Anders kann man nicht beträchtliche positive Ergebnisse erwarten. Eine schläfrige Tätigkeit bei der Meditation führt zum Einschlafen oder zur schläfrigen Untätigkeit ohne eine positive Entwicklung. Umgekehrt die krampfhafte, abnorm angestrengte, bis gewalttätige Tätigkeit, auch eine Erfolglosigkeit und Probleme zur Folge haben.

Der Organismus und auch die Psyche reagieren an wiederholte Impulse dauerhaft durch die Änderung bis nach den vielen regelmäßigen und genug starken Anregungen. Ähnliche Erfahrung uns können nen bestätigen beispielsweise diejenigen, die das Bodybuilding turnten. Nach dem Beginn des regelmäßigen harten Trainings zuvor empfanden sie dauerhafte Müdigkeit. Nach einigen Wochen der regelmäßigen Übung ist eine Reaktion des Organismus gekommen, begleitete mit wachsender Kraft, einer Lebendigkeit, mit dem Wachstum der Muskeln, eines Gefühls der Stärke und Energie, angenehme Gefühle eines lebendigen, reinen Körpers, die Bessere mentale Kondition, bis eine körperliche Euphorie.

Ähnlich die Menschen, die die Hochschule studieren, nach den anfänglichen Schwierigkeiten entwickeln bei der ausreichenden Bemühung dazugehörige Fähigkeiten für die Konzentration und die Begriffsbildung, für ein schnelles, aber konzentriertes Lesen, für logische Schlüsse und für das systematische Ablagern ins das Gedächtnis, genauso wie für das Ausheben aus dem Register des Gedächtnisses je nach der Aufgabe und nach verschiedener Sortierung.

Kehren wir noch zu der Anfrage der Zeitdichte der Anregungen Zurück. Hier ist es geeignet, sich in Bezug auf mögliche gemeinsame Gesetze, auswirkende in verschiedenen Ebenen des Lebens zu erwähnen, auch das Gesetz über die Resonanz aus der Mechanik der elastischen Systeme. Die Schwingungslehre deduziert, dass für einen Schwingungseinsatz der Konstruktion die effektivste eine solche Einwirkung der erregenden Kraft ist, wobei ihre Frequenz mit der Eigenfrequenz des schwingenden elastischen Systems der Körper übereinstimmt und in der richtigenPhase wirkt. Mehr wird über die Resonanz im Kapitel von den grundlegenden Gesetzen gesagt.

Auch unser Organismus hat seinen natürlichen Rhythmus. Seine hauptsächliche Periode sind die 24 Stunden, aber es sind auch andere Perioden der verschiedenen Äußerungen unseres Lebens. Im Rahmen dieser Perioden noch existieren die Zeitabschnitte von erhöhter oder gesenkter Aktivität einzelner Körperteile während des Tages. Auch wenn diese Effekte so einfach feststellbar wie in der Mechanik nicht sind, wir müssen sie in Betracht ziehen, weil sie wirken, und den Fachmännern bekannt sind.

Die periodische Bewegung ist die Grundeigenschaft des Weltraums, und auch unseres Organismus. Sie ist eigen der gesamten Natur. Deshalb ist so wichtig die regelmäßige Übung, sei es die körperliche, oder mentale. Für uns, versenkte in den Wirbel des heutigen abgehetzten, an unsere Zeit anspruchsvollen Lebens, ist das besonders ein mühevoller Bestandteil der Bedingungen zum Erzielen guter Erfolge der irgendwelchen unserer Bestrebung. Es erfordert geeignete Organisation unserer Tagesordnung und eine große Portion von der Selbstbeherrschung und von dem systematischen Vorgehen. Eine zufällige und zeitweise Einwirkung ist für die Wachstumsanregungen wenig wirksam, bis unwirksam und somit unproduktiv. Ohne den Ansatz des festen Willens zum Befolgen der systematischen Bemühungen ist es unmöglich, positive Ergebnisse im jeden Gebiete des Bestrebens zu erwarten.

Die Aufgeführten vier Grundsätze der Ausbildung sind die Grundbausteine des Gebäudes, das jeder von uns mit seinen Bestrebungen baut. Demgemäß, aufgrund welches Planes er baut, wie viel, was für und wie diese Steine der Mensch benützt, wie er sie an sich bindet, erbaut er eine Hütte, ein Haus oder ein Palais oder den Tempel. Demgemäß, in welchem Maß und auf welche Art und Weise sind alle hauptsächlichen und auch untergeordneten Bedingungen erfüllt, kommen die Ergebnisse. Sie bewegen sich zwischen einer gesunden, relativ schnellen, wirksamen Entwicklung, über die Ergebnisse ausdruckslosen, weiter über die Ergebnisse geringeren, bis zu den Ergebnissen schädlichen.

Für ein Erzielen guter Erfolge ist es nötig, alle vier Bedingungen in einem richtigen Maß zu treffen. Ausführliche, allgemein gültige Anleitung kann man kaum geben, weil wir zwar alle prinzipiell gleich sind - wir sind die Menschen, jedoch die Stufe der Entwicklung, der eingeborenen und erworbenen Fähigkeiten, Eigenschaften und Kenntnissen, des Zustands der Kondition und die Umstände des Lebens sich untereinander sehr verschieden. Es ist deshalb ein individueller Zugriff zu den Einzelheiten des Vorganges bei jeder beliebigen Ausbildung nötig. Das ist die Aufgabe des guten Lehrers oder des Trainers.

5) Das richtige Ziel, zu dem wir gehen wollen.

Alles Aufwenden der Energie und der Zeit gemäß den vorne durchgenommenen vier Punkten hat nicht nur den Sinn, sondern auch seinen Wert demgemäß, zu welchem Zweck, dem Ziel sich wir streben. Ob wir geben unsere Kräfte für nützliche, notwendige oder schädliche, überflüssige, nutzlose Tätigkeit aus. Welchen Wert hat unsere Tätigkeit, das liegt oft nicht nur an dem endlichen, weiteren Ziel, sondern auch an den Teilzielen, den notwendigen Zwischenstufen, an denen es ist nötig, zu dem erwünschten Ziel zu fortschreiten.

Es ist ähnlich, wie im Sport. Wenn der Springer bestimmte Höhe überwindete, für die er sich eine bestimmte Zeit anstrengen musste, nicht nur mit der physischen, sondern auch geistigen Anstrengung, muss er die Latte anheben und dem neuen Ziel alles Erforderliche anpassen: den Anlauf, die Weise und die Kraft des Absprunges, den Stil, die Bewegungen und die Kontrolle des gesamten Körpers beim Flug über die Latte, die ganze Trainingsanstrengung.

Ähnlich ist es mit unserer Anstrengung bei der Gewinnung der neuen Fähigkeiten oder Kenntnisse. Wir müssen systematische Bemühung entwickeln. Anders erstarren wir an einem Ort und wir können uns erfolglos bemühen bis zum Ende des Lebens. Eine faule, laxe Tätigkeit uns weit hinführen nicht wird. Das ist der häufige Fehler der Menschen, die jahrelang eine gleiche Übung machen, und stehen hiebei aus der Sicht einer Entwicklung an einer Stelle. Entweder sie üben wenig oder unregelmäßig, eine Weile ja, eine Weile nein, oder sie gehen nicht in richtiger Zeit zu einer Übung des höheren Niveaus über, also sie sogar verfallen. Die Begreifungslosigkeit eines neuen Teilzieles und ein Anpassungsfehler der Bemühung führen zum Erstarren, oder gar zum Verfall. Bis wohin wird jemand beispielsweise immer die Aufmerksamkeit auf die körperlichen Bewegungen üben und wird nicht seine Aufmerksamkeit an Bewegung seines Geistes richten, seine Kontrolle und ihre Steuerung, kann er auf dem Wege des Yogas überhaupt keinen Fortschritt erwarten. Er kann nicht seine Fähigkeiten und Eigenschaften, weder geistige noch körperliche, ändern zu beginnen. Umso weniger kann er also weiter im Sinne der höheren geistigen oder geistigen Entwicklung fortsetzen.

Die Eigenschaften

Für eine Entwicklung der Eigenschaften, gegebenen durch die Gesamtheit der erworbenen und angeborenen vorprogrammierten Prozesse (der Gewohnheiten, Trieben, Reflexen, Reaktionen an die Anregungen, die Auswahl der Kriterien des Gedächtnisses u.a...) gelten ähnliche Gesetze, wie für das Entwickeln der Fähigkeiten. Ebenso gelten für das Studium, also für die Anwerbung der neuen Kenntnisse, wie für den Umbau der Gewohnheiten die früher genannten vier Prinzipien der wirkungsvollen Tätigkeit (der Anhaltspunkt, die Methode, die Intensität, die Zeitdichte). Ich werde nicht sie deshalb ausführlich wiederholen. Die einzelnen Stufen des Vorganges sind jedoch andere, und deshalb vielleicht wird es nutzbar, wenn wir es versuchen, sie nochmals zusammenzufassen.

Der planmäßigen Bemühung um ein Einüben einer neuen Gewohnheit, um eine bewusste Umformung der Persönlichkeit, muss eine Analyse vorbeugen, das Verständigen sich der schlechten Angewohnheit, oder des Mangels von guten Angewohnheiten. Weiter auch das Verständigen sich unseres Wertsystems und des Bezuges unserer Handlung zu ihm, ob Sie untereinander im Einklang sind. Wir müssen unsere Gewohnheiten überschauen (analysieren), bewerten, zerlegen. Wir müssen sich für das entscheiden, welche Gewohnheit wir in uns als die erste ändern werden, worauf wir vor allem unsere Aufmerksamkeit und Bemühung abzielen. Wir dürfen nicht zugleich zu viel wollen, weil wir dann nichts ändern würden. Es ist notwendig, systematisch zu fortschreiten, dauerhaft und in den Stufen.

Nach der Analyse eintritt eine Verständigung des Zustandes und des nächsten Zieles, verbundene mit einem Vorhaben. Nach diesem Stadium ist es notwendig, die Mittel und Vorgänge zu wählen, mit denen wir auf dem Wegmachen der schlechten Gewohnheit und auf der Bildung der neuen Angewohnheit einwirken werden. Dazu können uns schon wirksam die Fähigkeiten helfen, angeworbene beispielsweise aufgrund der Übung des Hatha Yogas (der Asanas) oder das Pranayamas, mit denen wir unsere Beobachtungsgabe, die Konzentration, die Unterscheidung und die Geduld erhöht haben.

Hier hat es sich bewährt, die Methode der positiven Vorstellungen, wiederholten in den freien Weilchen, zu wählen. Das bedeutet, dass wir sich vorstellen die Situationen, in denen sich unsere Unart früher äußerte, nach der neuen Art beherrschte. Wir stellen sich vor, wie wir im Laufe der gegebenen Situation nächstens handeln werden. Die Wiederholung dieser Art der Übung verursacht, dass wir sich entweder schon in der gegebenen Situation^ verständigen, was wir haben sich vorgestellten, dass wir anstelle der üblichen unrichtigen Reaktion machen werden, oder wir sich es vergegenwärtigen bis nach der schlechten Reaktion. Falls wir im Bestreben fortsetzen, nächstens schon die Handlung früher aufgegriffen wird. Es kommt an der Tiefe und Intensität der Aufspeicherung der neuen Vorstellungen. Auch eine bewusste rechtzeitige Korrektur der Handlung kann ein Erfolg sein, weil durch die Wiederholung dieser Korrekturen die alte Gewohnheit durch die neue ersetzt wird.

Das Gleichnis in der Technik ist eine Ersetzung eines Programms, der Prozeduren oder Funktionen durch die neuen, besser arbeitenden Programme oder Funktionen. Dazu in der Technik auch kann die Änderung der verarbeitenden Eintrittsdaten vorgehen, was im mentalen Gebiete die Änderung der Informationen, der Vorstellungen, des Glaubens bedeutet.

Die angeführte Methode jedoch dient nicht nur zur Änderung der Unarten. Sie ist wirksam und wichtig auch für die Vorbereitung an die Situationen, in denen wir sich zwar hinraten können, aber die wir nicht nach vorne einüben können. Es geht beispielsweise über das Verhalten bei einem anbrechenden Schleudern des Kraftwagens an der glatten Fahrstraße. Wenn wir uns die Prinzipien der Verhaltung in einer Form von Vorstellungen in das Gedächtnis eingesetzt haben, sie fertigen sich, in der gegebenen Situation ab, und sie bewirken zu beginnen. Dass es auf diese Weise fungiert, sich viele Lenker, einschließlich des Autors dieses Buches, verifiziert haben.

Bei einer planmäßigen Änderung der Gewohnheiten ist also der Verlauf ungefähr mit diesen Punkten ausgedrückt:

Die Folge von Änderungen der Gewohnheiten.

1) Die Analyse des bestehenden Zustands.

2) Die Vorstellung der neuen Handlung.

3) Das Verständigen sich in der Situation.

4) Das Beherrschen in der Situation.

5) Die Festigung der neuen Gewohnheit und ihre Übernahme als eine dauerhafte Eigenschaft.

Aus dem angeführten ist offenbar, dass es eine langfristige Tätigkeit, benötigende das Anstreben, die Zeit, die Geduld, die Wachsamkeit, die Fähigkeit eines Aufnehmens einer Selbstkritik ist. Es ist notwendig sich die Fehler verständigen, aber nicht sich mit ihnen zu viel befassen, damit ein Minderwertigkeitsgefühl und eine Hoffnungslosigkeit nicht kommen und damit sich der Fehler noch mehr durch auf sie gerichtete Aufmerksamkeit des Bewusstseins und des Energiestromes nicht befestigte.

Was jedoch für den Weg der höheren Erkenntnis grundsätzlich wichtig ist, ist die Gewohnheit einer dauerhaften höheren Wachsamkeit darüber, worauf wir denken und was wir dann nachfolgend ausführen. Die Gewohnheit der dauerhaften Wachsamkeit der Aufmerksamkeit über dem Laufe der Gedanken und der Gefühle, über den Tätigkeiten des Körpers und des Geistes. Diese Wachsamkeit jedoch wächst nur mittels ihrer regelmäßigen Übung, beispielsweise mittels der behilflichen vorläufigen Übungen des Hatha Yogas, oder der buddhistischen Methoden einer Ausbildung der Aufmerksamkeit.

Die Stellung eines sich selbst bewussten Beobachters ist der Schlüssel. Er ermöglicht die Konzentration bei jeder Arbeit und später die Bewertung der Versuche um die Meditation. Der Weg der geistigen Entwicklung vorwärts führt nicht durch ein Nachplappern der Lehrsätze, sondern durch das Bemerken und den Empfang erkannter Teile der wahrhaftigen Erkenntnis, durch ihres Bewusstwerden und die Einordnung in das System des Lebens.

Die Kenntnisse, das Wissen

Danach, wann wir kurz die Fähigkeiten und die Gewohnheiten besprochen haben, schauen wir sich noch an die letzte Gruppe, bildende die Personalität. Es ist das: das Wissen, die Kenntnisse (unsere innere einige Grundbedingungen des Erfolgs und die Punkte des Fortgangs. In dieser Richtung herrschen viele Widersprüche in den Ansichten und man tut viele Fehler. Nach dem Grundzugang zu Art der Aufnahme der neuen Informationen und aus ihnen dahin gehenden Meinungen und gemäß Art ihrer Einordnung in ein kompaktes persönliches System wir können die Menschen ungefähr in zwei Basisgruppen zerteilen. Die erste Gruppe sind die Dogmatiker, die zweite die Analytiker.

Hier ist es notwendig zu sagen, dass es noch eine dritte Menschengruppe gibt, verhältnismäßig kleine. Es sind das die, die sich die Fähigkeiten zueignen, oder zueignet haben, beim Suchen der Antworten auf wichtige Fragen die Intuition zu verwenden. Sie haben angelernt, tiefere Bestandteile der Psyche des Menschen zu verwenden. Die Methode zum Anwerben dieser Fähigkeit ist auf dem geistigen Wege eine richtige Meditation. Bei der intellektuellen Tätigkeit ist dies das Benützen aller Leistungsfähigkeiten des Gedächtnisses, der Vorstellungskraft und der Konzentration auf die Aufgabe. Anstelle einer intellektuellen Deduktion man nach der Durchnahme der Problematik von allen zugänglichen Ansichten das Nachdenken anhält und eine Haltung der inneren Ruhe und des wachsamen Beobachters einnimmt. Aus den Tiefen des Bewusstseins kommt eine Antwort entweder sofort, oder morgens beim Erwachen oder bei einer Freimachung der alltäglichen Tätigkeit.

Während der Ausschaltung des bewussten Denkens nämlich beginnen die tieferen Komponenten unseres Geistes (das Unterbewusstsein) mit weit besserer Übersicht über die aufbewahrten Informationen arbeiten, oder eine Information aus dem Überselbstbewusstsein - die Intuition kommt. So entstehen die Erfindungen, Entdeckungen, neue Theorien (oder Modelle für ihre Zusammensetzung), die Lösungen der mathematischen Probleme, die Findung der Fehler in Lösungen, das Begreifen von dem neuen Gesetzlichkeiten und Vorgänge auf dem Wege der wissenschaftlichen und auch geistigen Erkenntnis.

Als eine Grundwahrheit ist es notwendig sich verständigen das, dass ein Studium der Lehren der inneren Religion, oder des Yogas identisch mit einer Gewinnung einer großen Menge von neuen Kenntnissen, der Lehrsätze, der Definitionen und der Anweisungen eines intellektuellen Typs, gespeicherten in dem Gedächtnis mittels einer beschreibenden und dogmatischen Art, nich sind.

Das richtige Lesen der Bücher auf dem geistigen Wege hat am Anfang eher für das Ziel eine Zerstörung der alten Dogmen, der Unarten, der Faulheit, der Bequemlichkeit, der Konflikte und der Irrtümer. Es soll zu Quelle der praktischen Belehrung sein, was weiter zu machen, und eine Grundlage der eigenen geistigen Arbeit, einer Eigenentwicklung der Fähigkeiten aufgrund des Zeitaufwands und der Bestrebung. Deshalb muss auf dem geistigen Wege neue Meinungen der Mensch mehr lesen, wer mehr der ungeeigneten alten Meinungen, Kenntnisse und Vorurteile hat. Er darf nicht sich fürchten, einige Fragen offen lassen, ohne seine eigene Ansicht, wenn er stellt fest, dass er genug der richtigen, überzeugenden Informationen nicht hat und dass die Bildung seiner eigenen Ansicht für die weitere praktische Tätigkeit notwendig nicht ist.

Zu haben eine Ansicht für jeden Wert kann zum Irrtum, bis zum Dogmatismus führen. Es kann uns verhindern die neue, die bessere Entwicklung der höheren Erkenntnis zu finden. Das verstärkt sehr das Ego und dadurch es baut die Behinderungen gegen den Empfang der neuen Ansicht und besonders auf dem geistigen Wege ist das verlässig eine Hemmung der nächsten positiven Entwicklung.

Es ist notwendig, die geistige Literatur in einer meditativen Befindlichkeit mit der Absicht eines Verstehens der inneren Bedeutung des Sinnes des von uns bisher unbegriffenen Textes, zu lesen.

Also ganz anders, als bei einem mechanischen Lernen auswendig. Hier sind wieder im Vorteil die Menschen, die haben die Mathematik, die physikalischen - technischen Wissenschaften studiert, bis wohin sie sich bemühten, die Gesetze zu verstehen, anstelle eines mechanischen Memorieren des Textes. Die Erfahrungen der Lehrer auf diesen Schulen leider zeigen, dass nur kleine Minderzahl der Absolventen fällt in diese Gruppe, die sich bemüht, auf diese Weise die Problematik des Fachbereichs, aufgrund des Begreifens der Gesetzlichkeiten, zu verstehen. Die große Mehrheit hat auswendig angelernte Definitionen, die Beschreibungen und Vorgänge ohne ein inneres Begreifen, gelagert. Danke dem Gedächtnisausfall und dem natürliches Vergessen dann einerseits sie in der Praxis Fehler machen, andrerseits sind so ihre schöpferische Fähigkeiten gründlich begrenzt. Deshalb können sie neue Dinge oder Vorgänge, die die bisherigen mit einer höheren Funktionsfähigkeit übersteigen, nicht schöpfen. Beim Altern sie auch deshalb verlieren die Fähigkeit, den antretenden jüngeren Mitarbeitern zu konkurrieren.

Zum großen, wirklichen Wissen gehört auch die Bewusstheit, dass wir bisher etwas richtig begreifen und wissen nicht fähig sind. Die rechte Bildung uns eröffnet immer die nächsten und anderen Ansichten in das Unbekannte. Deshalb war vom Sokrates die Erklärung „ich weiß, dass ich nichts weiß" in der Zeit eines wirklich kultivierten und klugen Menschen.

Nur der Halbgebildete, mit einem großen Ego, sich denkt, dass er schon alles weiß, dass ihm jemand Belehrung nicht geben kann, dass er selbst alle vorbei belehren kann, und der, wer eben nicht weiß das, was weiß er oder hat eine andere Ansicht, ein Dummkopf ist. Diese Stellung gehört leider zwischen die sehr erweiterten Haltungen. An ihm waren und sind gegründet alle Diktaturen. Die Leute gern kritisieren und beraten, ohne zu tragen die Verantwortung für die Folgen ihrer Räte und ohne alle Umständen, Bedingungen und Zusammenhänge zu kennen, damit sie hätten das Recht zum Raten, oder oder sogar für eine gewaltsame Machtergreifung. Sie nämlich für diese Arbeit Verantwortung nicht tragen. Die Arbeit macht und Verantwortung hat der kritisierte. Nach der Schlacht ist jeder der General und er weiß, wie es sein sollte. Aber nu an der Oberfläche.

Deshalb soll unsere hauptsächliche Bemühung beim Studium der geistlichen, psychologischen Literatur oder der Erfolgsliteratur dazu führen, solche Bücher zu lesen, die uns sagen, was wir weiter zu tun sollen, um erfolgreich im Begreifen und in den Fähigkeiten weiter zu fortsetzen. Wir sollen nicht das studieren, was nur eine künstliche mentale Konstruktionen anbietet, die keine praktische Bedeutung haben und den Geist mit den Kenntnissen einfüllt, auf die wir inzwischen nicht reichen können und sie nicht auswerten können. In diesem Fall drohen oberflächliche, dogmatische Ansichten, Stellungen, Reaktionen, eine Erfolglosigkeit, und was ist das schlechteste, das Austreten in einer falschen Richtung oder die Blockierung der nächsten positiven Entwicklung. Deshalb hat eine große Bedeutung die richtige Auswahl der Literatur und die richtige Menge des Lesestoffes, richtiger Lehrer, richtige Freunde und richtige Bemühung um das Begreifen.

Die geistige und psychologische Literatur ist es notwendig langsam, konzentriert zu lesen, oft sich zurückkehren und tieferes Begreifen, als ist das bisherige, finden zu prüfen.

Die Meinungen

Ähnlich wie im vorangehenden Teile des Kapitels wir sind sich beachten die Punkte des Vorganges bei der Gewinnung der neuen Fähigkeiten, und der Gewohnheiten, so versuchen wir durchsehen die einzelnen Stufen bei der bewussten Gewinnung der neuen Meinungen.

Ein Ausgangspunkt ist eine Entstehung des Zweifels über die Richtigkeit unserer bisherigen Meinung, ein Gefühl der unzureichenden Begreifung des Problems, oder ein Widerspruch mit dem, was schon erstellt und aufgenommen als ein Bestandteil unseres gedanklichen Systems, ist.

An diesen Zweifel anschließt eine Entscheidung über die Erwerbung einer neuen richtigeren Meinung, eines neuen Wissens oder Zuganges. In der folgenden Stufe ist es notwendig ausreichende Menge von neuen Informationen für die Gewinnung der Ansicht aus einer anderen Seite, oder eine Vertiefung der bisherigen Erfassung zu gewinnen. Hier ist wichtig das richtige Studium, das Zuhören der Vorträge, die Betrachtung der Informationsmedien, eventuelle Besprechungen mit geeigneten Menschen.

Die Folge ist oft ein Zustand, wann die alte Meinung erschüttert wird, die neue noch nicht geformt und empfangen wird, möglicherweise eben darum, dass entweder nicht bisher die ausreichenden Mengen der neuen passenden Informationen aufgenommen wurden, oder diese vorgenommen begreifen nicht wurden und nie die Filter der alten Zugänge, verhindernde den nächsten Vorgang der Kenntnisnahme, entfernt wurden. Es entdecken sich eine Unsicherheit, ein Zweifel und die Widersprüche. Ihre Lösung braucht genug Zeit, der Bemühung, des Anstrebens und der Geduld.

Nach einer Ansammlung von genügender Menge der Informationen und nach ihrer richtigen Bearbeitung erfolgt die Verschiebung zum neuen Annähern, gehende über den Zweifel über das alte, zur Zulassung der neuen Möglichkeiten, zum Verschwinden der Widersprüche bis zur Annahme des neuen.

In der weiteren Etappe ist es nötig das aufgenommene Wissen richtig zu sortieren, einzuordnen, zu bewerten und die fehlenden Informationen wieder mittels des Lesens zu nachfüllen, die Vorträge oder Diskussion zu abhören, zu nachdenken.

Es handelte sich bisher um die Gewinnung der Meinungen im intellektuellen Gebiete. Auf dem geistigen Wege muss in allen angeführten Stufen gleichzeitig richtige Meditation verlaufen, zielende zur Steigerung der Konzentrationskraft und zum Wachstum der Aufmerksamkeit. Dann bildet sich durch eine Verbindung der Tätigkeit der Intuition und des Intellektes ein Wachstum einer neuen, „hintergrundbeleuchteten" Meinung.

Der letzte Schritt ist die Festigung der Kenntnisse, der Meinung, ihr Empfang für das Eigene und die Einordnung in die eigene gedankliche und Meinungs-umgebung. Das kann mit einer Gewinnung der neuen Fähigkeiten der dynamischen Handlung und auch der Meditation begleitet werden. Falls wir also den Vorgang bei der Gewinnung der neuen Meinungen ungefähr zusammenfassen, wir können die einzelnen Schritte in diese Folge zusammenstellen:

Die Reihenfolge des Wechsels der Meinung.

1. Die Suche, das Interesse für eine Kenntnisnahme.

2. Das Ansammeln der Informationen.

3. Der Zweifel über das alte.

4. Das Nachdenken über das neue.

5. Die schrittweise Zulassung des neuen.

6. Der Empfang de neuen.

7. Die Vertiefung des neuen.

8. Die Festigung, Einreihung und Aktivierung des neuen.

Auf dem Gebiet des Schaffens der Meinungen, sich vielleicht am meisten projizieren die Unterschiede zwischen den beiden Menschengruppen, kurz erwähnten schon früher im Aufsatz über die Religionslehren. Sie haben auf dem Gebiete von den Änderungen der Meinungen sehr unterschiedlichen Zutritt.

Die Dogmatiker

Diese Leute brauchen voran eine Autorität, der sie glauben können, die ihnen imponiert, die statt ihnen die Widersprüche auflöst und die geglättete und vereifachte Lehre ihnen vorliegt. Sie sie dann oberflächlich, formal, ohne innerer Erfassung, speichern im Gedächtnis. In der erforderlichen Zeit sie aus ihm mit einem größeren oder kleineren Erfolg und mehr oder weniger treu bringen empor und werden sie versuchen sie zu anwenden. Meistens mit einem großen Willen und einer Folgerichtigkeit.

Sie verständigen sich nicht eine Relativität, eine Individualität und die Bedingtheit ihres Erkennens, ihre individuelle Bearbeitung und Anlegung und Anschauungen, wie es in den vorangegangenen Aufsätzen dieses Buches aufgeklärt wurde. Sie sind überzeugt über eine absolute Richtigkeit ihres Einsehens und über das Recht die anderen zum Übernehmen ihrer Ansicht zu zwingen, oder sie wenigstens ordentlich kritisieren. Die anderen Menschen ansehen sie als die dummen, irregemachten, unfähigen zu begreifen das, was sie so eindeutig bekennen. Diese Leute sich oft abtreiben mit der sogenannten bäurischen Vernunft. Wenn diese Leute fleißig sind, mit gutem Gedächtnis begabt, können sie gesammelte bedeutende Menge von Informationen haben und also gemäß der oberflächlichen Meinung ihrer und der manchen anderen Leuten, gebildet sein. Si können sogar mit Erfolg einige Hochschulen absolvieren und Lehrer werden.

Wenn wir nehmen jedoch an ihre Tätigkeit die Kriterien, strömenden aus der heutigen Kenntnis und Praxis der Kybernetik, sie sind eigentlich nur biologische kybernetische Komplexe, arbeitende ähnlich wie künstliche selbstwirkende Rechner und Robotermaschinen. Sie arbeiten mechanisch, ausschließlich nach den Programmen und Daten in sie von irgendjemandem eingelegten. Sie haben kleine, oder sogar keine Fähigkeiten einer selbstständigen, betrachtenden, kritischen und analytischen Stellung, des Schaffens von ihren eigenen Ansichten und kein Begreifen der Gesetze in ihrem funktionellen dynamischen Wesen, der Verbindung der partikularen Erkenntnisse in komplexes Begreifen der Erscheinungen.

Anstelle des Nachdenkens über die Gesetzlichkeiten sie emporheben aus dem Gedächtnis die angelernten Schemen und verwenden sie mechanisch nach den gewöhnten Methoden. Sie sind überzeugt über ihrer Unfehlbarkeit und ihren Kenntnissen. Es sind das die Menschen, die in der Geschichte der Menschheit größte Schäden und vieles Leiden als die Organisatoren oder Instrumente der bösen, machtgierenden Einzelpersonen und Gruppen verursacht haben und bisher verursachen, und auch eursachen werden. Am häufigsten zu seiner Regierung über den anderen verwendeten sie und immer verwenden die Bereiche des religiösen, sozialen und politischen Denkens. Der Grundzug ihrer Handlung ist der Formalismus - das Haften an einer vorgeschriebenen .Formm. Sie werden von ihnen Diktatoren und Fundamentalisten verschiedentlicher Richtungen.

Diese Leute werden schwerlich die vorne aufgeführten Methoden für seine Meinungsänderung verwenden und überhaupt dieses Buch lesen und sogar bejahend schätzen.

Die Analytiker

Es sind das die Menschen, die sich bei der Erwerbung der neuen Informationen um ihre kritische Bewertung und die Einreihung in ein organisches System, das ein harmonisches philosophisches System bildet, bemühen. Sie führen die Analyse und Synthese aus. Sie bemühen sich, die entdeckten Widersprüche mittels der Gewinnung von neuen Informationen und neuen Gesichtspunkten zu beseitigen, die Dinge in ihrer Relativität und Ansicht aus einer anderen Seite zu begreifen, der größeren Komplexität, oder Überordnung der höheren Gesetze und der Bedingtheiten der Umstände, der Umgebung zu verstehen.

Ihre hauptsächliche Bestrebung ist, die Gesetzlichkeiten, gemeinsamen den mehreren Erscheinungen, zu finden und dann sich sie nach dem Begreifen eingeordnet zu einreihen und organisiert zu behalten. Die Form ist für sie unwesentlich, unwichtig. Sie dürfen sogar für eine Erscheinung mehr Modelle haben. Sie wissen, dass die Gesetzlichkeit man oft in verschiedener Form ausdrücken kann, besonders falls es sich um eine Stellungnahme der Gesetzlichkeit einer höheren Äußerung des Lebens, beschreibbaren nur mit vielen Parametern handelt. Ihr Wissen ist hochwertig, weil sie die begriffene Gesetzlichkeit sich im Gedächtnis tiefer registrieren, dass sie allgemeiner, verkettet mit anderen Ansichten und Kenntnissen ist. Ein solches Begreifen ermöglicht die Probleme in größer Breite und auch Tiefe zu lösen, mit einem Zusammenhang und vor allem treffend, Gestaltungsweise und selbständig. Solches Wissen sich auch nicht vergisst.

Zum Gewinnen solcher Ausbildung es ist nötig, die gelesenen Informationen anstelle einer bloßen Registrierung in das Gedächtnis gedanklich zu bearbeiten. Die Bindungen an die bisherigen Informationen, Ansichten und Vorstellungen finden, dynamische Vorstellungen, anerkennende die Veränderlichkeit, fähige einerseits von den Änderungen, andrerseits des Begreifens der inneren Dynamik der Erscheinung selbst bilden. Die Vorstellungen, strebenden sich die Objekte aus mehreren Seiten und bei mehreren Funktionen zu sehen.

Es ist allerdings nötig obwohl achtgeben, damit würde nicht ein Mangel an den objektiven Informationen durch eigene unbegründete, unreelle Konstruktionen und Abschlusse oder unproduktive Relativierung ersetzt. Das könnte uns in das Gebiet des Selbstbetrugs, in dem die Mehrheit der Menschheit lebt, einführen. Beim Mangel an den zuverlässigen Unterlagen st es inotwendig wissen die Probleme unter die offenen Probleme einlegen, zu ihretwegen wir den festen Standpunkt nicht einnehmen, aber gelegentlich wir die Informationen ergänzen und wieder sie mit ihrer Ergänzung und der Bearbeitung der gesamten Auffassung verarbeiten.

Die Bemühung nach der Richtigkeit des Begreifens muss bei dieser Art des Studiums kontinuierlich sein. Es ist nötig, die erhaltenen Abschlusse mit ihrer Konfrontation mit der Praxis bezeugen, mir dem Leben, mit den Informationen von anderen Menschen, um denen wir voraussetzen können, dass sie in gegebenen Gebieten ähnliche oder höhere Kenntnisse haben, als wir selbst.

Es ist selbstverständlich, dass der, wer zur höheren geistigen oder auch geistigen Erkenntnis gehen will, sich bemühen muss, um wie möglich mit seinen Bestrebungen beim Studium und mit seinen Zugängen in die zweite Gruppe, in die Gruppe der Analytiker, zu gehören. Anders seine Entwicklung harmonisch nicht sein wird und er wird erstarren.

Beziehungsweise ihn in die erste Gruppe der Menschen, der Dogmatiker einführt, die ihn an seine Seite niederreißt (das Gehirnwaschen und bewegungsloses Bleiben am gegebenen Niveau).

Die Analytiker arbeiten mit den Bildern

Nach den Naturgesetzen, behandelten im anderen Kapitel dieses Buches, ist es notwendig, für jede Änderung die Energie verwenden, die Bemühung und Zeit. Ohne diese Aufwendung sich die positiven Änderungen realisieren nicht (außer das Altern und die Atrophie). Weil solche Änderungen zu ihrem Ausdruck Zeit brauchen, **müssen die Geduld und die Ausdauer der Grund der Eigenschaften des Menschen, suchende intellektuelle oder geistige Kenntnisnahme, sein.**

Für den Zugang einer geistigen Erkenntnis ist es nötig, die Bedingungen mit der eigenen Arbeit zu bilden. Der bedingungslose Grund sind das Begreifen der Begrenztheit der intellektuellen Erkenntnis und die Notwendigkeit der Entwicklung vorerst der Aufmerksamkeit und später der Achtsamkeit, der unterscheidenden Fähigkeit und der Fähigkeit der richtigen Meditation mit der Achtsamkeit. Die geistige Erkenntnis ist das Erlebnis ohne eine Deduktion, ohne intellektuelles Ableiten von etwas als das Resultat von etwas anderes.

Weg zu ihr führt nur durch Weglegung der intellektuellen Tätigkeit, kräftige scharfe Aufmerksamkeit, ihre richtige Zielrichtung. Ein stumpfer, unaufmerksamer und zerstreuter Geist, in dem ununterbrochen, ohne einer Kontrolle, in wilden Assoziationen nutzlose Gedanken, Vorstellungen und Gefühle wirbeln, die Erkenntnis wie ein Schmuck, vergrabener im Haufen von Müll, entgeht.

9. Die Poesie des Begehrens

Die abendliche Erwägung

Ja der Tag sich endet, angefüllt von Verwirrung und Täuschung,
mein Geist ermüdet wieder bereitet sich in den Traum zu gehen,
in das Reich sagenhafte, in dem die Wirklichkeit und auch der Lug
sich spinnt zur Brücke, welche in neues Leben führt.

Spreite die Flügel, meine Seele, ob du durchgehst mit leichtem
    Schritt,
und reist nicht seine feinen Fasern,
würdest du fehlgehen nicht weiter lange Jahre
wieder durch das täuschende Reich, wo herrscht die dunkle Wir-
    rungsnacht.

Anschaue nur mutig an zweites Ufer, doch spanne das Augenlicht
und du sehest in Pracht dort strahlen helle Gestalt,
die anruft, lockt, freundlich dir winkt
und anbietet dir lustvolle Nahrung seiner Liebe.

Nur komm und nicht anstehe und nehme das prächtige Geschenk,
den anbietet dir der ewigen Liebe Sohn
und schreite hinter Ihm her, er dich gut führt,
in Erde andere, hinauf in die Höhen.

In das Haus des Vaters ewigen, des Spenders der ewigen Lüste,
der herrscht dem Weltraum und der Kern ist des Lebens,
welcher duftet in den Blumen und in den Vögeln singt
und in der Sonne auch in Herzen der Wesen brennt.

Als sein Kind in die Welt dich einst zu erfahren gesendet hat
und an Herz dich begehrt wieder anschmiegen,
sobald gesäubert von Sucht, Wirrnis, Geiz und Trug
zurückkommst nach der langen deiner irdischen Wallfahrt.

1952

Das Gebet

Traurig ist meine Seele wie gefangenes Vöglein,
nach Liebe strebt, Freiheit und zum Gott näher.
Zu ihm will auffliegen, dauernd Sucht und weint,
doch fesselt, tuscht, bedrückt sie grauenhaftes Täuschungsgatter.

Oh ewiger Gott, durch deine glühende Gunst
erglühe den Kerker, zerreiße diesen Schleier,
feuere mein Herz für Dich mit der Sucht siedenden
und beende diese lange traurige Prüfung.

Gib dem Irrenden den Kompass Deines Willens,
dem Blenden Augenlicht das Licht der ewigen Wahrheit,
möge die allen Kräfte des Körpers, der Seele sich verbinden
in einen machtvollen Strom deines Willens für immer.

Aus Dir ich bin erschienen, als ein Funke aus dem kosmischen Feuer,
gleich, wie aus Dir die Wiesenblumen entstehen
und all, was entstanden ist, in Ende der unübersehbaren Zeit,
muss in Dich, die Quelle, zurückkehren.

Gib mir nicht die langen Äonen zu warten
an Rückkehr zu Dir, zur Essenz von allem Dasein,
weil die Welt und Materie meinetwillen nur Klunker bloßen
sind dagegen, womit mich Hoffnung Deine sättigt.

Vorige Spaße meine, Vergnügungen manche,
verlöschten, verloren schon fast alle Zauber.
Sie freuen nicht, unterhalten nicht, ohne Dich sind schlicht,
wohl Kinderjahre in die Schlucht geglitten sind.

Nur Du bist mein Ziel, mein Licht, das Beseelen,
nach dir ich sehne mich, Dir ich die Opfer gebe,
ohne dich das Leben zu Leben mir ist nicht,
für dich alles, alles ich gern aufgebe.

Du Liebe meine, mein Herr, mein Lehrer,

über die Pfade grade führe mich zu sich näher,
möge jede Tat, der Pulsschlag des Herzens, das Leben ganze
ist befreit von Gesuch, den Fesseln der Erdschwere.

Lass dass ich in Dir mit meinem Leben sich zerflösse
als wie ein Wassertropfen zerflattert im Meer
und wandere nie mehr in keiner Zeit
nach der materiellen Welt in Lust und auch Leid.

Ob ich soll sich doch einst zurückkehren,
lasse ob ich bin ein Stern, der die anderen verlockt,
möge wie eine buntfarbige duftende Wiesenblume
locke ich sie, um sie zu dir gern zugingen.

1955

Die Frühen

Ich über die Frühe schreiben soll,
wie lautete Ihr Wunsch.
Den Wunsch möchte ich so gern erfüllen,
wie habe nicht vorerst den Schein.

Sind frische Frühe, funkelnde,
in denen in dem Tau die Sonne glüht,
in denen mit dem Zeitlauf
die Schönheit zunimmt und der Tag sie verschenkt.

Ob sind die Frühe vom Regen trauervoll,
mit Himmels grauer Schleier,
mit einem Tage, der bitter schmeckt,
der Prachthimmel strotzt mit Entladung.

Sind Frühe in den Waldstillen,
in Gras sich Tautropfen zittern
und die Vögel in den Himmelhöhen,
und an den Ästen die Lieder singen.

Möge sich die Frühe funkelnd
in unseren Seelen widerspiegelt.
Möge im Herzen der Friede wachst,
und Musik klingt uns in den Ohren.

Möge das Brennen der ewigen Liebe,
das gemeine Gefühl anhebt,
möge die Begnadigung sich zu uns neigt
und gibt uns höher zu gehen.

1976

10. Das Nachwort

Die Dynamik des Lebens

1 Weil überall in der Natur die Verbundenheit und die Wechselbeziehungen der Vorgänge zu sehen sind, wird das physische geboren des Menschen in die Welt zum Eintreten des bereits bestehenden Objekts der Persönlichkeit (der geformten Energie) in ein anderes Niveau - das physische. Es kann nicht etwas so kompliziertes, als ist der Mensch, aus nichts entstehen, sofort und zufällig. Ist das eine Entstehung des Nachfahren aus einem existierenden Vorfahren (ausgedrückt nach behelfsmäßigem Modell des OOP) aus einem anderen Niveau.

So verbreitet die schöpferische unzerstörbare Energie ihr Erlebnis und ihre Äußerung für eine Übergangszeit aus dem bisherigen grundlegenden außerphysischen Niveau in das vergängliche, übergehende physische Niveau. Sie schafft eine irdische vergängliche Persönlichkeit als die übergehende Einpackung, das Werkzeug der Tätigkeit der ewigen Lebensenergie des geistigen Grundes des Menschen. Von dieser Ansicht hat deshalb der Glaube in die Reinkarnation des geistigen Wesens der menschlichen Persönlichkeit seine realistische und auch wissenschaftlich annehmbare Begründung. Alles ist dabei mit den festen Gesetzen verbunden. Es hängt von uns ab, wenn wir das erkennen, anerkennen wollen und sich damit richten, oder ob wir bleiben in der Entwicklung auf einem Modell beharren, ausgehenden nur aus oberflächlichem Glauben.

.2. Beim geboren wird der Mensch - ein Objekt - mit weiteren Körpern in verschiedenen Ebenen ausgestattet. Nicht nur mit dem grob materiellen Körper, sondern auch mit verschiedenen Arten von der energetischer Einstrahlung uns bekannten, und von uns anerkannten und messbaren (thermische, elektrische, magnetische und elektromagnetische), aber wahrscheinlich auch mit weiteren, bisher für unsere Wissenschaft unbekannten und anerkannten Körpern (die Aura, beispielsweise das ätherische, astrale u. ä.), angeführten in verschiedenen alten Lehren. Deshalb wurde diese Einstrahlung an den alten Gemälden begründet gemalt. Die nächste, für uns derzeit bekannte wahrnehmbare und registrierbare Einstrahlung ist die thermische, wahrnehmbare mittels der Wärmebildgeräte.

3. Beim Sammeln der Lebenserfahrungen ersteht eine schon früher im Kapitel über die Modelle des OOP beschriebene Bildung der eigenen Programme, der Prozeduren und der Funktionen und die Sammlung von neuen Daten, nachformenden die Persönlichkeitsentwicklung zur Zeit seiner Inkarnation in die Materie und weiter zur ganzen Zeit hindurch die Dauer der physischen Inkarnation.

Der Mensch schafft während des physischen Lebens seine Gewohnheiten, Kenntnisse, entwickelt die bisherigen Fähigkeiten (angeborenen - also eingebrachten in der gegenwärtigen Inkarnation) und bildet verschiedene Bindungen und Filtern, bildende gesetzlich seine Fesseln als Anforderungen und Verpflichtungen, sondern auch die treibenden Motoren seiner Tätigkeit. Weil diese Tätigkeiten die Tätigkeit der Prozeduren des Vorfahren (gemäß dem Modell des OOP) und der Funktionen aufrufen, übertragen sich die Einträge von der irdischen Tätigkeit in das immaterielle Niveau als die Erfahrungen des übergehenden materiellen Lebens. Sie bilden also dauerhafte Einträge in den Niveaus der breiteren Persönlichkeit, übertragbare in das nächste geboren desselben Objekts in die Materie für das Sammeln von neuen Erfahrungen und für die Schuldenbezahlung (bilden des energetischen Schuldengleichgewichtes).

4. Nach dem Gesetz der Aktion und Reaktion bildet der Mensch nach außen energetische, reaktive und Impulsbindungen, die seine nächste Umgebung, die Aktivforderungen und die Schulden bilden. Diese haben Ihr Leben eben an der Unzerstörbarkeit der Energie begründet, die er bei seiner Tätigkeit von dem fundamentalen, ihm zugeteilten und zugänglichen Vorrate, verschiedentlich transformierte. Ihre Wirkung ist von der Einwirkung der weiteren Gesetze beeinflusst (der Impuls, die Bewegungsgröße, die Umwandlungen der Energie) je nach Größe der Anstrengung und der Anzahl seiner Wiederholungen. Deshalb unsere Taten immer irgendeine Folgerung haben, obwohl sie nicht sofort von uns am Ort und Zeit der Entstehung der Bindungen bemerkbar sind. Sie sind nicht entfernbar, aber sie können transformiert werden, weil sie die energetische Basis haben.

5. Die Schöpfungskraft und die Gesetzlichkeit dringen alle geschaffenen Objekte durch, wirken in ihnen ununterbrochen als ihr Grund (die Allgegenwärtigkeit des Gottes - der Pantheismus - ohne diesen Grund der Energie und der Weisheit könnten Objekte nicht entstehen und dauern). Also diese Objekte tragen in sich selbst nicht

nur die Ladungen von eigener Tätigkeit der geschafften energetischen Knoten - die Folgerungen der Taten, sondern auch eigene bilanzierende und richtende Filtern, die Energie und die Weisheit (den Grund des Urobjektes mit seinen Methoden und Daten - ein Modell gemäß dem OOP).

Nach der Rückkehr aus dem physischen Niveau bilden sie verschiedene Kraftfelder, gesteuerte von den Gesetzen. Diese entscheiden über dem postmortalen Zustand und auch über der nächsten Inkarnation der Persönlichkeit, davon was und wie sie erlebt im Zustand ohne den physischen Körper, und was sie sich bringt für die Formung und die Auswahl der Bedingungen in das neue Leben.

Es müssen die Bedingungen einerseits für die Erfüllung des Drangs, der Forderungen und der Verpflichtungen aus den vergangenen Leben und andrerseits für das Wachstum der Erkenntnis, für das Antreten des Weges geschaffen werden, um die Befreiung aus den durch uns geschaffenen Fesseln der Schulden und Verpflichtungen erwerben zu können.

Der Zugangspunkt zu dieser Macht ist im Menschen sein Bewustsein und seine Beobachtungskraft, nein der Intellekt. Die wesentliche Erkennungskraft ist nicht die intellektuelle Deduktion, sondern die Intuition, also eine unvermittelte, direkte, harmonische Erkenntnis, anknüpfende an den gegebenen Stand der Entwicklung und der ausdehnenden bisherigen Erkenntnis mittels des neu erworbenen Zugangs in die kosmische Datenbasis (die Quelle der Weisheit des Gottes). Das sind nicht irgendwelche Voraussetzungen oder augenblickliche Einfälle des Intellektes oder Ausflüsse der Gefühle, aber das sind, dank der verschärften Aufmerksamkeit, der Stillung der Tätigkeit des Intellekts die beobachteten und notierten Begreifen der Gesetzlichkeit. Sie können uns mit dem Frieden und Wohlgefühl einfüllen.

6. Falls die energetischen Vorgänge im Menschen dynamisch sind, sie müssen dringend in die Umgebung ausstrahlen.

Das Leiden des vom Verbrechen beschädigten Menschen also dringend trifft den Täter des Bösen als ein Produkt des Prinzips der Aktion und Reaktion. Falls ist der Täter schon nach dem irdischen Tode, energetisch sich nichts ändert. Jedoch die groben physischen und psychologischen Behinderungen gegen die feine Wahrnehmung bei dem Täter verschwunden sind. Das befreite gedämmte Gewissen beginnt zu arbeiten und die anderen beurteilenden Kräfte, enthaltenen im Grunde der geistigen Persönlichkeit, arbeiten auch.

Er kann also das Leiden, von ihm verursachte, wie sein eigenes, in der gleichen Stärke und im gleichen Gefühl des Befallenseins, als erlebten oder noch durchleben seine Opfern, wahrnehmen.

Das ist die Folge des Gesetzes der Aktion und Reaktion und der unzerstörbaren Energie. Der postmortale Zustand also kann die Rückschläge der Taten als wirkende gesendete und zurückkehrende Energie (unzerstörbare Reaktionen) zurücksetzen. Diese Überlegungen, zugrunde legende Kenntnisse der physikalischen Gesetze, sich im Wesentlichen übereinstimmen mit den alten religiösen, philosophischen und yogischen Lehren über die Vergeltung für die Taten, über den nächsten Zustand nach der Weglegung des physischen Bestandteils der Persönlichkeit (Zustand Bardo der Buddhisten, Fegefeuer der Christen ah.).

7. Die phasenförmige Wirkung aller dynamischen Prozesse, die Vorstellungen der Vorgänge vom Modell des OOP und weiter die Schichtung der Erscheinungen ermöglichen die Vorstellungen von einer riesigen Verschiedenheit der Entwicklungsstufen der Einzelpersonen und ihrer Gruppen in vielen Richtungen anzunehmen. Das gibt die Möglichkeiten einer wirksameren Verteidigung gegen das Böse und der Gewalt zu tun, bis wohin sich das rechtzeitig die Menschen des höheren mentalen Niveaus verständigen und geeignete Erwirkung tun werden, damit haben verwehrt Sieg können ein primitiver Mensch über reif Menschen, wie dem war oft in Geschichte.

Es ist nötig die Entstehung und vor allem die Konzentration der verbrecherischen energetischen Ströme früher zu vermeiden, bevor sich die gestreute Energie der bösen Einzelpersonen konzentriert und die Zentren dieser Energie mittels der Induktion in eine verderbnistragende Macht zu aufwickeln. Zum Beispiel kann der Einfluss auf die relativ ausgebildete deutsche Nation in der Zeit der Entwicklung des Nazismus und während des Zweiten Weltkrieges, oder verkehrt an die ungebildete Nation in Russland in der Zeit der Revolution und dann auch weiter dienen. Die Folge waren Hunderte von Millionen der toten Menschen und riesiges Vernichten der Werte in der ganzen Welt.

Aus der Geschichte entströmt der Abschluss, dass nur starke demokratische Koalition und ihr rechtzeitiger Abwehr eine Aussicht auf eine wirksame Abwehr haben. Die Pazifisten haben niemals den Krieg vermieden, aber umgekehrt, sie abschwächten die Demokratie im Dienste der Demagogie und haben dem Aggressor zur Macht geholfen, die sie ist schließlich für ihre Dienste mit ihrer Liquidierung und weiter durch das Morden von Millionen der Leute und Vernichtung der Werte, von den arbeitsamen Menschen beim großen Aufwand der Zeit, der Fähigkeiten, von Opfern und Energie geschaffenen, „belohnte".

8. Das vorne aufgeführte zeigt, dass man mittels des Begreifens der Prinzipien des Modells des OOP die Modelle schaffen kann, die aufgrund der unseren gegenwärtigen wissenschaftlichen Kenntnisse der erkannten und anerkannten Gesetze unseres modernen Begreifens den alten Lehren der geistigen Lehrer uns annähern können. Es bilden sich so, bildlich gesagt, die Reflektoren, die auf eine andere Art (Einfärbung und Intensität und auch in der Richtung der Belichtung) die alten Lehren beleuchten. Deren Gültigkeit jedoch in dem Prinzip von Zeitalter die Gleiche bleibt. Es ändern sich nur unsere Ansichten (die Modelle, die Filter, die erkannten Gesetzlichkeiten und Daten, steuerpflichtig der Epoche, dem Zustand der Menschheit und eines Einzelner) und die Erklärungsprozesse, beschränkten gemäß dem gegebenen Niveau des Begreifens der Erscheinungen der Einzelpersönlichkeit und auch seiner Gesellschaft. Jetzt haben wir die Möglichkeiten, bei richtiger Bemühung im Begreifen weiter und anders zu gehen, sich allgemeinere, treffendere und somit wahrhaftigere Modelle zu schaffen, als es die Menschen in der Vergangenheit machen konnten. Es hängt an uns ab, was wir ausführen und wozu wir sich entscheiden.

Der Funke der Weisheit und der Macht des Gottes, enthaltene in den Tiefen unserer Persönlichkeit, uns sendet ununterbrochen seine Energie zum Leben. Er sendet auch die Informationen und Verhältnisse zur Ermöglichung der Befreiung aus dem Leiden und der Sklaverei, die wir uns mit dem Leben in Fehlern und in der geistigen Achtlosigkeit anrufen. Es zeigt das einerseits die Geschichte in den Leben der Propheten und anderseits die Erfahrungen und die Einwirkung der Einzelpersonen, die den Anruf Gottes im sich selbst ergriffen haben, die ihn folgten, die die Erkenntnis trafen ein und die uns sie mitteilen.

Ausnützen wir das und kämpfen wir gemeinsam für die Erniedrigung des Leidens auf dieser Erde dadurch, dass wir voran jeder sich selbst und so auch unsere Umgebung und die gesamte Umgebung ändern werden. Wir alle ausstrahlen und auch wir annehmen die Energie! Ohne geistige Erkenntnis des größeren Teils der Menschheit ist es nicht möglich, eine Besserung des Lebens auf Erden und einen Übergang zur fruchtbaren Toleranz zu erwarten. Ohne die geistige Erkenntnis werden alle Bemühungen um eine Verbesserung des Lebens unwirksam sein, weil sie nur eine symptomatische Therapie werden, anstelle des Heilens durch die Änderung der Krankheitsursachen der Gesellschaft.

9. Die Menschen in der Vergangenheit und auch in der Gegenwart lebten und leben unbewusst nur gemäß Ihren veralteten und unzutreffenden Modellen. Diesen Modellen sie dogmatisch zuschreiben eine absolute Wahrhaftigkeit ohne eine Zulassung ihrer Beschränktheit und Relativität. Es ist am höchsten notwendig, dieses zu ändern. Um sich die Menschen die Modellhaftigkeit und um so auch die Unvollkommenheit seines Nachdenkens, Glaubens, des Fühlens, des schätzen des ganzen Lebens und der Handlung bewusst werden zu beginnen, sich untereinander hassen und für Verschiedenheit ihrer Meinungen, in Wirklichkeit ohne höhere Erkenntnis, für die Mannigfaltigkeit ihrer Fantasien und Illusionen bekämpfen aufzuhören.

Einerseits ist es nötig nach einer Festsetzung der gemeinsamen Prinzipien zur Toleranz der anderen Meinungen heranzutreten, aber andererseits ein Internationales Kodex, ermöglichendes die wirksamere Verteidigung gegen den Fanatikern und den Terroristen, die Toleranz nicht bekennenden und übergreifenden den Grund der Toleranzgrenze, anzunehmen. Das ist notwendig, im Interesse der Erhaltung einer erträglichen Entwicklung des hochwertigen Lebens auf dieser Erde. Es ist nötig, rechtzeitig die Menschen, haltenden die eingeführten Regeln des Zusammenlebens in der demokratischen Gesellschaft, gegen den Menschen, die die Demokratie mit dem Ziel sie zu vernichten missbrauchen, zu unterscheiden.

Einige energetische Schlüsse

Es ist sehr nutzbar, sich drei entscheidende Grundfakten zu vergegenwärtigen:

1) **Die Energie, ausgesandte bei unserer Tätigkeit, ist real und unzerstörbar.** Das ist eine Wirklichkeit, nein eine Fiktion. Ihre Folgerungen haben einen realen Charakter, unterliegenden den objektiv geltenden Gesetzen. Es hängt darauf nicht ab, worüber wir glauben

und worüber nicht, was wir uns wünschen, oder nicht, genauso, wie es in der physikalischen Welt ist. **Unser Glaube beeinflusst nur unsere Handlung, nicht mehr jedoch die Tätigkeit der Gesetze und dadurch die Folgerungen unserer Taten.**

2) **Die durch uns gesendete Energie hat unseren Stempel** und wir sind mit ihr unzertrennbar verbunden. Ähnlich, wie ist es her in von den Menschen geschaffenen Datenpaketen der Informationen, gesendeten nach dem elektronischen Netz. Sie tragen auch die Energiezeichen des Absenders und auch des Empfängers, sichernde die weitere Funktion bei der Übergabe der Daten. Deshalb sich die Ergebnisse unserer Taten unfehlbar und unwiederbringlich zurückkehren rückwärts zu uns, möge wir sind, wo wir sind. Das Gesetz der Anziehungskraft wirkt dauernd als das Gesetz der Wirkung und Gegenwirkung (Karma) in unseren Leben.

3) **Unsere eigene Bewertung unserer Taten ist ein Produkt der durch uns geschaffenen und aufgenommenen Programme** (Filtern), habenden bei einer Abweichung von der Gesetzlichkeit (die Überdeckung des Gewissen von der Habgier, Gehässigkeit, Neid u. ä.) die Gültigkeit **nur bis zum physischen und intellektuellen Tod,** wann die vergänglichen Filtern des Intellektes (im Dienst für das Ego) untergehen. Der Grund, der Rest der Persönlichkeit, unter Bezugnahme auf Kräfte des Gesetzes um Erhaltung der Energie, weiter dauernd, (der Vorfahr nach dem Modell des OOP) dann unabkömmlich der anderen, als der vergänglichen Bewertung, unterliegt. Er unterliegt der Bewertung, gültigen für seinen gegenwärtigen, also den postmortalen Zustand. **Sein Gewissen**, als Gesetz in ihm selben, das er mit seinem Vergewaltigen während des irdischen Lebens übertäubt hat, **beginnt wieder gemäß den Filtern, geschaffenen von der schöpferischen Weisheit und Macht, arbeiten. Gemäß den ewigen Gesetzen**, eingelegten nichtbehebbar in dem Grunde unserer breiteren Persönlichkeit (gemäß dem Modell des OOP des Vorfahren). Der Grund zum Nachdenken über die alten Lehren über die unmittelbaren Zustände nach dem physischen Tode (der Zustand Bardo der Buddhisten, das Fegefeuer der Christen, die Vorhölle, das Gericht u. ä.)! Die Einträge über seinem Vorleben wir tragen in sich selbst. Nichts können wir abschwindeln und niemand von Leuten uns die Verantwortung entziehen wird.

4) **Die Macht des Geistes ist riesig**, wie hinweist die Geschichte der Diktaturen in der Vergangenheit. Falls er schlechte Programme, zeugende das Böse, bildet es ist das eigentlich schon an selbst und für sich ein Missbrauch der schöpferischen Energie Gottes, und somit ein Verstoß gegen dem Gesetze der Schöpfung (die Kreuzigung (Versklavung) der göttlichen schöpferischen Kraft in uns). Die Lebenskraft und die Weisheit das zwar erlauben, dass die schlechten Taten können im Rahmen der karmischen Begrenzung und auch der Freiheit getan werden, aber sie unterliegen danach unerbittlich dem Gesetz der Aktion und Reaktion, also der Entgeltung. Auf diese Art und Weise wir gestalten uns unser Schicksal. **Die Anlässe für das Bösen wir bilden in sich uns selbst ab, aber die Folgen wir müssen schon ohne unser Zutun zu tragen.** Die müssen wir schon ertragen, oder erdulden wie eine Folge unserer Gedanken und Taten. **Dies betreffe alle unsere Taten, bei denen unsere Energie arbeitete, also auch die Gedanken und die Gefühle.** Die Anstiftung des Leidens **an die anderen Menschen ist so eine weitere Schlechtigkeit, schaffende unser weiteres zukünftiges Leiden.**

Die drei Stufen der (Un)Freiheit (3M)

Bis wohin wir nachdenken über die durchgenommenen Gesetzmäßigkeiten, wir können folgende Bewertung unserer so oft diskutierten Freiheit machen: Es sind **drei Stufen unserer (Un)Freiheit.** Unsere Potenz ist mit drei Stufen ausgedrückt, deren Benennung beginnt im Tschechischen mit den Buchstaben M. So dürfen wir im Tschechischen **das Gesetz der drei M** (3M) ausdrücken:

1) Wir dürfen

im gewissen Umfang, gegebenen von den Umständen des Lebens, der gegebenen Zeit, der Umgebung und unseren Fähigkeiten, was wir wollen machen.

2) Wir sollten

Bedenken die Gesetze:

a) **Die natürlichen**: beispielsweise die Gravitation vor einem Sprung, die Chemie vor dem Essen, die Geschwindigkeit des Kraftwagens vor der Bahnkurve usw., anders wir zum Unfall, ums Leben kommen können, oder jemanden oder etwas beschädigen.

b) **Die gesellschaftlichen** (die Legislative) übersteigen nicht die Gesetze und die Vorschriften der Gesellschaft, in der wir leben, bis wohin sie nicht im Gegensatz zu den höheren Gesetzen sind, damit wir kämen nicht zum Konflikt mit dem Gesetz und mit den Vorschriften und müssten nicht ungemütliche Folgen zu tragen.

c) **Die ethischen**: was sich nicht uns gefällt, nicht den andern machen, einhalten den Kodex der anständigen Handlung und der prinzipiellen Rechtsgleichheit, bedingte mit der Einhaltung des eingestellten vernünftigen und weisen Kodex (beispielsweise die christlichen, jüdischen und muslimischen zehn Gebote u a.). (Natürlich in ihrem innerem Sinne) und der gewöhnlich anerkannten Moral, die sichern soll, damit das Zusammenleben der Menschen ungemütlich, oder sogar bis unerträglich nicht würde.

d) **Die eigenen Lebensrichtlinien**: Machen nicht das, was sich nicht übereinstimmt mit dem von uns übernommen höheren Kodex und dem allerhöchsten Lebensziel, damit uns das nicht dort hinbringe, wo wir im Leben nicht hingerat werden wollen. Wir sollen umgekehrt das nachmachen, was für das weitere Leben verständiger und weise ist. Falls wir sich für den Weg der Erkenntnis entschieden haben, wir werden machen das, was uns auf ihn einführt und was uns auf ihm erhalten wird, keineswegs die Taten, habenden eine umgekehrte Wirkung, die uns geistig abschwächen, körperliche Gesundheit beschädigen und unser geistiges Entwickeln anhalten. Wir müssen solche Gesellschaft aussuchen, die uns aus der angesteckten Richtung nicht ablenkt und umgekehrt wir müssen die ungeeignete Gesellschaft vermeiden.

e) Die durch uns **geschaffenen und übergenommenen Verpflichtungen** und Verantwortung, als die Partner in der Ehe und im Beruf sind, die Kinder, bei den Unternehmern die Mitarbeiter, bei den Politikern der Staat und seine Bürger, bei den Lehrern die Schüler usw.

3) Wir müssen

die Folgerungen unserer Taten zu tragen, und oft mit uns unsere Nahestehende oder die Beteiligten (die Familienmitglieder, die Gruppen, die Beifahrer, die Teilnehmer des Betriebes usw.). Und zwar meistens mit kleiner oder keiner Möglichen der Auswahl!

Das Bewusstsein und die Meditation

Für das bessere Begreifen des schon früher in diesem Buch geschriebenen, ist es zu grundlegender Bedeutung hier den Begriff des

Bewusstseins zu erklären, sowohl als er in der Lehre des Dznana Yoga, in dem Atmavichara von Shri Ramana Maharshi gemeint ist.

Als das Bewusstsein versteht man, nicht nur in diesem Buch, aber auch in den yogischen Texten allgemein, die Bewusstheit der Existenz, des Wesens, des Ich, das Bewusstwerden des Daseins. Es ist das nicht der beobachtete, variable Bewusstseinsinhalt. Es sind das nicht die Vorstellungen, die Gemüter, die mentalen Konstruktionen, die Bilder, die Sinneseindrücke (und auch keine feinen). Das Bewusstsein ist das, was in uns der Betrachter und das Gefühl der Existenz ist, unsere wissentliche Substanz. Es ist über (hinter) den Gedanken und der Perzeption und mittels der Aufmerksamkeit es sich verständigt als der Beobachter.

Das Bewusstsein ist nicht durch etwas bedingt, es ist nicht aus etwas abgeleitet, es ist von nichts Äußerem sekundär abhängig. Es ändert sich im Laufe unseres Lebens nicht. Es ist nicht bedingt vom Alter und von der Körpergröße, weder von der Ausbildung. Es ist zur Basis der Wahrnehmung des Zusammenhangs des Seins nach dem Erwachen vom Traum oder aus der Bewusstlosigkeit.

Bis wieweit wir treffen unseren Geist so zu ausbilden, dass er in der Bildung der Objekte (der Gedanken, der Gefühle, der Vorstellungen, der Sinneswahrnehmung) sich anhalten kann und die Aufmerksamkeit so verstärken, damit sie sich abziehe zurück in das Bewusstsein und aufhöre die Sinneseindrücke und die Bildungen der Imagination (Inhalt der Geistes) zu folgen, erfüllen wir die Bedingungen einer richtigen Meditation, ausgedrückten ab dem Zeitalter von den erleuchteten Menschen und den Gründern der großen Religionslehren.

Diese Bedingungen sind in Christentum durch die Anordnung beschrieben:

„Du sollst lieben Gott, deinen Herren, von ganzem Herzen, von
   ganzer Seele und von ganzem Gemüt."

„Beruhige sich und erkenne Ich bin".

„Das Himmelreich ist in Euch".

Gemäß von Patandzalis ist Yoga (in der ersten Stufe):

„Das Behindern von Änderungen des denkenden Prinzips".

In der zweiten Stufe „Das Bewusstwerden des Daseins, des Ich bin".

Nach der indischen Quelle: „Du bist Das", (in deiner Wesenheit, nicht mehr jedoch in der abgedunkelten Äußerung des materiellen, animalischen, habgierigen und hochtragenden Egos, identifizierenden sich mit dem Körper und mit seinen animalischen Erklärungen).

Mit der Übung, zuvor der Konzentration, der einfachen Aufmerksamkeit und später der Meditation, kann man eine Stillung der Gedanken, der Vorstellungen und der sinnlichen Wahrnehmung, die Verstärkung der inneren Wachsamkeit und die Fähigkeit der Konzentration der Aufmerksamkeit erzielen, und man kann das erleben, dass wir trotzdem existieren, dass das Bewusstsein auch ohne eine Sinneswahrnehmung bleibt. Wir sind dieses Bewusstsein, das uns von Geburt an begleitet, das wir zwar im Schlaf ohne Träume oder in einer Besinnungslosigkeit verlieren, aber das sich wieder unverändert als unser Selbstbewusstwerden, gebende sein Erlebnis des Zusammenhangs unseres Lebens, erscheint. Die Betrachtung dieses Bewusstseins bis zu der Wesenheit ist der Faden von Ariadna, die Leiter von Jakob und uns nach den Anleitungen beispielsweise gerade von Ramana Maharshi, aber auch von den anderen, den ehemaligen und auch der jetzt lebenden Lehrer, zur Erkenntnis, zur Erleuchtung usw. zuführt.

Für die Christen ist dieses ausgedrückt im Seufzer von St. Augustin: „Gott, das ganze Leben suchte ich Dich auswärts sich, und unterdessen du bist in mir".

Bei der ausdauernden wiederholten Bemühung über eine richtige Meditation kommen auch weitere wichtige Fähigkeiten - die unterscheidende Fähigkeit, so wesentliche für die richtige Auswahl bei unseren Entscheidungen. Wir dürfen nicht sich an leere Versprechungen, einen Ersatz der geistigen Lehre, an leere Versprechungen über einem Einlernen der Meditation über ein Wochenende (selbstverständlich für beträchtliches Geld), an Anwerben besonderer Kräfte, oder außergewöhnlicher Erlebnisse (obwohl auch mittels der Drogen) u. ä. anlocken lassen. Ich kann nicht anders, als wieder zu betonen, dass die geistige Entwicklung ein Entwickeln der Eigenschaften und Fähigkeiten, nicht mehr ein Wachstum des intellektuellen Gedächtnisinhaltes - irgendwelcher Lehrsätze und eines bloßen Gehaltes des

Glaubens ist. Für das erfolgreiche Hinstreben auf dem Weg zur Erkenntnis ist also der Bedarf von vielen Änderungen im Denken, in der Handlung und einer Entwicklung der neuen Fähigkeiten. Anders es sich handelt um eine unbewusste Illusion - Selbsttäuschung, oder einen bewussten Betrug der falschen Lehrer.

Die Bücherauswahl

Die Ausbildungsmethoden, die den Schüler zur Erkenntnis zuführen können, wurden früher von den rechten erleuchteten Weisen nur in kleinen Gruppen der Schüler mitgeteilt. Es war das zum Schutz der Begehrenden notwendig. Es gibt gar einige Gründe. Sie wurden verfolgt bis zur physischen Liquidierung von den Vertretern der herrschenden Machtstrukturen sowohl aus den staatlichen, lokal, als auch religiösen. Über einer „Rechtlichkeit" der Meinungen entschieden bis verbrecherische Leute, die Karrieristen, verschiedene Gauner und fanatische Anhänger, die der Richtung der geistigen Erkenntnis an Pflüge entfernt waren. Auch heute ist es nötig eine Achtsamkeit bei der Mitteilung der eigenen Meinungen in diesem Gebiet erhalten. Je weniger sind die Fanatiker der Erkennung von neuen Meinungen geöffnet, desto aggressiver und meuchlerisch in seinen Angriffen gegen den Menschen einer anderen Meinung sie oft sind. Die großen Lehrer des geistigen Weges wurden verfolgt und massakriert (beispielsweise Jesus von Nazareth, Miguel de Molinos, Sokrates ah.).

In anwesender Zeit, wann wurde für die Öffentlichkeit viele, früher verborgene Kenntnisnahme und aus ihn strömenden Methoden der Arbeit auf dem Weg zur geistigen Erkenntnis geöffnet, wurde diese Erkenntnis neuerlich zu Ende des neunzehnten Jahrhunderts und im Jahrhundert Zwanzigsten von den orientalischen und auch den westlichen Lehrern offen verkündet und dem Westen mittels ihren Schülern und der Nachfolger übergeben. Dank diesen Lehrern und der Unbefangenheit war es möglich, wieder auch die gemeinsame innere Bedeutung aller großen Religionslehren mit dem esoterischen Inhalt zu finden und ihre prinzipiell gleiche Grundlage zu erkennen.

Aus ihnen ist es geeignet, vor allem den Weisen aus der ganzen ersten Hälfte des zwanzigsten Jahrhunderts Shri Ramana Maharshi und seine gegenwärtigen und auch spätere Nachfolger und Verkünder seiner Lehre zu erwähnen. Seine Lehre ist die (theoretisch) kürzeste und einfachste, wenn auch für die Mehrheit der Menschen anfangs wenig verständnisvolle und nur mit dazugehöriger Anstrengung erfolgreiche Methode. Ihre Schwierigkeit basiert nicht in der Methode selbst, aber in den Vorurteilen, Angewohnheiten, Irrtümern und an den Dogmen, tief angeschriebenen in den Geistern der Menschen. Diese Eigenschaften müssen die Interessenten und die Nachfolger jedes geistigen Wegs überwinden, und mit viel Mühe und Geduld weglegen. Wie in jedem menschlichen Hinstreben, in dem es sich über etwas große handelt. Bei diesem Ablegen hat die führende Aufgabe die Entwicklung der Aufmerksamkeit und Unterscheidungsfähigkeit. Ihre Entwicklung ist der Hauptgehalt und zu einem Motor der Tätigkeit auf dem Wege.

Dass diese festgesetzte Aufgabe dieser Art groß und erhaben ist, darüber ist nicht möglich zu zweifeln. Doch die Menschen geben eine große Energiemenge beim Weg zu den Zielen aus, nicht habenden für wegen ihre Vergänglichkeit solchen Wert, wie die geistige Erkenntnis. Es ist deshalb unweise, einen Teil unserer Energie der Selbsterkenntnisnahme nicht zu widmen. Im Vergleich beispielsweise mit einem sportlichen Wettbewerb um die Medaillen ist das Hinstreben um die Erkenntnis widerspruchsfrei eine Bemühung um das Erzielen eines dauerhaften Wertes für das ganze weitere Leben, für die Fähigkeiten und für eigene Zukunft.

Für das erforderliche Studium ist in Gegenwart eine Vielzahl von Büchern zugänglich. Im Geiste dieses Buches kann man den Zustand der Literatur an unserem Markt mit eibem Ankommen des Hochwassers vergleichen.

Es ist zu viel vom Wasser, die Brünnlein mit dem trinkbaren Wasser sind überflutet und ihr Wasser sich vermischt mit schmutzigem Wasser. Deshalb ist es nötig das Wasser sorgfältig unterscheiden an trinkbar, verwendbar für die Hygiene, Industrie und das getrübte, bis infizierte, das kann man nicht verwenden. Hierbei das physikalische Wasser H_2O ist enthalten in allen aufgeführten Formen des Wassers. Die Wassereinwirkung an die Gesundheit liegt an der Menge und der Art der Beimischung oder sogar an ihrem Mangel. Ungeeignetes Wasser kann die Gesundheit, oder sogar das Leben bedrohen.

Dasselbe ist es mit den Büchern. Die ungeeigneten Bücher können auf dem geistigen Wege mehr schaden, als die nötigen Informationen zur weiteren Arbeit zu geben. Sie können mit Nachrede und Demagogie sogar aus dem richtigen Wege abkehren und an einen „bequemeren Weg", der in der Wirklichkeit irrend ist, hinführen. Es ist deshalb notwendig, die Bücher sorgfältig auszuwählen. Sie müssen zum gegebenen Stadium der Entwicklung des Lesers passen, sie müssen ihn wahrhaftig und realistisch anreden wissen und ihn weiter zur höheren Ebene mittels der positiven Impulse und der richtigen Anweisungen führen. Bis wohin ist nicht im gegebenen Entwicklungsstadium der letzte Punkt erfüllt, führt das Lesen (besonders wiederholte) von solchen Büchern zum Erstaunen, oder sogar zum Verfall, weil auf dem geistigen Stege wird auch das Erstaunen der Weg zurück.

Es ist dabei ganz natürlich und mit den Erfahrungen bestätigt, dass eine Abfühlwiederholung des guten geistigen und geistigen Buches nach einer bestimmten Zeit oft zum neuen, tieferen Begreifen, zur Entdeckung von neuen Ansichten an die Problematik oder zum Begreifen der Bedeutung des Erlebnisses oder des Traumes, führt. Es ist selbstverständlich für diejenigen, die im Begreifen die Fortschritte gemacht haben. Beim neuen Lesen sie schon aus einer neuen Stellung lesen. Bis wohin sie umgekehrt beim wiederholten des Lesens nichts Neues finden, ist der Fehler an einer von den Seiten, mitwirkenden in diesem Prozess. Entweder der Leser keinen Fortschritt gemacht hat, oder das Buch für ihn in dieser Situation nicht fördernd ist, weil es tiefere, früher aufgenommene Informationen, führende weiter, nicht enthält.

Das Lesen der Bücher ist die wesentliche Informationsquelle auf allen Entwicklungsniveaus. Die Bücher sind deshalb für uns die unvermeidbaren Begleiter im Leben. Einige haben eine grundsätzliche, grundlegende und langfristige Bedeutung, die anderen helfen uns nur in bestimmten Problemen und sind also eine Zusatzbeleuchtung, aber ihr augenblicklicher Einfluss kann bis entscheidend, als der geeignete Impuls, werden. Sie können deshalb in passender Zeit für uns eine große Bedeutung haben.

Den wirklich Suchenden wird immer in nötiger Zeit durch ein Zusammentreffen mit den erforderlichen Informationen geholfen, weil sie unter den Schutz und die Führung gelangten, es wurde ihnen mittelst der Intuition ein neuer Datenbereich zugänglich gemacht.

Es abhängt vor allem an der Entscheidung, dem Austreten und Aushalten. Alles andere kommt laut dem Karma, der Aufrichtigkeit und der Größe der Bemühung. Die Rechtliche Bemühung führt zu einer stufenweisen Änderung des Lebens zum besseren in allen erfor-

derlichen Richtungen. Wer an den Weg wirklich tritt aus und aushal-
tet, wird belohnt werden. Die Ergebnisse sind gesetzlich, keineswegs
zufällig.

Das Bedanken

An dem Ende des Buches will der Autor seinen Dank denjenigen abtragen, die den größten Einfluss auf seinem Weg zur Kenntnisnahme hatten und am meisten ihm geholfen haben. In den 50. Jahren
das waren die Eheleute Kovarik, von denen er sich die ersten Bücher
ausliehe, es war die Frau Heran, die ihm in der Zeit der starken Diktatur und des Verkaufsverbotes der Bücher an Annonce zu abgetippte
Literatur sich zu geraten vermittelte. Mittels der eigenen Bücher und
mittels der Übersetzung der Bücher das waren außerhalb der anderen
vor allem Karl Weinfurter, Paul Brunton, Shri Ramana Maharshi, Ing.
Georg Elger, Ing. Georg Vacek, Ing. Georg Krutina. Unvermittelt mit
der persönlichen Beeinflussung als Lehrer das waren Ing. Georg Elger
in der Zeit 1969 - 1982 und Ing. Georg Vacek von 1998 bis zu nun
und Ing Georg Krutina derzeit. Der erste war der persönliche Freund
und er wirkte mittels seines Einflusses nicht nur bei den Gesprächen
und beim Übertragen in der Meditationsgruppe (seine Hilfe war spür-
bar), sondern auch bei den Aufenthalten mit ihm auf seiner Datsche.
Nach seinem Abgang erlebte der Verfasser viele Jahre der Stagnation,
von der er nach der Kenntnisnahme mit den Büchern von Georg
Vacek und später von Georg Krutina und vor allem dank dem Anteil
auf ihren Meditationsseminahren gekommen ist. Er Weiß deshalb aus
eigenen Erfahrungen, dass ihre Präsentation der Lehre von Ramana
Maharshi, und über den inneren Sinn der Religion und Yoga, wahr-
heitsgetreu und wirkungsvoll ist, für uns modern eingebrach, praktisch und sehr fruchtend. Es hilft ausdrucksvoll auf dem Weg zur
Erkenntnis jedem, wer sich mit den Anweisungen, von ihnen gegebenen, wirklich leiten wird.

Der Autor begann das Buch im Juni 2001, zu schreiben. So
sind die ersten etwa 160 Seiten entstanden. Vom J. 2002 er es einerseits mit den Ergänzungen der Anweisungen, den Erklärungen, dem
Wörterbuch verbreitete und andrerseits er anbotete das Buch von Zeit
zu Zeit irgendeinem Verlagshaus. In vorherrschender Mehrheit er hat
eine Antwort vergeben gewartet. Für das dogmatische Denken der
Rezensenten seine Verbindung der Gebiete der Wissenschaft, Psychologie, Religion und Philosophie hinderlich wurde. Eine Wendung ist

anfangs des 2009 J. eingetreten, wann zum Autor die Information über Lulu.com des Herrn Bob Young gekommen ist. Sein organisatorisches und philosophisches Denken und gewerbliche Handlung öffnen allen Menschen auf der Erde die Möglichkeit, ein Buch demokratisch, ohne eine Zensurstellung herauszugeben. Darum gehört ein großes, heißes Dankeschön auch ihm und den seinen Mitarbeitern.

Um diese deutsche Ausgabe realisieren zu können, dazu haben die modernen Mittel geholfen. Der Translator der Firma LangSoft und die Duden Programme, die Wörterbücher und der Korrektor. Darum haben sie von dem Autor auch ein großes, heißes Dankeschön.

11. Das Vokabular

Dieses Kapitel erklärt oder präzisiert den Gehalt einiger Begriffe, verborgenen unter den Worten, die in diesem Buch verwende werden.

Algorithmus der - Eine Folge von den genau definierten Teilschritten, bestimmenden den logischen Vorgang bei der Lösung der Aufgabe.

Archimedes Prinzip das - Der Körper, getauchte in einer Flüssigkeit, wird von der Kraft angehoben, gleichen der Schwere der Flüssigkeit, vom Körper ausgedrückten.

Anders ausgedrückt, der Körper, den wir in eine Flüssigkeit eintauchen, verdrängt die Flüssigkeit aus dem Raum, von dem Körper genommenen, und damit entsteht eine Auftriebskraft, wirkende aufwärts. Sobald sich das Gewicht und die Auftriebskraft abgleichen, der Körper schwimmt auf der Oberfläche der Flüssigkeit. Bis wohin aufdrückt der Körper weniger Flüssigkeit, als er selbst wiegt, sinkt er zum Grunde. Entsprechendes gilt für den Flug der Ballone in der Luft.

Axiom das - ist eine Gesetzlichkeit, ein Lehrsatz, ein Prinzip, das ohne eine Deduktion unter der Anwendung anderer Gesetzlichkeit, ohne einen Nachweis vermerkt ist. So beispielsweise wir sagen vom Körper, dass an ihn die Kraft wirkt. Ist das eine abgesehene Wirklichkeit. Mehr in dem dazugehörigen Kapitel über die Kräfte.

Bewusstsein das – ist das Bewusstwerden der Existenz, der Wesenheit, des Gefühls ich bin, ich existiere, begleitende uns das ganze Leben. Es ist nicht abhängig vom Alter und vom Zustand des Körpers, es ermöglicht das Erlebnis des Zusammenhangs nach dem Erwachen vom Traum, der Beobachter der Tätigkeit des Geistes, des Körpers, der Gefühle usw. In der geistigen Literatur es ist nicht der Bewusstseinsinhalt, die Objekte der Welt und der Persönlichkeit, wie es beispielsweise in der materialistischen Philosophie, benutzenden sogar den Begriff „das gesellschaftliche Bewusstsein" gelehrt wird.

Dogma das - Ein verkalkter Lehrsatz, ein Behaupten, eine These, unzulassendende Kritik, eine andere Ausdeutung oder einen Zweifel.

Dynamik die - Die Lehre, beschreibende Kraftstände und Energiestände bei der Bewegung der Körper.

Die Grundbegriffe sind:

Die Trägheitskraft, die Schwungkraft - entsteht bei einer Geschwindigkeitsveränderug der Bewegung des Körpers.

Der Kraftimpuls – eine Größe definierte durch die Zeit und Größe der Wirkung der Kräfte an die Körper.

Die Bewegungsgröße - der Zustand, definierter mit der Masse des Körpers und mit der Geschwindigkeit seiner Bewegung.

Die Bewegungsenergie - der Zustand, eine Größe, definiert durch die Masse des Körpers und durch das Quadrat der Geschwindigkeit seiner Bewegung.

Die potenzielle Energie - der Zustand, definierte von der Masse des Körpers, der Lage in Kraftfeld und von den Eigenschaften dieses Feldes.

Ego das - Zum Unterschied von der Psychologie ist auf dem Gebiete von Yoga und Mystik und in diesem Buch dieses Wort eine Bezeichnung nicht für eine Mitte oder eine Selbstsucht der Persönlichkeit verwendet, wenn auch mit ihm unteilbar verbunden wird, aber für den Teil der dynamischen Übergangsbestandteile der Persönlichkeit, die von der Identifizierung sich mit dem Körper und mit den vergänglichen Ereignissen, einschließlich der vergänglichen Eigenschaften der tödlichen Teile der Persönlichkeit kommen heraus. Unter dem Tod des Egos man in der mystischen Literatur meint eben das Absterben der illusorischen Vorstellungen und des Glaubens über das angeführte Identifizieren nach dem Erzielen der wahrhaftigen Erkenntnis (nach der Erleuchtung, dem Nirwana, dem Himmelskönigreichtum u.ä.).

Farbenmischen das -

Das additive Farbmischen – „additiv" bedeutet addie-
rende, zuschreibende, summierende. Bei dem additiven Mischen sich die einzelnen Farben des
Lichtes projizieren gleichzeitig an die gleiche Stelle und ihre Wirkung sich summiert. Mit jeder zugegebenen primären Farbe des Spektrums sich die
Belichtung der Fläche einerseits vergrößert (die
Fläche ist mehr belichtet, sie zeichnet sich klarer),
andrerseits sich ändert die Farbe und ihre Schattie-
rung (der Ton) nach dem Verhältnis der mitwirkenden farbigen Komponenten. Nach der Sum-
mierung aller Farben des Spektrums, in der richtigen Intensität, ist das Licht weiß und die belichtete
weiße Fläche erscheint wie Weiß (den normalen,
statistisch gesunden Durchschnittsmenschen, behinderten nicht von der Farbenblindheit, und ohne
eine Farbbrille). Auf diesem Prinzip entsteht die
farbige Wahrnehmung an den Bildschirmgeräten,
den Fernsehern und den Monitoren. Das Licht
setzt sich aus drei grundlegenden Farben (RGB –
rote, gelbe und blaue) zusammen. Diese Farben
strahlen aus den chromogenen Elementen der Mo-
nitore der Elektronengeräte.

Das subtraktive Farbmischen – „subtraktive" bedeutet
subtrahierende, abziehende, abrechnende. Bei sub-
traktiver Mischung sinkt mit der Beseitigung
(Subtraktion) eines Teils des Spektrums aus dem
weißen Lichtstrahl die bestimmte Menge der
Farbkomponenten. Beispielsweise bei seinem
Durchgang durch einen Filter, ein Teil des Spektrums durchgehet und der Rest – die Komplementärfarbe wird absorbiert. Die Farbe des Anstriches
der Oberfläche des Gegenstands reflektiert die bestimmte Farbe und umgekehrt absorbiert die
Komplementärfarbe. Bis wohin sich die Farben
des Aufstrichs vermischen so, dass sie gemeinsam
alle Farben des Spektrums aufzehren, erscheint

uns der Gegenstand als schwarz. Das Ergebnis einer bestimmten subtraktiven Farbenmischung ist so die Schwarze. Die subtraktive Farbsteuerung sich anwendet in den Anstreicherarbeiten, im Färberhandwerk und in der farbigen Fotografie (drei subtraktiven Grundfarben der Drucker – komplementär zu den aditiven Farben vorne angeführten – sind: azurblau, purpurrot, gelb).

Festigkeits- und **Elastizitätslehre** die – Die Lehre befasst sich mit den Beziehungen zwischen den Kräften, dem Spannungszustand und der Deformation der Körper, von den Kräften ausgerufenen.

Die Grundbegriffe sind:

Der Spannungswert, die Deformation, die Zerstörung, der Bruch, die Biegung, die Torsion, der Schub, die Knickung, die Durchbiegung, die Verwindung, die Schubdeformation, die Stabilität.

Induktion die - Die Energieübertragung unter der Wirkung eines energetischen Feldes. Die Elektrikleiter in der Nähe anderer aufgeladenen Leitern werden elektrisch aufgeladen, das Weicheisen in der Nähe des Magneten sich aufmagnetisiert, bei der Bewegung einer Spule mit einer Windung im magnetischen Feld entsteht in den Leitern der Spule ein elektrischer Strom u.ä. Ähnlich an sich wirken die Menschen mit ihren Anschauungen und mit den Gedanken, weil dabei die Energie auch strömt und die Felder wirken.

Kinematik die - Die Bewegungslehre. Die Lehre befasst sich mit der Beobachtung und mit der Beschreibung der geometrischen Eigenschaften der Bewegung.

Die Grundbegriffe sind:

Die Trajektorie - die Kurve, geschöpfte mit den einzelnen Punkten der Stellen in den zeitlichen Augenblicken.

Die Geschwindigkeit - die Strecke, abgelegte während einer Zeiteinheit.

Die Akzeleration - die Geschwindigkeitsänderung während einer Zeiteinheit.

Kirchhoffs Gesetze - sie Ermöglichen in der Elektrotechnik das Zusammenstellen des Gleichungssystems aus den mathematischen Bedingungen in den Knoten und den Umkreisen des Stromkreises für die Lösung der Konstruktion der elektrischer Geräte ähnlich, wie die Gleichgewichtsbedingungen in der Statik das Zusammenstellen des Gleichungssystems für die Lösung der Konstruktionen von den Systemen der festen Elemente (der Stäbe, der Balken) ermöglichen.

Komplementärfarbe die – Das ist der verbliebene Teil des Sonnenspektrums, ergänzende das Licht der gegebenen Farbe beim additiven Mischen (Addition des Lichtes) in das weiße, bei subtraktivem (Ablesen des Lichtes beim Anstrich) Farbenmischen in das schwarze.

Kosmologie die - Die Lehre, beschäftigende sich mit der Erkennung des Weltalls, mit der Zusammenstellung der Theorien über seine Entstehung, über die Gesetzlichkeiten der Entwicklung, der Struktur und der Massenbewegung.

Meditation die – Einerseits eine Tätigkeit, bei der wir die Aufmerksamkeit von den Objekten (laufenden Gedanken, Vorstellungen, sinnlichen Erlebnissen, den Gefühlen) abzukehren und sie zum Bewusstwerden des Bewusstseins der eigenen Existenz zu kehren, versuchen.

Andrerseits der Zustand, in dem sich das Bewusstsein nach der Stillung der Wahrnehmung befindet.

In diesem Buch ist damit die Atemgymnastik - das physische „Pranayama", die Betrachtung der langsamen Bewegungen des Körpers, eine Imaginationsübung, das Zuhören der Musik u. ä nicht gemeint.

Diese genannten Tätigkeiten sind nur die Konzentrationsübungen, bloß elementaren, doch hilfreichen Bildungsmitteln für das Erzielen eines Wachstums der Aufmerksamkeit und der Fähigkeit der Konzentration am Anfang, erforderlichen zum Ermöglichen der Versuche über die richtige Meditation. Beim Versuchen über die Meditation kommen Erfahrungen, ermöglichende die Weiterentwicklung der Meditation und das Begreifen der neuen Gesetzlichkeiten.

Das Begreifen des Gehaltes und des Zieles der Meditation sich gewinnt einerseits langsam und allmählich eben durch die Bemühung über eine richtige Meditation, andrerseits durch das Lesen der geeigneten Literatur und durch die Teilnahme in einer Meditationsgruppe bei dem Lehrer oder den fortgeschrittenen Schülern. Darum sich die Formen der Bemühung auch parallellaufend mit der Meditation ausbilden. Die in diesem Buch verwendeten Eigenschaftswörter „richtige" und „echte" sollen die oben erwähnte Bedingtheit betonen, dass als die echte Meditation nicht in diesem Buch alles gemeint ist, worüber die verschiedenen anderen Autoren der Bücher als über eine Meditation schreiben. Die richtige solche ist, die der Stufe der Entwicklung des Übenden entspricht und ihn zum Ziel – zum vollen Bewusstwerden des Selbstbewusstseins mit der Aufmerksamkeit, konzentrierten ausschließlich an das Selbstbewusstsein – an das Erlebnis „ich bin" ohne das Erleben der Gedanken, der Gefühle und des Körpers. Es ist das die Erfüllung des biblischen „Beruhige dich und erkenne (erlebe deine) Ich bin".

Monismus der – Die philosophische Richtung, verkündende das einzige Wesen der Welt (die Materialisten die Materie, die Idealisten den Gott, den Geist u.a.). Im Yoga und in der Mystik ist das die Richtung, lernende über das göttliche Wesen des Bewusstseins des Menschen und die Vereinigung des Bewusstseins mit der Gottheit. Der Mensch erlebt bei dieser Erkenntnis in seinem Bewusstsein das Bewusstwerden der Einheit mit dem göttlichen Prinzip des Lebens im sich selbst (das Nirwana, die Erleuchtung, die Erkenntnis, biblisches Buhlen mit Gott).

Pantheismus der – Philosophische Richtung, bekennende die Anwesenheit Gottes in allen Erscheinungen und Sachen.

Quietisten die – Der kirchliche Ausdruck für die Mystiker, die die Meditation der Stillung des Geistes mittels der Liebe zum Gott ausüben und in diesem Zustand sich abgeben dem geliebten Gott. Die Inquisitoren sie liquidierten als Feinde der Kirche (beispielsweise Miguel de Molinos – nach der Erleuchtung er verkündete, dass die Zeremonien auf dem Weg zum Gott nicht genügen – „glückselige ruhige"). Es hat ihn nicht weder das gerettet, dass er der Freund des Papstes war.

Statik die – Die Lehre über die Einwirkung der Körper untereinander an sich beim Gleichgewichtszustand der Kräfte, in der Ruhe oder in der kontinuierlichen geradlinigen Bewegung.

Die Grundbegriffe sind:

Die Kraft, das Kraftmoment, der Kraftangriffspunkt, die Größe, die Richtung der Leitlinie (des Strahls), in der sie wirkt, der Sinn an dieser Leitlinie (nach rechts nach links, aufwärts- niederwärts).

Die resultierende Kraft – die Kraft, stellvertretende die statische Einwirkung des Systems von mehr Kräften, wirkenden auf einen Körper.

Die Bedingungen für das Gleichgewicht der Kräfte und die Gültigkeit der Gesetze der Statik.

Die statische Stabilität.

Umkehrpunkt der - An den planen Kurvenlinien ist das der Punkt, in dem beim Fortschreiten nach der Kurvenlinie ändert die Tangente zur Kurvenlinie die Drehungsrichtung und der Krümmungsmittelpunkt der Kurve übergeht aus einer Seite der Kurvenlinie an die zweite.

Die Einführung auf den Weg zur Weisheit

Ludek Hudec
DIE EINFÜHRUNG AUF DEN WEG ZUR WEISHEIT
Die modernen Modelle der Erkenntnis der eigenen Verantwortung
Originale der Bilder Marie Kilian
Die grafische Gestaltung des Umschlages Ludek Hudec
Ausgegeben von Lulu.com 2010, Ausgabe 1. V2
Die 2. Ausgabe 2013
www.lulu.com
ISBN   978-1-4461-6765-6